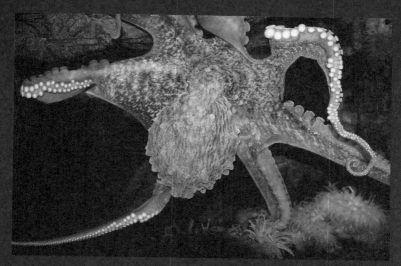

카르마가 전시장 물속에서 실크 스카프처럼 펼쳐져 있다. 붉은색은 흥분을 나타낸다.

카르마는 우리에게 늘 다정했지만 그녀 빨판 1600개에는 굉장한 힘이 잠재되어 있었다. 어느 과학자는 이보다 훨씬 더 작은 왜문어 빨판들조차 2.5톤의 장력을 발휘할 수 있으리라 추정했다.

옥타비아가 물 밖으로 뻗어 나와 애나를 포
옹하고 있다.

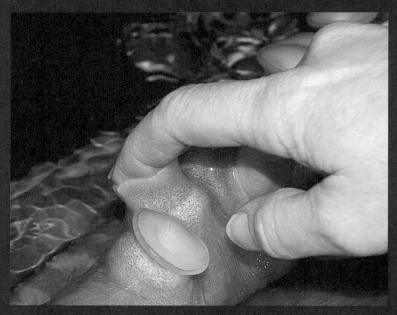

카르마가 윌슨 손가락에 입을 맞추고 있다. 빨판은 사물을 쥐는 동작이 아주 정교해서 매듭을 풀
수 있을 뿐 아니라 맛 또한 예리하게 느낄 수 있다.

머틀은 푸른바다거북으로 대양 수조의 자타 공인 여왕이다. 그녀에게는 (뒤에 보이는 귀상어들을 포함해) 상어들마저 굴복한다.

새로 단장한 대양 수조 속 작은입줄무늬벤자리 떼

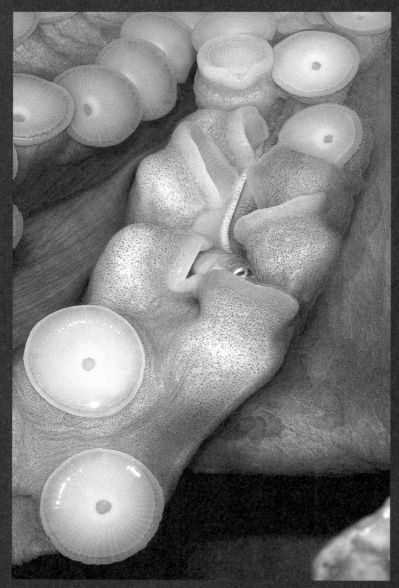

겨드랑이에 위치한 문어 입. 문어는 보통 먹이를 빨판으로 잡은 다음 컨베이어벨트처럼 빨판에서 빨판으로 건네가며 입으로 옮긴다. 카르마는 지금 물고기 한 마리를 즐기고 있다.

희고 차분한 카르마가 자신의 2000리터급 수조에 편안히 있는 모습. 오른편에는 해바라기불가사리 수컷이 있는데 문어로 착각하는 사람이 많다.

남방가오리 한 마리가 마법의 양탄자처럼 미끄러져 가고 있다. 상어의 납작한 친척인 가오리는 대양 수조에만도 여러 종이 있으며 사진에서 보이는 바와 같이 그레이에인절피시, 노랑꼬리파랑돔, 비늘 돔과 함께 지내고 있다. 이 밖에도 대양 수조에는 100종이 넘는 물고기가 더 있다.

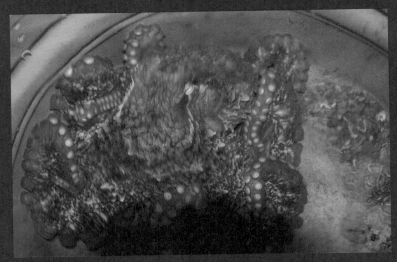

칼리는 적절하게도 창조적 파괴를 상징하는 힌두교 여신의 이름을 따랐다. 자기 통 속에서 장난기 넘치게 우리를 올려다보고 있다.

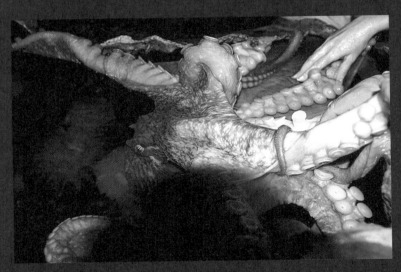

윌슨과 내가 칼리와 소통하고 있다.

문어는 이웃들한테 호기심이 많다. 무레아 섬에서 키스는 호기심이 발동해 그루퍼한테 시선이 꽂힌 문어를 보았다.

무레아 섬에서 키스가 문어 한 마리(왼쪽)를 촬영하고 있는데 문어가 그를 더 잘 보겠다고 위치를 바꾸었다. 오른쪽 바닥에도 문어가 있다.

내가 무레아 섬에서 야생 문어 한 마리와 헤엄치고 있다. 앞에 보이는 이 암컷은 포식자한테 팔 몇 개를 잘린 상태였지만 여전히 호기심 많고 대담해서 경이로움을 느끼게 했다.

옥타비아가 자기 알들을 감싸 안고 있다. 밝은색 알 덩어리들이 마치 포도송이처럼 매달려 있으면 서 옥타비아의 팔들 사이로 삐져나와 있다.(사진 왼쪽 위) 가로 돌기를 보고 눈꺼풀 두 개가 감긴 모습 으로 착각하는 관람객들도 있다.

문어의 영혼

바다의
인문학
___02

THE SOUL
OF AN
OCTOPUS

A Surprising Exploration into the
Wonder of Consciousness

문어의 영혼

경이로운 의식의 세계로 떠나는 희한한 탐험

사이 몽고메리 지음 | 최로미 옮김

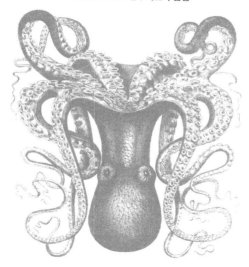

글항아리

애나를 위해

"과거는 늘 완벽하다"

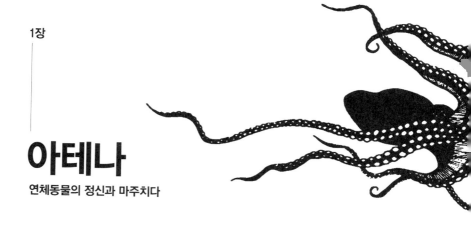

1장

아테나
연체동물의 정신과 마주치다

3월 중순, 뉴햄프셔의 진흙 속으로 눈이 녹아들어가고 있을 무렵 나는 보스턴으로 여행을 떠났다. 이곳에선 너나없이 항구를 따라 어슬렁거리거나 아이스크림콘을 핥으며 벤치에 앉아 있었다. 하지만 난 이 축복받은 햇빛을 떠나 뉴잉글랜드 아쿠아리움이라는 축축하고 침침한 보호구역으로 향했다.

난 문어에 대해서 잘 몰랐다. 심지어 언어학적으로 올바른 복수형이 octopi가 아니란 사실조차도. 나는 늘 그런 줄 알았다.(그런데 octopus 처럼 그리스어에서 파생한 단어에는 라틴어 씨끝 i를 붙일 수 없다.) 하지만 내 호기심을 자극하는 대상이 무엇인지는 잘 알고 있었다. 이곳에는 뱀처럼 독이 있고, 앵무새처럼 부리가 있으며, 구식 만년필처럼 먹물이 있는 동물이 있었다. 이 동물은 웬만한 성인만큼 무겁고 어지간한 자동차만큼 길지만, 무골의 흐물흐물한 몸뚱이를 오렌지 크기의 구멍에 쏟아 넣을 수 있다. 또한 색과 모양을 바꿀 수 있다. 피부로 맛을 느낄 수도 있다. 무엇보다 매력적인 건 문어가 영리하다는 사실이다. 이를 실제로 경험하는 일은 드물지만 관련 자료에서는 엄연히 사실임을 증명하고 있었다. 난 이미 겪어본 적이 있었다. 공공 수족관을 찾는 허다한 방문객과 마찬가지로, 나 역시 내가 바라보는 문어도 나를 바라보고 있다는 느낌을 받기 일쑤였다. 나만큼이나 강한 흥미에 이끌려서.

어떻게 그럴 수 있을까? 문어만큼 인간과 다른 동물은 찾아보기 어렵다. 문어의 몸뚱이는 우리와 구조가 다르다. 우리는 머리와 몸과 팔다리가 있다. 문어는 몸과 머리와 팔이 있다. 문어의 입은 겨드랑이에 있다. 아니, 문어 팔을 우리 팔이 아닌 다리에 비유하고 싶다면 입이 다리 사이에 있는 셈이다. 문어는 물속에서 호흡할 수 있다. 팔은 교묘하게 움켜쥘 수 있는 빨판들로 뒤덮여 있다. 포유류에서는 절대 찾아볼 수 없는 구조다.

포유류와 조류, 파충류, 양서류, 어류 같은 등뼈동물을 다른 동물과 구별하는 큰 차이인 척추의 유무로 볼 때 문어는 무척추동물로 분류될 뿐 아니라, 지능이라고는 없다고 알려진 민달팽이와 달팽이, 조개류와 마찬가지로 연체동물에 속한다. 조개류는 심지어 뇌가 없다.

5억 년 이상 문어와 인간은 서로 다른 계보를 밟아왔다. 난 궁금했다. 이렇게 서로 동떨어진 두 개체가 마음을 교환할 수 있었을까?

문어는 저 너머 굉장한 신비에 휩싸여 있는 개체들을 대표한다. 문어

문어의 영혼

는 생판 외계 생물처럼 보이는데, 그럼에도 저들의 세계, 즉 대양은 지구 상에서 땅보다 훨씬 더 큰 부분을 차지한다.(지구 표면의 70퍼센트이자 서식 가능한 공간의 90퍼센트 이상이다.) 이 행성의 동물 대부분은 대양에서 살아가는 셈이다. 그리고 이 가운데 대부분은 무척추동물이다.

나는 바로 그 문어를 만나고 싶었다. 또 다른 현실을 느끼고 싶었다. 다른 종류의 의식을 탐구해보고 싶었다. 만약 그런 의식이 존재한다면 말이다. 문어로 존재한다는 건 어떤 걸까? 인간으로 존재한다는 것과 같은 걸까? 그게 어떤 건지 알 수나 있을까?

그랬기에 아쿠아리움 홍보부장이 로비에서 나를 만나 아테나라는 문어를 소개해주겠다고 했을 때 난 다른 세계에 특별히 초대된 선택받은 손님이 된 기분이었다. 하지만 그날 내가 새롭게 발견하기 시작한 건 다름 아닌 나의 사랑스런 푸른 행성이었다. 숨 막히도록 낯설고 놀라우며 신비로운 세계. 반백 년 생애 대부분을 박물학자로 살아온 내가 마침내 완전한 마음의 평화를 느끼게 될 곳.

아테나의 주主 관리자는 안에 없었다. 마음이 침울해졌다. 누구도 이 문어 수조를 열어서는 안 되었는데 그럴 만도 했다. 태평양거대문어giant Pacific octopus는 전 세계에 분포한 대략 250개 문어종 가운데 가장 커서 사람 한 명쯤은 쉽게 제압할 수 있다. 커다란 수컷은 자기한테 달린 지름 8센티미터 빨판 하나만으로도 13킬로그램 상당의 무게를 들어올릴 수 있으며, 태평양거대문어 한 마리에는 1600개의 빨판이 달려 있다. 문

어는 깨물면서 살을 녹일 수 있는 침은 물론 신경독마저 주입할 수 있다. 최악의 경우 문어가 열린 수조에서 탈출할 기회라도 잡으면, 탈출한 문어 자신은 물론 아쿠아리움에도 심각한 문제였다.

다행히 아쿠아리움의 다른 관리자인 스콧 다우드가 나를 도와줄 터였다. 40대 초반에 은빛 수염과 반짝거리는 파란 눈을 한 덩치 큰 남자 스콧은 담수 전시관의 선임 어류 사육사였다. 담수 전시관은 아테나가 생활하는 장소인 한수寒水 해양관 끝에 있었다. 스콧은 이곳 아쿠아리움 개장 날인 1969년 6월 20일 기저귀를 차고 처음 왔고, 그 이후로 사실상 여기서 살다시피 했다. 그는 개인적으로 아쿠아리움에 있는 동물들을 모두 알다시피 했다.

아테나는 두 살 반 정도 되었으며 대략 18킬로그램이 나간다고, 아테나의 수조를 덮고 있는 육중한 뚜껑을 들어올리며 스콧은 말했다. 난 작은 이동식 계단을 세 칸 올라 수조 위로 몸을 구부려 들여다보았다. 아테나의 몸길이는 약 1.5미터였다. 머리는 작은 수박만 했다. 여기서 "머리"라 함은 실제 머리이면서 외투막 또는 몸통인데, 머리라고 부르는 까닭은 우리 같은 포유류는 그 부분에 머리가 있기 때문이다. "아니면 제일 작을 때는 감로 한 방울" 정도죠. 스콧은 말했다. "아테나가 처음 왔을 땐 그 크기가 포도 한 알 정도였답니다." 태평양거대문어는 지구상에서 가장 빨리 성장하는 동물 가운데 하나다. 알에서 부화하는 순간엔 크기가 쌀 알갱이만 한데, 3년 만에 길이도 체중도 웬만한 성인을 앞지를 수 있다.

스콧이 수조 뚜껑이 열려 있게 지탱할 때쯤, 아테나는 우리를 조사하겠다며 2100리터급 수조 저쪽 구석에서부터 벌써 흐느적흐느적 흘러나와 있었다. 팔 두 개는 수조 모서리를 잡고 나머지 팔들은 펼친 채 온몸이 흥분으로 붉게 상기되어 수면에 이르렀다. 흰색 빨판들이 고개를 치든 모습이, 마치 악수하려고 손을 내미는 인간의 손바닥 같았다.

"그녀를 만져도 될까요?" 스콧에게 물었다.

"물론이죠." 스콧은 답했다. 난 손목시계를 풀고 스카프를 벗고 소매를 걷어올리고는, 섭씨 8도밖에 안 되는 으스스 차가운 물속에 팔꿈치가 잠기도록 두 팔을 담갔다.

비비 꼬인 젤리 같은 그녀의 팔들이 물속에서부터 부글부글 끓어오르듯 다가와 내 팔에 닿았다. 그러더니 바로 수십 개의 부드러운 빨판이 내 팔과 팔뚝을 탐구하듯 휘감았다.

누구나 이런 걸 좋아하지는 않으리라. 박물학자이자 탐험가 윌리엄 비비는 문어의 감촉을 역겨워했다. "손을 뻗어 촉수를 잡기 전까지 난 늘 갈등한다." 윌리엄은 고백했다. 빅토르 위고는 지독한 공포를 일으키다 결국 모종의 파멸로 이어지는 사건을 상상했다. 공포가 엄습한다. 호랑이는 그리 집어삼키고 말지만, 이 악마의 물고기는 당신의 혈액을 빨아먹기 때문이다. 위고는『바다의 노동자』에 이렇게 썼다. "근육이 부풀어 오르고, 근섬유가 뒤틀리며, 역한 압박에 피부는 갈라지고, 마침내 혈액이 분출해 이 괴물의 체액과 무참하게 뒤섞인다. 그리고 괴물은 무수하게 달린 흉측한 입으로 이 희생자에게 매달려 있다……." 문어에 대한 공포는 인간 정신 깊숙이 자리하고 있다. "물속에서 이보다 더 무자비하게 인간을 죽이는 동물은 없다. 문어는 인간을 둘둘 감고 싸우며 숱한 빨판으로 빨아들여 갈기갈기 찢어 끌고 간다……." 서기 79년경 대 $\times$ 플리니우스가『박물지』에 쓴 글이다.

하지만 아테나가 빨아들이는 느낌은 집요하지만 부드러웠다. 마치 외계인의 입맞춤처럼 나를 끌어당겼다. 그녀는 수면을 따라 멜론만 한 머리를 깐닥대면서 눈구멍 안에서 왼쪽 눈알을 굴리며 내 눈을 바라보았다.(사람에게는 주로 쓰는 손이 있는 데 비해, 아테나의 왼쪽 눈처럼 문어에게는 주로 쓰는 눈이 있다.) 그녀의 까만 동공은 진주 같은 눈알에 퉁퉁한 줄처럼 자리해 있었다. 동공의 표현을 보면 회화 속 힌두 신이나 여신의 눈에 나타난 표정이 떠올랐다. 평온하며 모든 걸 아는 듯한, 시간을 초월한 지혜로 묵직한 느낌의.

"아테나가 당신을 똑바로 쳐다보고 있네요." 스콧이 말했다.

그녀의 반짝거리는 시선을 마주하면서, 난 본능적으로 그녀의 머리를 만지려고 다가갔다. "가죽처럼 유연하고 쇠처럼 단단하며 밤처럼 차갑다." 위고는 문어의 살에 대해 이렇게 썼다. 하지만 의외로, 아테나의 머리에서 내가 느낀 촉감은 비단결 같은 게 커스터드보다도 더 폭신폭신했다. 피부는 홍옥색과 은색으로 얼룩덜룩해서, 마치 검붉은 와인색 바다에 비친 밤하늘 같았다. 손가락으로 건드리자 내 손길 아래로 피부가 하얘졌다. 흰색은 문어가 긴장을 풀었을 때 보이는 색이다. 문어의 가까운 친척인 오징어의 경우, 암컷이 동족 암컷과 마주치면 하얗게 변하는데 싸우거나 달아날 필요가 없는 까닭이다.

아테나는 내가 여자라는 사실을 알고 있는지도 몰랐다. 암컷 문어는 여자와 마찬가지로 에스트로겐이 있다. 아테나는 내 에스트로겐을 맛보고 알아볼 수 있을지도 몰랐다. 문어는 몸 전체로 맛을 볼 수 있지만, 미각은 빨판에서 극도로 발달해 있다. 아테나의 포옹은 유달리 친밀했다. 그녀는 내 피부를 만지면서 동시에 맛을 보고 있었다. 어쩌면 그 아래 있는 근육과 뼈, 혈액의 맛도 보고 있을는지도. 비록 방금 만난 사이기는 하지만, 아테나는 입때껏 나를 알아온 그 누구의 방식과도 다르게 나를 아는 셈이었다.

내가 그녀에게 호기심이 있듯, 그녀 또한 나에게 호기심이 있는 듯했다. 천천히, 그녀는 팔 끝에 있는 바깥쪽 작은 빨판에서 머리 가까이 있는 크고 강한 빨판으로 옮겨가며 나를 쥐었다. 작은 발판 걸상에 올라서 있는 동안, 나는 이제 몸이 직각으로 구부러져 반쯤 펼쳐진 책 같은 자세였다. 그제야 난 무슨 일이 일어나고 있는지 알아차렸다. 아테나는 차근차근 나를 자기 수조 안으로 끌어당기고 있었다.

그녀와 함께 간다면 얼마나 행복할까마는, 아아, 난 그럴 수 없지 않은가. 그녀의 집은 불룩한 바위 아래 있었다. 그녀는 그 안으로 물 흐르듯 들어갈 수 있으나, 뼈와 관절의 제약을 받는 난 그럴 수 없었다. 아테나가 사는 수조의 물은 내가 선 키에서 가슴 정도 높이밖에 안 될 터였다. 하지만 나를 잡아당기는 모양으로 보아, 나는 물에 거꾸로 끌려들어가 곤두박질할 테고, 내 폐는 공기에 굶주려 곧 한계에 직면하겠지. 스콧에게 그녀의 빨판을 떼어내야 하지 않겠느냐고 묻자, 스콧은 우리를 살살 떼어놓았다. 빨판들이 내 피부를 놓아주면서 작은 변기뚫이처럼 뽁뽁 소리를 냈다.

"문어?! 문어는 괴물 아니야?" 이튿날 내 친구 조디 심프슨과 개들을 데리고 산책하는데 조디가 놀라서 물었다. "안 무서웠어?" 조디의 질문

은 자연계에 대한 무지를 드러낸다기보다 서구 문화에 대한 해박한 지식을 반영했다.

거대 문어와 그 친척인, 거대 오징어에 대한 공포는 13세기 아이슬란드 전설에서부터 20세기 미국 영화에 이르기까지 서양 예술 형식에 영감을 제공해왔다. 고대 아이슬란드 영웅 전설인 오르바르오즈에 나오는 "사람이든 배든 고래든 닿을 수 있는 건 무엇이든 집어삼킨다는 거대 괴물인 '하프구파'[1]는 틀림없이 촉수 달린 연체동물의 일종에서 영감을 얻었으며 이후 크라켄[2]을 탄생시켰다. 앙골라 해안에서 거대한 문어가 자신들 배를 공격했다고 하는 프랑스 선원들의 보고는 현대인들 기억에 가장 오래 남아 있는 문어 심상 가운데 하나를 지어냈다. 선원들은 여전히 이 거대 문어 문신을 팔에 새기고 있다. 연체동물 전문가 피에르 드니 드 몽포르의 수묵담채화 「1801」은 대양에서 솟구치는 거대한 문어를 상징적으로 보여준다. 그림에서 비비 꼬인 문어의 팔들은 커다란 고리로 스쿠너의 세 돛대를 돌돌 말며 그 꼭대기까지 뻗어 있다. 피에르는 적어도 두 종류의 거대 문어가 존재한다고 주장했다. 그리고 그 가운데 한 마리는 분명 1782년 하룻밤 새 불가사의하게 사라진 영국 전함 가운데 최소 10척을 사라지게 한 주범이라고 주장했다.(이후 몽포르에게 공개적 망신이 될 내용이 발표되었는데, 한 생존자가 자신들은 사실 허리케인을 만나 난파했다고 밝힌 것.)

1830년, 앨프리드 테니슨은 괴물 문어에 대한 소네트를 발표했다. 문

---

1   Hafgufa: 아이슬란드 영웅 전설에 나오는 바다 괴물. 평소에는 섬이나 바위로 위장하고 있다고 전해짐.
2   Kraken: 노르웨이와 그린란드 연안에 산다고 전해지는 전설 속 거대한 바다 괴물.

어의 "무수히 돋은 거대한 돌기들 / 거대한 팔들로 잠잠한 초록빛을 헤치네." 그리고 물론 문어는 쥘 베른의 1870년 프랑스 공상과학 소설, 『해저 2만 리』에 나오는 징벌의 상징이었다. 1954년 영화 「해저 2만 리」에서 문어가 거대 오징어로 바뀌기는 하지만, 1916년 원작에서 수중 촬영 기사였던 존 윌리엄슨은 영화가 소설의 원래 악당을 다루고 있다고 말했다. "식인 상어, 거대한 독니 곰치, 살인마 창꼬치는 문어에 비하면 오히려 아무런 악의도 해도 없이 친절하며 심지어 매력적으로까지 보인다. 비밀에 휩싸인 음침한 소굴에서 문어가 눈꺼풀 없는 눈으로 당신을 주시할 때 느껴지는 역겨운 공포는 어떤 말로도 설명할 수 없다…… 당신의 영혼 자체가 문어의 시선 아래로 꺼져 내려가는 듯하며, 이마에는 식은땀이 송골송골 맺힌다."

수백 년 묵은 중상에 시달리는 문어를 변호해주고 싶은 마음에 난 친구에게 대꾸했다. "괴물이라고? 전혀 그렇지 않아!" 괴물의 사전적 정의에는 늘 큰, **흉측한**, 겁나는 같은 단어가 들어 있다. 나에게 아테나는 천사같이 아름답고 여낙락했다. 문어에게는 "크다"는 표현조차 논의의 대상이다. 문어종 가운데 가장 큰 태평양거대문어도 예전만큼 크지는 않다. 한때는 전체 길이 46미터 정도 되는 문어가 존재했을 수도 있다. 하지만 『기네스북』에 오른 가장 큰 문어는 대략 136킬로그램에 10미터 정도다. 1945년, 캘리포니아 샌타바버라 연안에서 포획된 문어 하나는 이보다 훨씬 더 무거운 182킬로그램 상당이라 보고되었다. 하지만 실망스럽게도 사람과 비교해서 찍은 사진을 보면 끽해야 6에서 7미터 정도에 불과하다. 더욱이 이런 현대판 거대 문어들도 가까운 친척뻘인 남극하트지느러미오징어와는 상대가 안 된다. 뉴질랜드 어선이 남극 대륙 연안에서 최근 포획한 이 오징어종의 표본은 대략 454킬로그램 이상에 길이도 9미터가 넘었다. 요즘 괴물 애호가들은 이처럼 큰 문어가 잡힌 지 반백 년이 넘은 듯하다는 사실에 안타까워한다. 아테나가 우아하고 점잖으며 누가 봐도 다정하다고 설명하자, 조디는 믿지 않았다. 조디의 사전에 빨판으로 뒤덮인 거대하고 끈적끈적한 두족류는 괴물이라고 정의되어 있었다. "그렇다고 쳐." 난 마지못해 인정하다가 토를 달았다. "하지만 괴물이라고 해서 반드시 **못된** 놈인 건 아냐."

난 늘 괴물을 사랑했다. 어릴 때조차 고질라나 킹콩을 응원했지, 이 괴물들을 죽이려는 자들을 응원한 적은 없었다. 괴물들이 우리를 성가시게 하는 데에는 충분한 이유가 있어 보였다. 핵폭발 때문에 잠에서 깨고 싶은 사람은 아무도 없다. 마찬가지로 고질라가 괴팍한 건 내겐 하나도 이상해 보이지 않았다. 킹콩도 마찬가지였다. 어여쁜 페이 레이의 매력에 사로잡힌 킹콩을 누가 비난할 수 있으랴.(고릴라보다 결국 페이의 비명이 사람들을 더 못살게 만들 것이기도 했고.)

입장을 바꿔놓고 본다면 괴물들이 저지른 일은 하나같이 마땅했다. 이런 영화는 교묘하게 괴물의 입장에서 생각하는 법을 배우게 했다.

포옹 후 아테나는 자신의 집으로 흘러들어갔다. 난 비틀비틀 발판 걸상 계단 셋을 내려왔다. 현기증이 이는 듯해 잠시 서서 숨을 골랐다. 겨우 나온 말은 "와우"뿐이었다.

"아테나가 당신한테 그렇게 머리를 내민 건 흔치 않은 일이었어요." 스콧이 말했다. "놀랍더군요." 스콧이 말하길, 이곳에 살았던 마지막 두 문어인 트루먼과 그 전의 조지는 방문객 한 명에게 손을 건네곤 했지만 머리까지 내민 적은 결코 없었다고 했다.

아테나의 행동은 평소 성격을 볼 때 유난히 놀라웠다. 트루먼과 조지는 느긋한 문어들이지만 아테나는 이름값을 했다. 전쟁과 전략을 관장하는 그리스 여신. 그녀는 무척 혈기왕성한 문어였다. 매우 활동적인 데다 쉽게 흥분해서, 피부가 울퉁불퉁 울긋불긋해지기 일쑤였다.

문어는 개성이 다분하다. 개성은 대개 관리자가 붙여주는 이름에 반영되어 있다. 시애틀 아쿠아리움에 있던 태평양거대문어 하나는 진종일 수족관 뒷부분에 숨어 지낼 정도로 수줍음이 많아서 이름이 에밀리 디킨슨이었다. 일반인들은 에밀리를 거의 보지 못했다. 결국 에밀리는 원래 포획된 곳인 퓨젓사운드에 방사되었다. 또 한 마리의 이름은 찐득이 래리였다. 관리자가 자기 몸을 이리저리 탐색하는 래리의 팔들 가운데 하나를 떼어놓자마자, 그 자리에 두 개가 더 들러붙곤 했기 때문이다. 세 번째 문어는 왈가닥이라는 이름을 얻었는데, 수조에 있는 건 모조리 분해하지 않고는 못 배겼기 때문이다.

문어는 인간 역시 개체라는 사실을 알아차린다. 어떤 사람은 좋아하지만 어떤 사람은 싫어한다. 게다가 자신이 알고 신뢰하는 사람들은 다르게 대한다. 조지의 경우, 방문객들은 못 미더워했어도 자신의 관리자인 선임 어류 사육사 빌 머피와 있을 땐 줄곧 느긋하고 다정했다. 이곳에 오기 전, 난 이 두 마리가 나온 비디오를 보았다. 아쿠아리움에서 2007년 유튜브에 올린 자료였다. 후리후리한 사육사가 조지를 토닥거리며 긁어주려고 몸을 구부리면, 조지는 수조 상부에 떠다니며 빨판들로 빌을 다정하게 음미했다. "난 조지를 친구라고 생각해요." 손가락으로 조지의 머리를 쓰다듬으며 빌은 촬영기사에게 말했다. "난 날마다 조지와 교감하고, 조지를 돌보고 바라보며 많은 시간을 보내기 때문이죠. 문어가 끈적끈적한 게 무척 소름끼친다고 생각하는 사람들도 있지만, 난 그걸 오히려 즐긴답니다. 어떤 면에서는 개나 다를 바 없어요. 실제로 난 조지의 머리를 토닥거리거나 이마를 긁어주니까요. 조지도 그렇게 해주는 걸 좋아하고요." 빌은 말했다.

문어가 누가 자신의 친구인지 파악하는 데는 그리 오래 걸리지 않는다. 한 연구에서 시애틀 아쿠아리움 생물학자 롤런드 앤더슨은 낯선 사람 두 명에게 파란색 아쿠아리움 관복을 똑같이 입혀 태평양거대문어 여덟 마리와 대면하게 했다. 문어 한 마리에게 한 명은 계속해서 먹이를 주었고, 다른 한 명은 줄곧 꺼칠꺼칠한 막대기로 건드렸다. 한 주 만에, 이 사람들을 만지거나 음미조차 하지 않고 물속에서 바라만 보면서도 문어 대부분이 이들을 보기가 무섭게 귀찮게 하는 사람에게서 멀어져 먹이를 주는 사람에게로 움직였다. 때때로 이 문어들은 물을 쏘는 깔때기 모양의 기관, 곧 머리 측면 부근에 달려서 바다에서 분사 추진으로 나아가는 데 사용하는 수관을 꺼칠꺼칠한 막대기로 건드렸던 사람에게 조준하곤 했다.

경우에 따라서는 문어가 어떤 사람을 왠지 싫어하게 되기도 한다. 시애틀 아쿠아리움 생물학자 한 명은 밤마다 평소 다정한 성격의 문어 하나를 살펴봤는데, 그럴 때면 문어는 수관에서 끔찍하게 차가운 소금물을 세차게 내뿜으며 이 여성 생물학자를 맞이하곤 했다. 문어는 이 여자에게, 오직 이 여자에게만 물을 내뿜었다. 야생 문어들은 추진을 위해서

만이 아니라 싫어하는 대상을 쫓아버리기 위해서도 수관을 사용한다. 마치 길을 내기 위해 제설기를 사용하는 것처럼. 이 문어도 밤에 들이대는 생물학자의 손전등 빛이 짜증스러웠던 것인지 모른다. 뉴잉글랜드 아쿠아리움에서 근무하던 한 자원봉사자는 트루먼에게서 늘 이와 똑같은 대접을 받았다. 트루먼은 마주칠 때마다 소금물을 퍼부어 이 여자를 물에 빠진 생쥐 꼴로 만들어버리곤 했다. 이후 자원봉사자는 대학 진학을 위해 아쿠아리움을 떠났다. 몇 달 뒤 여자가 방문했을 때, 그사이 누구에게도 물을 뿜지 않던 트루먼이 여자를 보자마자 흠뻑 적셔놓았다.

문어에게 생각과 감정과 개성이 있다는 개념은 일부 과학자와 철학자를 괴롭혔다. 우리와 수혈을 주고받을 정도로 인간과 가까운 침팬지조차 최근에서야 그 정신의 존엄성을 인정받았다. 1637년 프랑스 철학자 르네 데카르트가 제기한 개념, 즉 인간만이 생각한다는 (따라서 인간만이 도덕적 세계에 존재한다. "나는 생각한다, 고로 존재한다") 개념은 현대 과학에 여전히 만연해 있어서 세계에서 가장 널리 알려진 과학자 가운데 한 명인 제인 구달조차 20년 동안 야생 침팬지를 관찰해서 얻은 가장 흥미로운 결과 일부는 발표할 용기를 내지 못했다. 탄자니아의 곰베 강 야생동물 보호구역에서 광범위한 연구를 진행하면서, 구달은 가령 다른 침팬지들이 열매를 발견하지 못하도록 식량을 찾았다는 환호성을 참는 등, 야생 침팬지들이 의도적으로 서로를 속이는 장면을 숱하게 관찰했다. 이러한 결과를 오랫동안 발표하지 않고 있었던 데는 연구 대상에 "인간의" 감정을 이입하며 동물을 인격화한다고 다른 과학자들로부터 비난받을지 모른다는 두려움이 깔려 있었다. 동물과학에서 이러한 인격화는 대죄였다. 난 곰베에 있었던 다른 연구자들과 이야기를 나눈 적이 있다.

이들은 과학계 동료들이 자신들을 결코 안 믿을지 모른다는 두려움에서 연구 결과 일부는 여태 발표하지 못했다.

"다른 종의 감정과 지능을 축소하려는 노력은 늘 존재합니다." 내가 아테나를 만난 뒤, 뉴잉글랜드 아쿠아리움 홍보부장 토니 라카스는 말했다. "이런 선입견은 특히 어류와 무척추동물에게 강하죠." 스콧이 거들었다. 우리는 GOT(Giant Ocean Tank)라고 애칭 삼아 부르는 대양 수조를 둘러싼 나선형 경사로를 따라갔다. 대양 수조는 카리브 해 산호초 공동체를 재현한 3층짜리 75만7000리터급 수족관으로 이곳 아쿠아리움의 중심 기둥이다. 우리가 과학적 금기를 깨고 대부분 부인하는 동물의 정신에 대해 이야기하는 동안 상어와 가오리, 바다거북, 열대어 떼가 마치 꿈을 꾸듯 부유하고 있었다.

스콧은 문어 하나를 상기했다. 이 문어의 교활한 약탈 행위는 구달의 사기꾼 침팬지들의 행동에 맞먹었다. "이 문어 수조에서 5미터쯤 떨어진 데 특별한 가자미 수조가 있었어요." 스콧이 말했다. 이 물고기들은 연구의 일부였다. 하지만 연구자들이 경악할 일이 벌어졌다. 가자미들이 하나씩 사라지기 시작한 것이다. 그러던 어느 날 연구자들이 범인을 잡았다. 문어가 자신의 수조에서 슬쩍 빠져나가 가자미들을 잡아먹고 있었다! 문어가 발각되자, 스콧은 말했다. "그녀는 뭔가 켕기는 듯 곁눈질로 눈치를 보더니 스르르 빠져나갔어요."

토니는 내게 한때 대양 수조에 살았던 커다란 암컷 너스상어, 비미니에 대해 말해주었다. 어느 날 상어가 수조에서 얼룩무늬 장어 가운데 하나를 공격했다. 주위를 헤엄치는 비미니의 입에선 희생자의 꼬리가 삐져나와 있었다. "비미니를 잘 알던 잠수부 가운데 한 명이 상어한테 왜 그랬냐고 나무라며 손가락을 흔들고는 코를 때렸죠." 토니는 말했다. 그러자 비미니는 즉시 삼켰던 장어를 게워냈다.(장어는 응급 처치를 위해 현장에 있던 수의사에게 바로 데려갔지만 안타깝게도 목숨을 구하지는 못했다.)

한번은 우리 보더콜리, 샐리에게도 비슷한 일이 일어났다. 샐리가 숲에서 죽은 사슴 한 마리를 발견하고는 시체를 먹고 있었다. "그거 내려놔!" 내가 으르렁거리듯 호통 치자, 샐리는 정말 내 말대로 먹던 걸 게워냈다. 난 늘 샐리의 순종이 자랑스러웠다. 하지만 상어가?

상어들이 수조에 있는 물고기라고 다 먹지는 않는다. 평소 먹이가 배불리 제공되기 때문이다. "하지만 가끔 상어는 허기가 아닌 이유로 다른 동물을 먹거나 해치려고 해요." 스콧이 내게 말했다. 어느 날, 길고 얇은 몸집에 반짝반짝 빛나며 등에는 큰 낫 모양의 지느러미가 돋은 물고기 퍼밋이 태평양거대문어 수조의 수면 근처에서 떼 지어 요동치고 있었다. "퍼밋 떼는 무척 시끄럽게 난리를 치고 있었어요." 토니는 말했다. 모래뱀상어 가운데 한 마리가 수면으로 잽싸게 솟아오르더니 이 물고기 떼를 공격해 지느러미를 물었다. 하지만 죽이거나 먹지는 않았다. 상어는 다만 짜증이 났던 게 분명했다. "포식자로서 깨물었다기보다 자신이 우월하다는 의미로 깨물었던 거죠." 토니는 설명했다.

우리의 주장은 이단으로 취급받기 일쑤였다. 우리와 무척 닮았다 하더라도 동물을 오해하기 십상이라는 회의론자들의 주장은 옳다. 수년 전 보르네오에 있던 비루테 갈디카스의 연구 현장을 방문하고 있을 때였다. 이곳에서는 방사된 오랑우탄들이 야생에서 사는 법을 익히고 있었는데, 한 미국인 자원봉사자가 이 텁수룩한 오렌지색 유인원들한테 홀딱 반해서 다 큰 암컷 한 마리에게 내달려 껴안으려 했다. 암컷은 자원봉사자를 집어 올리더니 바닥에 내동댕이쳤다. 이 여성 자원봉사자는 오랑우탄이 웬 낯선 자에게 붙잡혔다고 느끼리라고는 생각지 못했던 셈이다.

특히 동물들이 우리를 좋아하기를 바랄 때에는, 그들도 우리의 감정과 같다고 넘겨짚고 싶은 유혹에 사로잡힌다. 코끼리와 더불어 일하는 친구가 어느 여성에 대해 이야기해주었다. 스스로를 애니멀 커뮤니케이터라고 부르는 이 여성이 동물원에 있던 한 공격적인 코끼리를 찾아왔다. 코끼리와 텔레파시로 대화를 나누고 나더니 커뮤니케이터는 관리자에게 말했다. "아, 이 코끼리는 정말 저를 좋아하는군요. 내 무릎에 자기 머리를 파묻고 싶어해요." 이 교감에서 가장 흥미로웠던 건 커뮤니케이터가 제대로 짚었을 수도 있었다는 점이다. 실제로 코끼리들은 가끔 사람들 무릎 사이에 머리를 파묻기도 한다. 상대를 죽이려는 행위다. 신발로 담배꽁초를 짓이기듯 이마로 사람들을 뭉갠다.

20세기 초 오스트리아계 영국인 철학자 루트비히 비트겐슈타인은 언젠가 이런 유명한 글을 썼다. "만약 사자가 말할 수 있다면 우리는 그 말을 이해할 수 없을 것이다." 문어의 경우 오해 가능성은 무척 크다. 사자는 그나마 우리처럼 포유류다. 문어는 완전히 다른 구조다. 심장은 셋이고, 뇌는 목구멍을 감싸고 있으며, 털 대신 끈끈한 점액으로 뒤덮여 있다. 혈액마저 우리와 다른 색이다. 철이 아닌 구리가 산소를 나르는 까닭에 푸르다.

자신의 고전작 『가장 멀리 있는 집』에서 미국인 박물학자 헨리 베스턴은 다음과 같이 쓰고 있다. 동물은 "우리의 교우도, 우리의 졸때기도 아니다. 동물은 우리가 상실했거나 결코 획득한 적 없는 확장된 감각의 세계에서 우리가 끝내 듣지 못할 목소리를 따라 살아가는 존재들이다." 헨리는 적고 있다. 이들은 "우리와 더불어 생과 시간의 그물에 잡힌 다른 종족들, 곧 지구라는 장려한 고해에 갇힌 동료 죄수들이다." 뭇 사람에게 문어는 단지 또 하나의 종족일 뿐 아니라 머나먼 위협적 은하계에서 온 외계의 생명체다.

하지만 나에게 아테나는 문어 그 이상이었다. 그녀는 내가 무척 좋아하는 하나의 개체였고, 또한 모종의 관문일 수 있었다. 아테나는, 사고에 대해 사고하는, 곧 우리와 다른 정신세계는 어떠할는지 그려보는 새로운 인식의 길로 나를 안내하고 있었다. 더불어 그녀는 일찍이 몰랐던 방식으로, 나의 행성이지만 내가 거의 모르고 있던 세계를 탐구하도록 나를 꾀고 있었다. 이 행성 대부분을 차지하고 있는 물의 세계를.

———————

집에 돌아오자 난 마음속으로 아테나와의 교감을 되새겨보려 애썼다. 힘들었다. 어디든 그녀투성이었다. 그녀의 젤리 같은 몸과 여덟 개의 둥실거리는 말랑말랑한 팔에 대한 생각을 떨칠 수가 없었다. 수시로 바뀌는 색과 모양, 촉감에 대한 생각을 떨칠 수가 없었다. 그녀는 어느 순간엔 선홍색으로 울퉁불퉁하다가, 다음 순간 매끈해지면서 암갈색이나 하얀색으로 맥이 드러나기도 한다. 서로 다른 신체 부위 부분 부분이 1초도 안 걸릴 정도로 무척 빨리 변하곤 하는 까닭에, 마지막 변화를 알아챌 때쯤이면 벌써 다른 색으로 갈아입곤 했다. 작사가 존 덴버가 쓴 가사 한 구절을 빌리자면, 그녀는 나의 감각을 가득 메웠다.

관절의 제약이 없으므로 아테나의 팔들은 일시에 사방팔방으로 부단히 탐색하고 휘감고 뻗어나가며, 늘어나고 펼쳐지고 있었다. 팔 하나하나는 나름의 정신이 깃든 별개의 생물로 보였다. 사실, 거의 맞는 말이기도 하다. 문어 신경의 5분의 3은 뇌가 아닌 팔에 있다. 몸에서 잘리더라도 팔은 대개 몇 시간 동안이나 마치 아무 일 없었던 듯 움직일 터다. 그러니까 추정되다시피, 절단된 팔은 계속해서 사냥을 시도해 어쩌면 심지어 먹잇감을 잡을지도 모른다. 단지 안타깝게도 더 이상, 잡은 먹잇감을 건네줄 몸이 없을 뿐.

아테나의 빨판 하나만으로도 나를 온통 사로잡기에 충분했다. 그런데 그런 빨판이 1600개 있었다. 하나하나가 분주하게 다양한 일을 해내고 있었다. 빨기, 맛보기, 쥐기, 붙들고 있기, 뽑아내기, 놓아주기. 태평양거대문어는 팔마다 두 줄의 빨판이 있는데, 가장 작은 빨판은 끝에 있으며, 가장 큰 빨판은 (큰 수컷의 경우 지름 8센티미터 정도, 아테나는 아마 5센티미터 정도) 입에서 대략 3분의 1 지점에 있다.

빨판마다 두 개의 실이 있다. 외실은 넓은 부항처럼 생겼으며 수백 줄의 섬세한 방사성 융기가 가장자리로 뻗어 있다. 내실은 빨판 중심에 있는 작은 구멍으로 흡입력을 생성한다. 전체 구조는 빨판이 잡고 있는 것이 무엇이든 그 둘레에 맞게 오므라든다. 빨판 하나하나는, 사람의 엄지와 검지처럼 무언가를 잡기 위해 집게 모양을 만들 수 있다. 각각은 문어가 수의적이며 독립적으로 통제하는 개별 신경들에 의해 움직인다. 게다가 각 빨판은 기막히게 강하다. 장수하는 생물학 웹사이트 세펄러파드 페이지의 웹마스터 제임스 우드는 지름 6센티미터 정도의 빨판 하나가 대략 16킬로그램을 들어올릴 수 있다고 추정했다. 만약 모든 빨판이 저 크기라면 문어는 대략 25톤의 흡입력이 있는 셈이다. 또 다른 과학자는 이보다 훨씬 더 작은 종인 왜문어라도 그 빨판 구멍을 벌리려면 4분의 1톤의 힘이 필요하리라 추정했다. "잠수부들은 정말 조심해야 합니다." 우드는 경고했다.

아테나는 내 피부를 다정하게 빨았다. 난 무섭지 않았기에 그녀가 잡아당겨도 저항하지 않았다. 운이 좋은 경우였다는 사실은 이후 다음 방문 일정을 정하고자 그녀의 관리자인 빌과 통화하면서 알았다.

"사람들은 대개 문어 때문에 기겁해 정신을 못 차립니다." 빌이 내게 말했다. "방문객들이 올 때면, 우리는 늘 사람이 겁에 질릴 경우를 대비해 누군가를 배치해두죠. 문어를 수조에 가둬두는 게 주 임무예요. 문어가 무슨 일을 저지를지 장담할 수 없으니까요. 아테나와 있을 때 그녀의 팔 네 개가 내게 붙어 있던 적이 있어요. 이 팔들을 떼어내면 다른 네 개가 다시 달라붙는 식입니다."

"우리 모두 비슷한 데이트를 했다는 생각이 드는군요." 난 말했다.

내 팔과 손을 음미하는 동안 아테나는 내 얼굴을 주의 깊게 살폈다. 자기 얼굴과 전혀 다른 얼굴인데 알아본다는 사실이 인상 깊었고, 아테나가 내 얼굴을 바라보는 데 그치지 않고 음미하고 싶어하지 않을까 궁금했다. 난 빌에게 그렇게 하도록 허락해준 적이 있냐고 물었다. "안 됩니다." 빌은 단호했다. "우리는 문어가 얼굴 근처에는 못 가게 합니다." 왜지? 눈이라도 뽑아버릴까봐 그런가? "네." 빌이 답했다. "그럴 수 있거든요." 빌은 청소 솔 손잡이를 잡고 있던 문어들과 실속 없는 줄다리기를 한 적이 있었다. "문어가 언제나 이기죠. 당신은 자신이 무슨 짓을 하고 있는지 알아야 합니다." 빌이 말했다. "아테나가 얼굴 근처에는 못 가게 하세요."

"내가 느끼기에 마치 그녀가 나를 수조 안으로 끌어당기고 싶어하는 거 같았어요." 난 빌에게 말했다.

"맞아요, 당신을 수조 안으로 끌어당길 수도 있었습니다." 빌이 말했다. "앞으로도 시도할 겁니다."

난 그녀에게 다시 한번 기회를 주고 싶은 마음이 간절했다. 우리는 목요일을 데이트 날짜로 정했다. 빌과 그가 아는 가장 경험 많은 문어 자원봉사자 윌슨 메나시가 함께 있을 터였다. 스콧이 그러더니 이제는 빌이 윌슨에 대해 말해주었다. 스콧과 같은 말이었다. "윌슨은 문어 다루는 법을 정말 잘 압니다."

윌슨은 전에 미국의 경영 컨설팅 회사인 아서 D. 리틀에서 공학자이자 발명가로 일했으며, 자신의 이름으로 등록한 특허가 수두룩했다. 윌슨의 업적 가운데 또 하나는 큐빅 지르코니아를 모조 다이아몬드로 시장에 출시한 일이었다.(프랑스인들이 큐빅 지르코니아의 인공 생산에 성공하기는 했으나, 활용 방법은 몰랐다.) 아쿠아리움에서 윌슨은 중요한 임무를 맡아왔다. 영리한 문어의 주의를 끌 흥미로운 장난감을 고안하는 일이었다. "할 일이 없으면 문어들은 지루해한답니다." 빌은 설명했다. 그리고 문어를 지루하게 하는 건 가혹할 뿐 아니라 위험한 일이다. 난 보더콜리 두 마리를 비롯해 340킬로그램 나가는 애완 돼지 한 마리와 살고 있던 까닭에, 영리한 동물을 지루하게 내버려두는 건 재난을 자초하는 일이라는 사실을 알고 있었다. 이런 동물들이 시간을 때우기 위해 창의적인 무언가를 생각해내는 건 불가피한 일이다. 그 창의적인 일이란 곧 당신이 원치 않는 말썽이다. 시애틀 아쿠아리움이 왈가닥에게서 발견한 사실도 이와 똑같았다. 샌타모니카에서는 겨우 20센티미터 조금 넘는 작은 캘리포니아두점박이문어 한 마리가 자신의 수조 밸브로 이리저리 실험을 하다가 1000리터 넘는 물로 수족관 사무실을 물바다로 만들고 말았다. 이 바람에 친환경적으로 설계한 최신식 바닥을 망쳐서 수천 달러의 손실을 일으켰다.

권태의 또 다른 위험은 문어가 어딘가 좀더 흥미로운 곳으로 가려고 애쓸는지 모른다는 데 있다. 문어가 우리로부터 탈출하는 능력은 탈출 곡예사 후디니 못지않다. 영국 플리머스에 위치한 해양생물실험소의 L. R. 브라이트웰은 문어 한 마리와 마주친 적이 있는데, 문어는 오전 2시 반 층계 두 단을 기어 내려오고 있었다. 실험소 연구실에 있던 자기 수조를 탈출한 뒤였다. 영국 해협에 있던 한 저인망 어선 위에서는, 포획된 뒤 갑판에 남겨졌던 문어 한 마리가 갑판을 용케도 미끄러져 나가 계단 아래 선실까지 간 적이 있다. 몇 시간 후 찾아낸 문어는 찻주전자 속에 숨어 있었다. 또 한 문어도 있었다. 버뮤다의 작은 개인 수족관에 갇혀 있던 이 문어는 수조 뚜껑을 밀어젖히고 바닥으로 미끄러져 내렸고, 베란다까지 기어가 집을 찾아 바다로 향했다. 이 동물은 30미터 정도 이동하다 끝내 잔디밭에 쓰러졌고, 개미 떼에 습격당해 죽었다.

2012년 6월 보고된 사례는 어쩌면 이보다 훨씬 더 놀라울지 모른다. 캘리포니아 몬터레이 만 아쿠아리움의 한 경비는 오전 3시 이판암초 서식지 전시장 앞 바닥에서 바나나 껍질 하나를 발견했다. 자세히 살펴보니 바나나 껍질은 다름 아닌 주먹 크기의 건강한 붉은문어였다. 경비는 눅진한 흔적을 따라가 문어를 원래 있던 전시장으로 돌려보냈다. 그런데 여기서 기함할 부분이 있다. 아쿠아리움에서는 이판암초 서식지 전시장에 붉은문어가 산다는 사실을 모르고 있었다. 분명 이 문어는 어릴 적, 전시장에 비치한 바위나 해면에 멋대로 붙어 들어왔다가 아무도 눈치채지 못하게 수족관에서 성장한 셈이었다.

재앙을 방지하고자 수족관 직원들은 공을 들여 문어 수조마다 그에 맞는 탈출 방지 뚜껑을 고안하고 문어가 허튼 생각을 못 하게 할 방법을 발명하려 애쓴다. 2007년, 클리블랜드 메트로파크 동물원에서는 문어에 대한 알찬 참고서를 제작했다. 책은 이 영리한 생물을 줄기차게 즐겁게 해줄 가지가지의 발상들로 채워져 있었다. 어떤 수족관에서는 감자머리 씨氏라는 장난감 속에 음식을 감춰서 문어가 장난감을 분해하게 했다. 블록조립 장난감 레고를 주는 수족관도 있었다. 오리건주립대학교의 햇필드 해양과학연구소에서는 문어가 레버를 움직여 캔버스 위로 물감을 발사해 예술작품을 만들게 해주는 교묘한 장치를 고안해냈다. 이 장치는 이후 경매에 부쳐져 이 문어 수조를 유지하기 위한 기금 조성에 쓰였다.

시애틀 아쿠아리움에서, 태평양거대문어 새미는 반쪽을 돌려서 나사로 고정시킬 수 있는 야구공 크기의 플라스틱 공을 즐겨 가지고 놀았다. 직원은 이 공 안에 음식을 넣어두었는데, 나중에 놀란 점은 문어가 공을 여는 데 그치지 않고 다시 나사를 조여 원래대로 조립해놓았다는 사실이다. 애완용 모래쥐가 뚫고 나가기 좋아하는 플라스틱 배관에 착안해 짜놓은 장난감도 있었다. 수족관 관리자들이 기대했던 대로 팔을 이용해 이 굴을 살펴보는 대신, 새미는 배관 조각들을 해체하기를 좋아했다. 게다가 해체를 마치자 수조에 함께 사는 말미잘 친구에게 건네주었다. 말미잘은 그 종이 다 그렇듯 뇌가 없으니, 배관 조각들을 촉수로 잠시 잡고 있다가 입으로 가져가더니 결국 뱉어냈다.

하지만 윌슨은 한발 앞서 있었다. 최초의 문어 참고서가 나오기 한참 전, 갖은 문어가 사건을 일으키기도 전, 윌슨은 문어의 지능에 걸맞은 안전한 장난감 하나를 만들어냈다.

아서 D. 리틀 사에 있는 자신의 연구실에서 일하는 동안, 윌슨은 상자 셋을 고안했다. 여러 잠금장치가 달린 투명한 플렉시 유리 정육면체였다. 셋 가운데 가장 작은 상자에는 마구간 빗장처럼, 쉽게 열지 못하게 뒤틀려 있는 미닫이 걸쇠가 있었다. 여기에 문어가 좋아하는 먹이인 살아 있는 게를 넣고 뚜껑을 덮었다. 아마 문어는 뚜껑을 들어올릴 수 있을 것이다. 뚜껑을 잠가두면 어쩔 수 없이 문어는 상자를 여는 방법을 알아낼 터였다. 두 번째 상자에는 시계 반대 방향으로 돌려서 끼우는 걸쇠가 있었다. 그렇게 첫 번째 상자에 게를 넣고 (그 상자를) 두 번째 상자에 집어넣은 다음 잠글 수 있었다. 그래도 문어는 열 방법을 알아낼 수 있을까? 마지막으로, 세 번째 상자가 있었다. 이번 상자에는 두 가지 걸쇠가 있었다. 빗장 하나는 열지 못하도록 걸려 있고, 레버가 있는 두 번째 잠금장치는 종래의 밀폐용기와 흡사하게 뚜껑을 봉하고 있었다. 빌의 말에 따르면, 일단 문어가 "파악하고" 나면, 3~4분 안에 네 가지 잠금장치를 모두 열 수 있었다고 한다.

난 빌과 윌슨이 내게 들려줄 이야기에 목말라하며, 이들과 만나기를 고대하고 있었다. 하지만 무엇보다 난 아테나를 다시 만나고 싶었고 그녀가 자신이 아는 사람들 사이에서 어떻게 행동하는지 알고 싶었다. 그리고 궁금했다. 그녀가 나를 알아볼까?

빌은 나를 아쿠아리움 로비에서 맞았다. 서른두 살의 그는 2미터가량의 후리후리하고 건장한 체구에 짧은 갈색 머리를 하고 있었는데, 눈가에 주름이 자글자글하도록 만면에 미소를 머금고 있었다. 그의 녹색 수족관 셔츠 오른쪽 소매 밑에서는 촉수들이 스멀스멀 내려오고 있었다. 하늘색 범선 한 척과 함께 있는 독침 해파리인 포르투갈전함관해파리[3] 문신이었다. 우리는 아쿠아리움 찻집 방향으로 나 있는 계단을 올라, 한수 해양관으로 통하는 직원 전용 계단으로 갔다. 한수 해양관은 빌이 담당하는 구역이었다. 빌은 이곳에서 동물 1만5000마리를 관장했다. 아테나와 불가사리와 말미잘 같은 무척추동물에서부터 거대 바닷가재와 멸종 위기의 바다거북과 묘한 고대 키메라 혹은 은상어에 이르기까지. 은상어는 날카로운 이 대신 잘게 가는 데 좋은 뭉뚝한 이가 있는 심해종으로, 4억 년 전 상어 계통에서 갈라져 나온 연골류다. 빌은 개인적으로 자신이 담당하고 있는 동물 하나하나를 안다. 이들 가운데 여럿은 태어날 때부터(혹은 부화하거나 자라기 시작할 때부터) 돌봐왔다. 태평양 연안 서북부 등지 해양의 차가운 물속을 탐험하면서 데려온 동물도 많았다.

윌슨은 벌써 와 있었다. 체구는 빌보다 훨씬 작으며, 단정하고 조용한데다 다 자란 손주가 있는 할아버지다운 머리 선에, 어딘지 정확히는 모르겠으나 중동 억양이 있었다. 일흔여덟 살이라는 나이치고는 훨씬 젊어

---

3   Portuguese man-of-war: 한국에서는 고깔해파리나 작은부레관해파리 등으로 불린다.

보였다.

오전 11시가 다 되어갔다. 아테나에게 먹이를 줄 시간이었다. 옆 수조 뚜껑 위에 10센티미터 정도 되는 은빛 열빙어 한 접시가 놓여 있었다. 그녀를 계속 기다리게 해서 좋을 건 없었다.

빌과 월슨은 아테나의 육중한 수조 뚜껑을 들어올리고 계속 열려 있도록 위에 달린 고리에 연결해두었다. 섬세한 그물로 덮인 뚜껑은 복잡한 곡선으로 이루어진 탱크 테두리에 정확하게 맞도록 되어 있었다. 빌은 관할 구역의 다른 일을 처리하러 나와 월슨을 남겨두고 떠났다. 월슨이 짧은 이동식 계단에 올라 수조 위로 몸을 구부렸다.

아테나가 항아리에서 나는 김처럼 집에서 솟아나왔다. 월슨에게 하도 빨리 오는 바람에 난 숨이 멎을 뻔했다. 앞서 나에게 다가왔을 때보다 훨씬 더 빨랐다.

"그녀는 나를 알거든요." 월슨이 덤덤히 말했다. 그는 아테나를 맞으러 차가운 물속으로 팔을 넣었다. 아테나의 하얀 빨판들이 월슨의 손과 팔뚝을 잡으려고 동그랗게 구부러졌다. 그리고 은빛 눈으로 월슨을 쳐다보더니 이어 놀라운 행동을 보였다. 강아지가 배를 보이듯 홱 뒤집어지는 게 아닌가. 월슨은 아테나 앞 팔 가운데 하나를 골라 중간에 있는 빨판들에 생선을 건넸다. 먹이는 마치 컨베이어벨트를 타듯 빨판에서 빨판으로 건네져 입으로 향했다. 난 안쪽에 있는 그녀의 입이 몹시 보고 싶어 부리턱을 살짝 들여다보았다. 하지만 실망했다. 생선은 에스컬레이터 끝에 다다른 계단들처럼 순식간에 사라졌다. 월슨의 말에 따르면 자기 부리턱을 보여주는 문어가 있다는 말은 이제껏 들어본 적이 없다고 한다.

그제야 난 커다란 오렌지색 해바라기불가사리가 윌슨의 손 쪽으로 움직이고 있다는 사실을 알아차렸다. "팔"이라고 불리는 20개 이상의 다리가 별처럼 뻗어 있으며, 팔 길이가 60센티미터가량 되는 이 동물이 1만5000개의 관족管足으로 우리를 향해 살금살금 다가오고 있었다. 여느 불가사리와 마찬가지로, 불가사리종 가운데 가장 큰 해바라기불가사리에게도 역시 눈·얼굴·뇌가 없다.(불가사리는 배아에서 시작해 하나의 개체로 성장하는데, 분명 배아보다는 사고력이 높아지며 또한 입 주위에 신경망이 형성된다.)

"그 역시 물고기를 원하는 거예요." 윌슨이 설명했다.(이 불가사리는 실제로 수컷이었다. 어느 날 정자를 방출해 수조를 뿌옇게 만드는 바람에 분명해졌다.) 윌슨은 저녁 식탁에서 손님에게 버터 접시를 건네듯 느긋하게 빙어 한 마리를 건넸다.

뇌 없는 동물이 무언가를 "원할" 수 있을까? 더구나 자신의 욕구를 다른 종에게 전달한다는 것이 가능할까? 아마 아테나는 알리라. 그녀는 불가사리를 별개의 개체로 파악하며, 그 습관이나 기벽을 인식하고 예측할는지 몰랐다. 햇필드 해양과학연구소에서, 문어가 감자머리 씨 장난감을 다 가지고 놀면, 불가사리가 장난감 눈을 잡아 두 팔 사이에 끼워 옮겨가곤 했다.("불가사리는 정말 귀여워 보였어요." 크리스틴 시먼스는 말했다. 문어를 위해 그림 그리기 장치를 발명한 사람이었다.) 크리스틴은 자신들의 불가사리를 "호기심투성이"라고 묘사하며 내게 말했다. 문어가 새 장난감을 얻을 때마다 불가사리는 "호시탐탐 빼앗으려고 애썼어요. 바로 이 점이 놀라웠죠." 직원이 장난감을 치워버리기라도 하면 불가사리는 되찾겠다고 안달하곤 했다.

난 궁금했다. 뇌 없는 동물이 호기심을 느낄 수 있을까? 놀고 싶어하는 걸까? 아니면 식물이 태양을 "원하듯" 그저 장난감 혹은 먹이를 "원하는" 걸까? 불가사리는 의식이 있을까? 만약 그렇다면, 불가사리에게 의식이란 어떤 느낌일까?

틀림없이 난 척추동물의 땅에서 배운 법칙으로는 판단할 수 없는 세계에 들어와 있었다. 불가사리가 우리 눈앞에서 물고기를 먹기 시작했다. 빙어는 저속 촬영으로 보는 것처럼 차츰차츰 사라지고 있었다. 불가사리는 주로 성게나 달팽이, 해삼, 다른 불가사리를 먹는데, 먹이를 소화하려고 위를 입 바깥으로 밀어낸다.

불가사리를 배불리 먹이고 나서 월슨은 아테나에게 돌아와 나머지 물고기를 먹였다. 물고기 두 마리를 하나씩 건네주고는 총 세 마리를 더 먹였다. 물고기 하나하나를 각기 다른 팔 빨판에 놓아주었다. 문어들이 빨판에서 빨판으로 물고기를 옮겨가며 입으로 나르는 모습은 대단히 놀라운 광경이었다. 물고기가 목적지에 이르기까지는 참 긴 시간이 걸리는 듯했다. 왜 그냥 팔을 구부려 물고기를 입으로 직접 가져가지 않을까? 그러자 문득 이런 생각이 떠올랐다. 어쩌면 우리가 아이스크림콘을 먹을 때 혀를 밀어젖히고 목구멍으로 바로 집어넣는 대신 야금야금 핥아먹는 이유와 같을지 모른다. 맛보기란 즐겁다. 유용하기에 즐겁다. 맛을 봄으로써 우리는 무엇이 먹어도 좋고 안전하며 또 무엇이 먹을 수 없는지 안다. 문어가 빨판으로 하는 일도 이와 다르지 않다.

물고기를 다 먹자, 아테나는 월슨의 손과 팔뚝으로 부드럽게 장난을 쳤다. 간혹 덩굴손을 닮은 팔 끝은 월슨의 팔꿈치까지 말려 올랐지만, 거의 게으르다시피 한 움직임이었다. 아테나의 팔들은 주로 물속 무중력 상태에서 뒤틀리며, 빨판들로 윌슨의 살갗에 부드럽게 입 맞추었다. 전에 나를 빠는 느낌은 탐구적이며 고집스러웠다. 하지만 윌슨한테 아테나는 긴장을 일체 풀고 있었다. 그와 문어가 서로를 어루만지는 모습을 보니 행복한 노부부가 연상되었다. 오랜 세월 행복한 결혼생활을 이어온 부부가 다정하게 서로의 손을 잡고 있는 모습이.

난 윌슨과 함께 물속으로 손을 넣어 아테나의 쉬는 팔 하나를 만졌다. 그녀의 빨판 몇 개를 천천히 쓰다듬었다. 빨판들은 내 살갗 테두리에 맞게 오므라들더니 달라붙었다. 그녀가 나를 알아보는지는 모르겠다. 나를 다른 사람이라고 감지한다는 건 확신하지만, 아테나는 나를 무언가 윌슨의 일부로 여기는 듯싶었다. 말하자면 신뢰하는 친구가 데려온 동행을 대하듯 행동했다. 아테나는 내 살갗에 천천히, 나른하게 달라붙었다. 윌슨을 맞이할 때와 같은 식이었다. 그녀의 진줏빛 눈을 잠깐이라도 보고 싶어 몸을 구부리자, 그녀는 내 얼굴을 보겠다며 수면으로 머리를 내밀었다.

"아테나에겐 사람처럼 눈꺼풀이 있답니다." 윌슨이 말한다. 윌슨은 아테나의 눈 위로 조심스레 손을 가져가 아테나가 천천히 눈을 깜빡이게 했다. 그녀는 움찔하거나 물러나지 않았다. 물고기는 없었다. 그래도 그녀는 수면 근처에 머물렀다. 단지 함께 있기 위해서.

"아테나는 무척 다정한 문어예요." 윌슨은 마치 꿈꾸듯 말했다. "무척 다정한……."

문어들과 함께 일해서 그는 더 온화하고 연민 넘치는 사람이 되었을까? 윌슨은 잠시 생각했다. "뭐라 말을 못 하겠네요." 그는 말했다. 윌슨은 러시아에서 가까운 이란의 카스피 해 연안에서 태어났으며, 아주 어릴 적 영어를 배우기 전까지는 아랍어를 썼다. 부모가 이라크 출신이었던 까닭이다. 그가 대답하지 못한 건 영어에 능숙하지 못해서가 아니었다. 그는 그런 건 일찍이 생각해보지 않았다는 말을 하려던 셈이었다. "난 늘 아기와 꼬맹이들을 좋아했어요." 그는 말했다. "아이들과 교감할 줄 알죠. 이것도…… 비슷합니다."

아이와 교감할 때처럼 아테나와 교감하려면 같은 문화의 성인끼리 얘기할 때보다 마음이 더 열려 있고 직관력도 높아야 한다. 하지만 윌슨은 이처럼 강하고 영리하며 야생에서 포획된 다 자란 문어와 인간 아기를 동등하게 여기지는 않았다. 미완성에다 불완전하며 충분히 발달하지 않은 아기와는 달랐다. 아테나는 고인이 된 위대한 이야기꾼 팔리 모왓의 말처럼 "인간 이상의" 존재였다. 완전해지는 데 우리가 필요 없는 존재. 그러므로 그녀가 우리를 자기 세계의 일부로 받아들여준다는 사실이 경이로울 따름이었다.

"영광스럽다고 느끼지 않나요?" 난 윌슨에게 물었다.

"맞아요." 그는 단호히 답했다. "맞습니다."

빌은 할 일을 마치고 우리에게 다시 와서는, 수조 위로 후리후리한 체구를 구부리더니 손을 뻗어 아테나의 머리를 쓰다듬었다.

"드문 즐거움이죠." 빌은 말했다. "누구나 이렇게 할 수는 없으니까요."

———

아테나와 얼마나 오래 있었을까? 말할 수 없었다. 물론, 물속에 팔을 담그기 전 우리는 전부 시계를 풀었다. 그리고 나서 우리는 소위 문어의 시간 속에 빠졌다. 경외라는 감정은 인간 경험의 시간적 한계를 확장한다고 알려져 있다. 완전히 집중하고 열중하며 즐기는 상태도 마찬가지로 "흐른다". 명상과 기도 역시 시간 지각을 바꾼다.

우리의 시간 경험을 바꾸는 또 다른 방법이 있다. 여타 동물과 마찬가지로 우리도 타인의 정서 상태를 모방할 수 있다. 그러기 위해서는 거울 신경세포가 필요하다. 거울 신경세포란 뇌세포의 일종으로 우리가 타인의 행위를 지켜보든, 직접 그 행동을 수행하든 똑같이 반응한다. 예를 들면 만약 차분하며 신중한 사람과 함께 있다면, 당신의 시간 지각은 그 사람의 지각과 같아지기 시작할 수 있다. 어쩌면 우리가 물속의 그녀를 쓰다듬었을 때, 우리는 아테나의 시간 경험 속으로 빠져들었을 수 있다는 이야기다. 어떤 시계와도 다른 속도의 유려하고 매끈거리는 태곳적 흐름 속으로. 난 이곳에 영원히 머무를 수도 있으리라 느꼈다. 새로 사귄 친구들과 이야기하며 나의 온 감각을 아테나의 야릇함과 아름다움으로 채우면서.

단, 우리 손이 얼어붙지만 않았다면. 빨개지고 뻣뻣해지다 못해 우린 손가락조차 움직일 수 없었다. 아테나의 수조에서 손을 빼내자 마치 주문이 깨지는 듯했다. 난 돌연 극도로 불편하고 거북해져서 아무 일도 할 수 없었다. 빨개진 손을 뜨거운 물로 1분 가까이 헹궜었는데도 너무 얼어서 지갑 속 펜을 집어올릴 수조차 없었다. 그러니까 공책에 글을 쓴다는 건 더욱이 못 할 일이었다. 마치 전과 같은 인간이자 작가로 돌아오는 데 어려움을 겪고 있는 듯했다.

문어의 영혼

"기네비어가 내 첫 문어였어요." 빌이 내게 말했다. "좋아하는 문어이기도 하고요." 빌과 스콧, 윌슨과 나는 점심을 먹으러 근처 초밥집에 갔다. 이상한 선택이라 생각하지만 어쩌면 아닐 수도 있었다. 우리는 어쨌든 좀 전 아테나가 날생선 먹는 모습을 지켜보지 않았던가. 아무도 문어를 주문하지는 않았다. 난 캘리포니아 롤을 먹었다.

"만나서 교감한 지 2분 만에, 기네비어는 저를 온통 뒤덮었답니다." 빌의 말이다. 하지만 그녀는 마음을 가라앉히고 빌 옆에 머물며 빨판으로 부드럽게 빌의 팔을 살펴보곤 했다.

기네비어는 또한 빌을 깨문 처음이자 유일한 문어이기도 했다. 독을 주입하지는 않았지만 흉터 하나를 남겼다. 그럼에도 빌은 인정했다. "그런 일이 다시는 일어나지 않기를 바랍니다." 마치 앵무새가 무는 듯했다, 빌은 말했다. 앵무새는 부리로 3제곱센티미터 정도 면적에 270킬로그램 가량의 압력을 가할 수 있다고 하지만, 빌은 대수롭지 않다는 듯 어깨를 으쓱했다. 마치 기네비어의 결백을 밝히고 싶다는 듯 덧붙였다. "심각하게 깨문 건 아니었어요."

이 사건은 관계 초기에 발생했다. 이어 빌은 당당하게 덧붙였다. 게다가 그건 자신의 잘못이었다. 빌은 손을 그녀의 입에 너무 가까이 대고 있었다. "그녀는 궁금했던 겁니다. '당신을 먹어도 되나요?'"

그들은 알고 있는 다른 문어들에 대해 이야기해주었다.

"조지는 정말 착했어요." 빌은 말했다. "무척 차분했죠. 그는 정말 얌전한 문어였어요. 혈기왕성한 성격은 아니었죠." 혈기왕성한 문어란 만나고 10분 동안이나 당신 몸에 달라붙은 팔을 떼어내게 만드는 문어다. 이런 문어는 당신을 잡고는 놓아주지 않는다. 조지는 다가와 팔에 기어

다니며 맛을 보고는 떠나곤 했다. 간혹 둘은 함께 한 시간 동안 어울리 곤 했다.

"조지는 내가 휴가 중일 때 죽었어요." 문어는 멋대로 살다 일찍 죽는 다. 태평양거대문어는 문어종 가운데 아마 가장 장수하는 축에 속할 텐 데도 대부분 겨우 3~4년밖에 못 산다. 게다가 아쿠아리움에 도착할 무 렵에는 보통 적어도 한 살이거나 더 늙어 있다. "난 조지가 곧 죽으리라 고는 생각지 못했어요." 빌은 말했다. "대개는 몸과 행동과 색을 바꾸 죠. 빨갛게 있지 않아요. 내내 희끄무레한 상태죠. 격렬하지가 않아요. 장난기도 줄어들고요. 사람으로 치면 노인 같은 거죠. 간혹 검버섯이 피 기도 한답니다. 피부에 하얀 딱지처럼 앉는데, 마치 벗겨낼 수 있을 듯 보이죠."

"무척 힘든 일이겠어요." 난 빌에게 말했다. 빌은 괜찮다는 듯 어깨를 으쓱했다. 그러니까 결국 이 또한 일의 일부라는 의미였다. 하지만 처음 방문했을 때 스콧은 빌과 빌의 문어들에 대해 말했다. "문어들이 빌에게 는 자식 같은 존재예요. 한 마리가 죽으면 자식 하나를 여의는 셈이죠. 수년 동안 매일같이 사랑하고 보살펴온 동물이니까요."

빌이 없는 사이 조지의 뒤를 이어 트루먼이 왔다. "녀석은 말도 못 하 게 활발한 문어 가운데 하나였어요. 트루먼은 기회주의자였죠."

문어들은 저마다 윌슨의 상자를 여는 법이 달랐다. 방법은 달라도 자 물쇠 여는 법은 제법 빨리들 익혔다. 빌은 가장 작은 상자부터 주곤 했 는데, 대략 한 달 동안 일주일에 한 번씩 문어에게 상자를 제시하는 식이 었다. 두 달이 되면 문어들은 대개 두 번째 상자를 시도했다. 2~3주면 상자 여는 법을 터득했다. 자물쇠 두 개가 채워진 세 번째 상자는 대여섯

번에 성공할 수도 있었다. 하지만 문어들이 다 자물쇠를 여는 데 통달한다 해도, 문어에 따라 곧 문어의 성격에 따라 이용하는 전략은 다를 수도 있었다.

차분한 조지는 늘 체계적으로 자물쇠를 땄다. 하지만 기네비어는 충동적이었다. 어느 날 상자 안에 넣어준 살아 있는 게에 지나치게 흥분한 나머지 기네비어는 두 번째 상자를 압박해 부수고 말았다. 이후 트루먼에게 상자들을 제시했을 때, 트루먼은 상자 열기를 즐기는 듯 보였다. 그러던 어느 날 빌은 녀석에게 특별한 간식으로 가장 작은 상자에 살아 있는 게 두 마리를 넣어주었다. 게 두 마리가 서로 싸우기 시작하자 트루먼은 너무 흥분한 나머지 열쇠를 신경 쓸 정신이 없어졌다. 녀석은 기네비어가 만들어놓은 가로 5센티미터, 세로 15센티미터가량 되는 틈으로 2미터나 되는 자기 몸을 쑤셔 넣었다. 방문객들은 이 거대문어가 납작하게 눌려서 뒤집어진 빨판을 하고 36제곱센티미터 정도의 벽과 그 안에 있는 15제곱센티미터 정도의 벽 사이에 만들어진 비좁은 공간 안에 찌부러져 있는 모습을 발견했다. 트루먼은 끝내 그 작은 상자를 열지 못했다. 어쩌면 너무 비좁았으리라. 하지만 녀석이 상자에서 결국 빠져나오자 빌은 어쨌든 녀석에게 게 두 마리를 먹였다.

문어가 그토록 좁은 공간에 찌부러져 들어갈 수 있는 까닭에, 어류 사육사들은 무척 겁나는 순간을 경험하게 된다. 어느 날 조지 때문에 빌은 겁나서 죽을 뻔했다. 조지가 커다란 바위 아래 숨어 있었는데 빌은 한참을 미친 듯이 찾아도 조지를 찾을 수 없었던 까닭이다. "조지가 탈출한 줄 알았죠." 빌이 말했다.

"어떤 구멍이든 문어들은 통과해 나갈 수 있거든요." 윌슨이 맞장구쳤다. 10여 년 전, 스콧은 아쿠아리움에서 보석상자로 알려진 비교적 작은 전시 수조 가운데 하나에 살던 카리브해왜문어를 알고 지냈다. 어느 날 스콧이 일하러 오니 수조 물이 바닥으로 넘치고 있었는데, 문어는 온데간데없었다. 이 동물은 전시장 배경 뒤로 스며들어가 물을 재순환하는 지름 1.5센티미터 정도 관 속에 끼어 있었다. 이를 어쩌나?

"어릴 적 내셔널지오그래픽 쇼에서 이런 장면을 본 적이 있어요." 스콧은 말했다. 그리스 어부들이 문어를 잡으려고 설치해둔 암포라라고 불리는 목이 좁은 항아리를 끌어올리는 장면이었다. 밤새 사냥한 뒤 문어들은 거기를 안전한 굴이라고 생각했지만 문어를 먹고 싶어하는 어부들에게 인양당했을 뿐이다. 당연히, 문어들은 항아리 밖으로 나오지 않으려 했고 어부들은 용기를 깨고 싶지 않았기에, 항아리 안으로 물을 부었고 문어들은 부랴부랴 밖으로 빠져나왔다. 그렇게 스콧도 이 카리브해왜문어에게 똑같이 해서 성공했다.

몇 년 뒤에도 스콧은 한 말썽쟁이 태평양거대문어한테 같은 방법을 썼다. 너무 오래전이라 문어의 이름은 기억 못 하지만 사건은 생생하게 기억했다. 스콧이 먹이를 주려고 수조 뚜껑을 들어올리자 문어가 스콧의 손과 팔에 들러붙었다. 팔 하나를 벗겨버리고 나서 보면, 팔 두 개가 붙어 있곤 했다. "문어는 기를 쓰며 수조 안으로 들어가지 않으려 했고, 난 가봐야 했죠." 스콧은 말했다. "할 일이 있었거든요." 그래서 스콧은 수조 건너편 개수대에 손을 뻗어 물주전자에 담수를 가득 채워 문어에게 부었다. 그녀는 즉시 움츠러들었다. "나는 생각했죠. 내가 문어보다 한 수 위였어!" 스콧은 말했다. 스콧은 스스로를 퍽 자랑스러워했다.

하지만 문어는 화가 머리끝까지 났다. "그녀는 새빨갛게 변해서는 그

문어의 영혼

야말로 피부가 오돌토돌해졌죠. 불꽃 튀는 순간이었어요. 당시 내가 눈치 못 챈 건 그녀가 부풀어 오르고 있었다는 사실이죠." 스콧은 말했다. 그녀는 엄청난 양의 물을 빨아올리더니 "내 얼굴에 들입다 쏟아냈어요!" 물을 뚝뚝 흘리고 서 있으면서 스콧은 알아차렸다. "문어도 나와 똑같은 표정을 짓고 있었어요. 내가 그녀보다 한 수 위라고 생각하면서 짓고 있던 표정과 말이죠."

몇 주 뒤 난 아테나를 세 번째로 방문했다. 빌과 윌슨은 둘 다 없어서 스콧이 수조 뚜껑을 열어주었다. 아테나는 바위 돌출부 아래 구석 늘 있던 굴에서 쉬고 있었지만, 위쪽으로 재빨리 떠오르더니 내 앞에 거꾸로 늘어져 있었다.

그녀가 자신의 머리를 보여주거나 나를 바라보지 않아서 처음엔 실망했다. 이제 나에게 그다지 호기심이 없어진 걸까? 내가 모르는 사이 베일 뒤의 여인처럼 팔 사이 막 너머로 수줍게 나를 훔쳐보았을까? 나를 만지기도 전에 내가 누군지 빨판으로 감지했을까? 만약 정말 나를 알아보았다면 왜 전처럼 내게 다가오지 않았을까? 왜 뒤집어진 우산처럼 내 앞에 거꾸로 늘어져 있었을까?

그때 난 그녀가 무얼 원하는지 깨달았다. 그녀는 나에게 먹이를 구하고 있었다.

스콧은 이리저리 물어보더니 아테나는 매일 먹을 필요가 없는 문어라서 며칠째 먹이를 못 받아먹었다는 사실을 알아냈다. 그러더니 스콧은 내가 아테나에게 빙어 한 마리를 건넬 특전을 베풀었다. 난 물고기 한 마리를 그녀의 커다란 빨판 하나에 건넸다. 아테나는 물고기를 입 쪽으로 나르기 시작했다. 하지만 우선 그녀는 물고기를 다른 팔 두 개로 덮어서 여러 빨판으로 감쌌다. 마치 손가락을 빨며 고기 맛을 음미하는 듯했다.

다 먹고 나자 그녀는 물속으로 좀더 가라앉았다. 이제 그녀는 자신을 토닥거리게 해주었다. 그녀의 머리와 외투를 쓰다듬으면서 나는 다시금 그녀의 부드러움과 감촉에 경탄했다. 피부가 모여서 작은 돌기와 마루들을 형성하고 있었다. 난 그녀 팔 사이에 있는 물갈퀴처럼 생긴 막에 손을 뻗었다. 막은 거미줄처럼 섬세한 데다, 극히 얇아서 그 아래 거품도 볼 수 있을 듯했다. 마치 얇은 수영복 같았다. 그럼에도 그녀의 몸은 나와는 딴판인 데다, 만질 때마다 개나 고양이 또는 아이처럼 반응하고 있었다. 그녀의 피부는 색을 바꾸고 맛을 볼 수도 있으나, 내 피부가 그렇듯 애무해주면 긴장을 풀었다. 입은 또한 팔 사이에 있는 데다 타액이 물고기를 녹이지만, 나와 다름없이 배고플 땐 식사를 맛있게 즐기는 게 분명했다. 그 순간 나는 그녀에 대해 매우 기본적인 무언가를 이해한 듯 느꼈다. 색을 바꾸거나 먹물을 쏘는 게 어떤 건지는 모르지만, 난 부드러운 애무가 주는 즐거움과 배고플 때 음식을 먹는 기쁨은 잘 안다. 행복하다는 느낌이 무언지 안다. 아테나는 행복했다.

나 역시 행복했다. 뉴햄프셔에 있는 집으로 운전해 오는 동안, 나의 행복감은 터질 듯 부풀어 올랐다. 난 생각했다. 내 손으로 먹이를 주었으니까, 오늘은 날 기억하지 못했을지 몰라도 다음번엔 분명히 기억하리라.

———

한 주 뒤 난 스콧에게서 이메일 한 통을 받고 충격에 휩싸였다.

"이렇게 슬픈 소식을 전하게 되어 유감입니다. 아테나가 죽을 날이 얼마 안 남은 거 같아요. 어쩌면 몇 시간 안에 죽을지도 모르겠고요." 한 시간도 채 안 되어 스콧은 그녀가 죽었다고 다시 소식을 전했다.

놀랍게도, 난 울음을 터뜨렸다.

왜 이리도 슬플까? 난 자주 우는 편이 아니었다. 불과 세 번밖에 안 만나고 함께 보낸 시간도 다 해야 두 시간에도 못 미치는 사람이 죽었다면, 난 슬퍼했을망정 아마 울지는 않았으리라. 내가 아테나에게 무슨 대단한 의미였겠는가. 어떤 의미가 되었다 해도 그건 분명 대수롭지 않았으리라. 나는 윌슨이나 빌과는 달랐다. 그들은 아테나의 특별한 친구였으니까. 하지만 그녀는 나에게 중요한 존재였다. 그녀는 빌의 기네비어처럼, '나의 첫 문어'였다. 우리는 서로를 거의 알지 못했으나 그녀는 잠깐이나마 내가 일찍이 몰랐던 종류의 정신을 들여다보게 해주었다.

그리고 그것은 비극에 속했다. 나는 그녀를 막 알아가던 참이었다. 우리의 관계가 꽃을 피우기는커녕 발전할 기회조차 없다는 사실이 애통했다.

"박쥐로 존재한다는 건 어떤 것일까?" 미국인 철학자 토머스 네이글이 의식 주체의 본질에 대한 1971년 에세이에서 던진 유명한 질문이다. 여러 과학자는 박쥐로 존재한다는 건 어떤 것과도 '비슷하지' 않다고 주장할는지 모른다. 일부 과학자에 따르면 동물은 의식을 경험하지 못하는 까닭이다. 자의식은 의식의 중요한 성분으로, 뭇 철학자와 연구자가 동물과 달리 인간에게만 있다고 주장하는 요소다. 터프츠대의 한 교수가 쓴 책에서처럼, 만약 동물에게 의식이 있다면 개는 기둥에서 자기

줄을 풀고 고래는 참치 어망 밖으로 뛰쳐나갈 것이다.(이 저자는 「디어 애비」[4]를 읽지 않았음이 분명하다. 이 여인들은 왜 가학적 남편을 떠나지 못하는가? 왜 이 부부는 무례한 인척들을 그만 찾아가지 않는 것일까?)

네이글은 자신에 앞선 비트겐슈타인과 마찬가지의 결론에 이르렀다. 박쥐로 존재한다는 게 어떤 건지 알기란 불가능하다. 결국 박쥐는 세계 대부분을 반향정위反響定位를 이용해 파악한다. 인간에게는 없으며 상상하기도 무척 어려운 감각이다. 문어의 정신은 우리와 얼마나 동떨어져 있는 것일까?

그럼에도 난 여전히 궁금했다. 문어로 존재한다는 건 어떤 것일까?

우리가 아끼는 존재라면 당연히 알고 싶은 일 아닌가? 너로 존재한다는 건 어떤 것일까? 우리는 만날 때마다, 음식과 비밀과 침묵을 나누며 서로를 만지고 언뜻언뜻 보는 매 순간, 궁금해하지 않는가?

"서북 태평양에서 보스턴으로 이송 중인 새끼 문어 한 마리가 있어요." 아테나가 죽고 며칠이 지나 스콧이 내게 편지를 썼다. "가능할 때 와서 악수를(×8) 하세요."

스콧의 초대를 받고 난 5억 년이라는 진화의 간극을 뛰어넘기로 했다. 문어를 내 친구로 만들기로 작심했다.

4 　Dear Abby: 폴린 필립스Pauline Phillips가 애비게일 밴 뷰런Abigail Van Buren이라는 필명으로 운영하는 미국 신문의 인생 상담 칼럼.

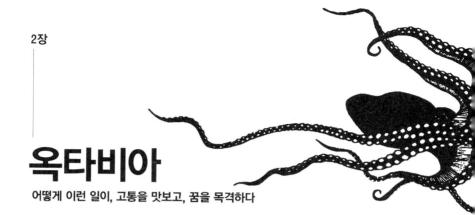

옥타비아
어떻게 이런 일이, 고통을 맛보고, 꿈을 목격하다

"안녕 예쁜이!" 난 발판 걸상에서 윌슨 옆에 걸터앉아 수조 뚜껑 너머로 몸을 구부려 새로 온 문어에게 인사했다. 눈앞에 보이지는 않았으나 그녀가 예쁘다는 사실은 알았다. 전에 관람객 틈에서 그녀를 본 적이 있어서였다. 보고 싶어 견딜 수 없었다. 그녀는 머리가 큼직한 귤 하나 크기로, 아테나보다 훨씬 더 작고 여렸다. 피부는 온통 암갈색으로 뒤덮여 돌기가 돋아 있었으며, 하얀 빨판들로 앞 유리에 딱 붙어 있었다. 가장 큰 빨판들이라고 해봐야 지름 3센티미터 정도였고, 가장 작은 빨판은 펜촉보다도 더 작았다. 그녀의 은빛 눈은 팔을 울타리 삼아 바깥세상을 훔쳐보고 있었다.

"이름이 뭐예요?" 난 빌에게 외쳤다. 빌은 우리 뒤에서 꿀꿀이둑중개를 임시로 가둬둔 수조의 필터를 조정하고 있었다. 꿀꿀이둑중개는 보스턴 테리어처럼 생긴 얼굴에 어안렌즈 같은 눈이 달린 물고기였다.

"옥타비아예요." 빌은 필터 펌프의 시끄러운 소음 너머로 소리쳤다. 아쿠아리움을 찾은 한 소녀가 이름을 생각해냈고 빌의 마음에도 들었다.

옥타비아는 캐나다 서남부 브리티시컬럼비아 출신이었다. 그녀는 그곳 야생에서 포획되어 페덱스 선적을 이용해 이 아쿠아리움으로 옮겨졌다. 그녀를 구입하는 것보다 더 많은 비용이 든 과정이었다. 난 그녀를 만나러 오기 몇 주 전부터 안절부절못하며 기다렸다. 그녀가 적응하려면 그 정도의 시간이 필요했다. 오늘은 내 곁에 작가이자 인류학자인 친구 리즈 토머스가 있었다. 리즈는 나와 마찬가지로 캐나다 작가 팔리 모왓이 "다른 존재들"이라 부른 존재에 주목했다. 1950년대 리즈는 부모님과 함께 나미비아로 가 부시면족 사이에서 살았다. 리즈는 자신의 첫 번째 베스트셀러 『무해한 종족』에서 이곳에 대해 썼고, 이후 60년 동안 연구하며 사자며 코끼리, 호랑이, 사슴, 늑대, 개에 대한 소설뿐 아니라 구석기시대를 다룬 책도 두 권 썼다. 리즈도 역시 문어를 만져보고 싶어 했다.

윌슨은 먹이로 옥타비아를 유인해 우리에게 오게 하려고 애썼다. 집게로 문어 친척인 오징어를 집어 건네주었다. 그녀는 팔 하나도 뻗지 않았다.

"이리 와서 우리 좀 봐, 예쁜 꼬맹이야!" (귀가 없는 건 둘째 치더라도) 무척추동물에게 애원하고 있다니, 미친 짓처럼 보일 수도 있으나, 개나 사람에게 하듯 난 그녀에게 말을 건네지 않을 수 없었다. 윌슨은 오징어를

문어의 영혼

흔들어 팔 여덟 개와 먹이를 잡는 데 쓰이는 촉수 두 개가 마치 살아 있는 듯 둥둥 떠 있으면서 물속에 맛을 퍼뜨리도록 했다. 옥타비아는 틀림없이 자기 피부와 빨판으로 오징어를 감지했다. 하지만 오징어에 전혀 관심이 없었다. 아니면 우리에게 관심이 없었는지도 모른다.

"좀 있다 다시 시도해보죠." 윌슨이 말했다. "그녀가 마음을 바꿀지 모르니까요."

윌슨이 빌과 허드렛일들을 처리하는 동안, 리즈와 난 대양 수조를 감싸고 있는 나선형 보도를 찾아갔다. 가장 아랫부분에서는 강청색 자리돔과 현란한 노랑꼬리파랑돔들이 섬유유리로 만든 산호 사이사이를 쏜살같이 오락가락하고, 노랑꼬리물퉁돔들이 쇼핑몰의 십 대 무리처럼 떼지어 헤엄치고 있었다. 좀더 윗부분에서는 가오리들이 연골 날개로 날고 있고, 그 친척인 상어들은 급한 심부름이라도 하듯 의미심장하게 구불구불 유영하고 있었다. 커다란 바다거북들은 비늘로 뒤덮인 지느러미발로 노를 저었다. 누구나 좋아하는 머틀은 몸무게가 250킬로그램이나 나가는 푸른바다거북으로, 대양 수조의 여왕이라 불린다. 머틀은 이곳 아쿠아리움을 짓고 1년 되었을 때부터 있었으며, 심지어 상어마저 제압해서 이빨이 불거져 나온 상어 입에서 오징어를 훔칠 정도였다. 세대를 거듭하며 아이들은 이 번듯하고 겁 없는 거북을 보며 자라났다. 이 매력적인 거북은 유리 바로 앞으로 헤엄쳐 당신 얼굴을 똑바로 바라보고, 잠수부들이 자기 등을 긁어주는 걸 무척 좋아하며(거북은 등껍질에 신경 종말이 있다), 자기가 좋아하는 사육사 가운데 한 명인 셰리 플로이드 커터의 무릎에서 잠든다고 했다. 셰리가 그녀의 머리를 토닥거려주는 동안, 머틀은 게다가 자신만의 페이스북 공간도 있었다. 어떤 날이라도 "좋아요"

천 번은 족히 넘게 받을 터였다.

머틀의 나이는 80세가량이라고 한다.(만약 그렇다면 지금 아장아장 걷는 아기가 자라 자녀를 아쿠아리움에 데려오는 모습을 볼 때까지 살 수 있다.) 하지만 고령의 나이에도 불구하고 얼마 전 머틀은 파충류는 나이가 들어도 새로운 재주를 익힐 수 있다는 사실을 증명한 획기적 연구에 참여했다. 머틀에게는 작은 플랫폼 세 개가 제시되었다. 두 개에는 스피커가 있었고 중간 플랫폼에는 전등 상자 하나가 있었다. 전등 상자에 불이 들어오면 그녀는 지느러미발로 상자를 건드려야 했다. 하지만 불이 소리와 함께 들어오면, 어떤 스피커에서 소리가 나는지 판단해 상자 대신 그 플랫폼을 건드려야 했다. 이 실험은 재주 이상을 요했다. 실험에서는 복잡한 임무를 주었던 셈인데 단순히 한 가지 요청이나 명령에 반응하는 일이상을 요구했던 까닭이다. 실험은 머틀에게 판단을 요구했다.

"거북이 80년 동안 보고 배운 모든 걸 생각해봐." 머틀이 우리를 빠르게 지나쳐가는 동안 리즈가 말했다. 사람들 대부분은 거북이가 느리다고 생각하지만, 푸른바다거북은 사실 우리가 급히 달릴 때 속도인 시속 32킬로미터 정도로 헤엄칠 수 있다. 머틀은 잠수부가 먹이를 들고 나타나자 수족관 위쪽으로 향하고 있었다. "방울양배추는 머틀이 좋아하는 채소예요." 잠수부가 관중에게 설명하고 있었다.("웩! 방울양배추래!" 꼬마 소녀가 오빠에게 말했다.) 하지만 이 거북의 마음속에 먹이 생각만 간절하지는 않았다. "그녀는 우리가 하고 있는 일에 정말 관심이 있어 보여요." 셰리는 말했다. "우리에게 먹이가 없을 때조차 말이죠. 수조에서 일어나는 일이라면 뭐든지 간섭할 정도예요. 우리가 플랫폼에 있을 때마다, 플랫폼 위든 주위든 뭐가 있는지 본다며 곁에 달라붙어 있는 바람에 난 줄기차게 그녀를 밀어낸답니다." 대양 수조에서 홍보영상이나 영화를 촬영하는 동안, 아쿠아리움에서는 잠수부 한 명을 배치해 머틀의 주의를 분산시켜야 했다. 그녀가 촬영에 끼어들지 않도록 말이다. 이런 수법조차 90초 정도만 통할 뿐이었다. 이후 이 거북은 촬영이 진행되는 곳으로 헤엄쳐가곤 했다.

옥타비아와의 만남을 다시 한번 시도하고자 한수 해양관으로 올라가 보니, 그녀는 여전히 무관심했다. 난 그녀가 왜 수줍어하는지 헤아리려 애썼다. 왜 우리를 보러 오지 않을까?

"문어마다 다 달라요." 윌슨은 우리에게 상기시켰다. "각기 성격이 다르죠. 바닷가재조차 개체마다 성격이 다르답니다. 이곳에 오래 머물다보면 알게 되죠."

옥타비아가 아테나와 퍽 다르다는 사실은 이미 분명했다. 옥타비아의 상황은 독특했다. 윌슨은 설명했다. 아테나의 죽음은 예상치 못한 돌연한 일이었다. 문어는 보통 하얀 점이 생기며 먹지 않고 살이 빠지는 등 노화의 징후를 보이는데, 그러면 아쿠아리움에서는 새 문어를 주문한다. 그렇게 들어온 어린 새끼는 보이지 않는 곳에서 성장하면서 늙은 문어가 죽고 전시 수조가 빌 무렵엔 사람들에게 적응한 상태가 된다. "아쿠아리움에서 성장한 문어들은 대개 상냥해요." 윌슨이 말했다. "그런 문어들이 최고로 잘 놀죠. 강아지나 새끼 고양이처럼 말이에요."

하지만 수족관에는 어린 문어가 성장하도록 기다릴 시간이 없었다. 당장 전시용 문어가 필요했다. 빅토리아 여왕 시대 박물학자인 영국 브라이턴의 헨리 리는 1875년 다음과 같이 썼다. "문어가 없는 수족관은 자두 없는 자두 푸딩 같다." 그래서 빌은 관람객에게 인상적일 만치 큰 새 문어를 공급자에게 주문했다.

옥타비아는 이미 두 살 반 정도 되어 있었다. 야생에서 성장해버린 까닭에(빌이 설명하기를, 태평양거대문어들은 사육을 위해 포획되지는 않아서 대양에는 거대문어들이 많이 산다고 알려져 있다), 아직 사람들과 함께 있기를 좋아하지 않았다.

윌슨은 마지막으로 한 번 더 시도했다. 집게를 이용해 옥타비아에게 오징어를 건넸는데, 팔 하나가 둥둥 뜨더니 머뭇머뭇 다가왔다.

"리즈! 당신이 그녀를 만져봐!" 난 외쳤다. 교감할 기회가 금세 사라질는지 모른다고 느꼈던 까닭이다. 리즈는 수조 꼭대기까지 작은 계단 셋을 올라와 옥타비아 팔의 덩굴손 같은 끄트머리로 집게손가락을 뻗었다. 이 장면은 마치 시스티나 성당 천장에 그려진 그림에서처럼 아담이 천상의 신에게 손을 뻗는 모습 같았다.

만남은 1분에 그쳤다. 리즈가 옥타비아 팔 끄트머리 가느다랗고 미끈거리는 뒷부분을 느껴보는데, 옥타비아가 그 팔을 틀어 깜찍한 빨판들로 조심조심 리즈를 맛보았다.

둘 다 순간적으로 깜짝 놀라 물러났다.

리즈는 동물이나 다른 어떤 존재에게도 이런 일로 겁을 먹는 사람은 아니었다. 거의 30년 전 우리가 처음 만난 날 난 리즈에게 우리 페럿[1]을 소개해주었는데, 그러자마자 페럿이 뾰족한 이빨로 리즈의 손을 물어 피를 보게 하고 말았다.

"미안." 난 사과했다.

---

[1] Ferret: 족제비과에 속하는 동물로, 가축화된 긴털족제비를 이른다.

"난 아무렇지도 않아." 리즈는 내게 말했고 그건 진심이었다. 리즈는 아 프리카에서 몇 날 며칠을 늑대와 홀로 보낸 적이 있으며, 우간다에서는 야생 표범에게 미행당한 적도 있었다. 나미비아에서는 잠자는 사람의 코를 물어뜯는다고 알려진 하이에나 한 마리가 자기 머리를 리즈의 천막 에 밀어 넣었는데, 리즈의 반응은 이 뼈를 으스러뜨리는 포식자에게 이 렇게 따지는 것이 전부였다. "무슨 일이야?" 마치 자기 방 문에 엄마가 나타난 듯 말이다. 하지만 리즈는 옥타비아가 자신을 만지는 느낌이 "원 초적으로 놀라웠다"고 했다. 리즈의 반응은 본능적이었다. 리즈는 튕겨 나듯 물러날 수밖에 없었다.

그런데 옥타비아는 리즈의 무엇 때문에 놀랐을까? 물론 확실하지는 않으나, 리즈가 골초여서였을까? 난 궁금했다. 옥타비아는 빨판마다 화 학수용체가 만 개씩 있어서 감각이 정교하게 조율되어 있는데, 이런 감 각이 리즈의 피부나 심지어 혈액에서 니코틴을 맛보았던 것일까. 니코틴 은 잘 알려진 방충제며 여타 여러 무척추동물에게도 유독하다. 리즈의 손가락은 옥타비아에게 단지 지독히 역겨운 맛에 불과했는지 모른다. 난 이 경험으로 옥타비아가 인간은 죄다 고약한 맛이라고 생각하지 않기 를 바랐다.

———

두 번째 방문에서 난 오른손에 쥐가 나서 더 이상 움직일 수 없을 때까 지 차가운 물속에서 죽은 오징어를 이리저리 흔들었다. 그리고 왼손으 로 바꾸어 역시 얼어붙을 때까지 흔들었다. 옥타비아는 수조 반대편 멀찍이에서 꿈쩍도 안 했다. 팔 하나도 뻗지 않았다.

금요일이었고, 윌슨은 곁에 없었다. 나는 옥타비아를 더 잘 보려고 아래층으로 내려갔다. 그녀는 돌기가 돋고 짙은 색이 되어 있는 데다 어둑한 바위굴 속에 있는 바람에 거의 보이지 않았다. 태평양거대문어는 여타 문어종과 마찬가지로 야행성인 까닭에 수조 조명은 밝게 하지 않으므로 무척 신비로운 분위기를 연출한다. 옥타비아의 유일한 수조 친구들인 해바라기불가사리와 40마리 정도의 장미말미잘, 박쥐불가사리와 가죽불가사리가 자기네 서식지에 붙어 있었다. 해바라기불가사리는 관족 수천 개로 딱 붙어서, 문어 반대편, 평소 자리로 보이는 곳을 차지하고 있었다. 사육사가 수조를 여는 위치라서 물고기를 낚아채기에 제격인 장소였다. 해바라기불가사리들은 서두른다면 분당 90미터로 불가사리 치고는 빨리 움직일 수 있으나, 뇌가 없으면서도 이곳 해바라기불가사리는 자기가 문어만큼 빠르지는 않다는 사실을 아는 듯 보였다.

말미잘 촉수들은 마치 산들바람에 꽃잎처럼 물속에서 이리저리 흔들거렸다. 사실 말미잘은 식물처럼 보이지만 실제로는 옥타비아나 불가사리처럼 포식 무척추동물이다. 단지 산호나 해파리와 좀더 가까울 뿐이다. 말미잘은 끈적끈적한 발로 기층에 붙어서 가시세포라 불리는 기관으로 작은 물고기와 새우를 잡아 따끔한 독을 주입한다.

옥타비아는 침울하게 생긴 울프일 두 마리를 비롯해 등에 뾰족뾰족하며 때로는 독이 있는 지느러미가 달린 볼락 여러 마리와 수조를 공유하고 있는 듯 보였지만, 사실은 그렇지 않았다. 이들은 전부 서식지인 서북 태평양 야생에서 함께 발견되는 것이 정상이지만, 이곳에서 문어는 판유리 한 장을 사이에 두고 울프일과 볼락으로부터 분리되어 있었다. 서로 잡아먹지 못하게 하려는 조치였다. 울프일 수조는 비교적 밝아서, 울프일 전시장은 굴에 있는 야생 문어의 시각에서 훔쳐보는 느낌을 주었다. 바깥에서 난바다 속을 들여다보는 기분이었다.

난 옥타비아가 움직이기를 기다렸다. 팔 끝 하나라도 씰룩거리기를, 눈에 보이는 눈동자라도 돌려서 우리 눈과 마주치기를, 피부색이라도 바꾸기를. 그녀는 팔을 둥글게 말아 머리를 감싼 채 미동도 없었다. 심지어 숨 쉴 때마다 흘끗흘끗 보이는 아가미의 하얀 속살조차 볼 수 없었다. 어쩌면 우리를 지켜보고 있었을 수도 있으나, 그녀의 째진 눈 속의 동공은 아무것도 말해주지 않았다.

내게 움직이는 무언가를 보여주고 싶었던 스콧은 나를 데리고 담수 전시관에서 좋아하는 수조 하나로 갔다. 전기뱀장어 전시장이었다. 스콧은 이 전시장을 퍽 자랑스러워했는데 당연히 그럴 만도 했다. 전기뱀장어가 화려하거나 귀엽거나 하지도 않을뿐더러 더욱이 예쁜 것하고는 거리가 멀지만("화장실에 있는 물건들이 차라리 더 매력적일 수도 있죠." 스콧은 인정했다), 자연의 화려한 풍경으로 꾸며놓은 수조는 아쿠아리움에서 가장 인기 높은 축에 속했다. 스콧은 아마존으로 여러 차례 여행을 다니며 그곳에서 비영리 사업체인 프로젝트 피아바를 공동 설립했다. 프로젝트 피아바는 아쿠아리움에 지속적으로 물고기를 공급해줄 수 있도록 현지 어장을 지원하는 사업이었다. 스콧이 전기뱀장어 서식지가 어떤 모습인지 알기에 수조는 아마존의 싱싱한 토착 수초들로 울창하게 조성되어 있었다. 전기뱀장어는 이파리들 사이에 숨기를 무척 좋아한다. 하지만 이런 습성이 관람객에게는 문제가 되었다. "전기뱀장어 수조인데 관람객들은 전기뱀장어를 아예 찾아볼 수 없었죠." 스콧은 말했다. 스콧은 해야 할 일을 깨달았다. **전기뱀장어를 훈련시켜라.**

스콧이 뱀장어에게 완전히 부자연스러운 행동을 가르치는 데는 불과 몇 주가 걸렸을 뿐이다. 그렇게 스콧은 뱀장어가 수초 속 편안한 은신처에서 방문객이 볼 수 있는 탁 트인 공간으로 나오도록 가르쳤다. 그러기 위해 스콧은 '벌레 배치기'라는 장치를 발명했다.

돌아가는 선풍기를 뱀장어 수조 위에 매달아두는 식인데, 여기엔 우습게도 플라스틱 원숭이 장난감을 붙인 깔때기 모양의 부엌 환기통이 달려 있었다. 직원들이 주기적으로 환기통에 지렁이를 떨어뜨리면, 지렁이는 관객 바로 앞에서 선풍기 날개를 따라 물속으로 서서히 잠겼다. "뱀장어는 이 맛나 보이는 천상의 음식이 언제 떨어질지 절대 모르죠." 스콧은 설명했다. "그러니까 만일에 대비해 바깥에서 오랜 시간을 보내는 법을 익힐 수밖에요." 그럼에도 이 발명품에는 단점이 하나 있었다. 전시장에는 전기뱀장어가 두 마리 있었는데, 벌레 배치기는 둘 사이에 다툼을 일으켰다. 이제는 둘 중 하나가 스콧 책상 근처에 있는 커다란 수조로 옮겨진 상태였다.

벌레 배치기는 여러모로 유용했다. 스콧은 때로 이 장치를 대중의 마음을 유혹하는 데 쓰기도 했다. 바쁜 날 방문객들이 아쿠아리움의 특정 구역에 몰려 있을 때 벌레 한 움큼만 있으면 담수 전시관 직원은 이를 흩뿌려 눈 깜짝할 사이에 관객을 전기뱀장어 수조로 끌어당길 수 있었다. 전기뱀장어 수조에는 관객을 불러 모으는 또 다른 측면이 있었다. 전압계가 이 물고기의 전기 펄스를 잡아냈다. 뱀장어의 전기로 실제 불이 켜지는 전등은 뱀장어가 먹이를 사냥하거나 실신시키는 모습을 보여주려고 수조 윗부분에 설치된 판에서 불을 밝혔다. 이 장면은 금세 관심을 끌었다.

이날 아침 스콧과 난 전기뱀장어 수조를 독점했다. 스콧이 방금 배치기에 벌레 몇 마리를 넣어주었는데도, 90센티미터 정도 되는 적갈색 전기뱀장어는 꿈쩍도 안 했다. 나는 녀석이 그저 조심스럽게 기다리고 있는 건지 궁금했다. "녀석 얼굴을 보세요." 스콧이 말했다. "아니, 저 녀석 잠을 자고 있네요." 벌레 한 마리가 녀석 머리 바로 근처에 떨어졌는데도 여전히 이 물고기는 미동도 없었다. 뱀장어는 곤히 잠들어 있었다.

그런데 돌연 전압계가 번쩍였다.

"무슨 일이죠?" 난 스콧에게 물었다. "뱀장어가 자고 있다고 생각했는데요."

"녀석은 잠든 거 맞아요." 스콧이 답했다. 이어 우리는 무슨 일이 벌어지고 있는지 알아차렸다.

전기뱀장어는 꿈을 꾸고 있었다.

꿈에서 우리 인간들은 가장 고립되어 있으며 신비로운 실존을 경험한다. 플루타르크는 적었다. "모든 인간은 깨어 있는 동안에는 하나의 공통된 세계에 있으나, 잠들어 있는 동안에는 각자 자신만의 세계에 있다." 그러니 동물의 꿈만큼 도달할 수 없는 세계가 또 있을까?

인간에게 꿈은 늘 예찬의 대상이었다. 그리스 서정시인인 테베의 핀다로스는 영혼이 깨어 있을 때보다 잠들어 있을 때 더 활발하다고 했다. 핀다로스는, 꿈을 꾸는 동안 이처럼 깨어 있는 영혼은 미래를 볼 수도 있다고 믿었다. "무언가의 대가로 다가오는 기쁨 혹은 슬픔을." 그러니 인간이 꿈을 인간만의 전유물이라고 속단하는 데는 그만한 이유가 있는 셈이다. 숱한 세월 연구자들은 꿈을 "고차원적" 정신의 특성이라 주장했다. 하지만 키우는 강아지가 잠자면서 낮게 으르렁거리는 소리를 듣거나 고양이가 씰룩거리는 모습을 본 사람이라면 저 주장이 틀리다는 사실을 안다. MIT 연구자들은 이제 쥐가 꿈을 꾼다는 사실은 물론, 무슨 꿈을 꾸는지도 안다. 미로 속의 쥐가 특정 과제를 수행하는 동안 뇌신경은 독특한 양상으로 흥분한다. 연구자들은 쥐들이 자는 동안 똑같은 양상이 재현되는 광경을 거듭해 목격했다. 반복되는 양상은 극히 분명해서 쥐의 꿈에 미로의 어느 지점이 나오는지 분간할 뿐 아니라 이 동물이 꿈에서 달리는지 걷는지도 판단할 수 있을 정도였다. 쥐의 꿈은 기억과 관계한다고 알려진 뇌의 영역에서 일어났는데, 이는 더 나아가 꿈의 기능 가운데 하나는 동물이 자신이 배운 바를 기억하도록 돕는 일이라는 견해를 뒷받침하고 있었다. 1972년의 한 연구에서는 조상이 8000만 년 전까지 거슬러 올라가는 원시적 산란 포유류인 오리너구리가 인간이 꿈을 꾸는 수면 상태인 렘수면을 경험한다고 주장했으나 이것은 잘못이었다. 하지만 이 연구자들의 실수는 뇌의 엉뚱한 부분을 짚었다는 데 있었다. 1998년 새로운 연구에서는 오리너구리가 실제 렘수면을 경험한다는 사실을 증명했다. 알려진 어떤 포유류보다도 긴 시간인 장장 하루 14시간 동안이었다.

포유류에 비하면 어류에 대한 연구는 한참 부족하다. 하지만 어류 역시 잠잔다고 알려져 있다. 선충線蟲과 초파리조차 잠잔다. 2012년 한 연구에서는 초파리의 수면을 반복적으로 방해하면 이튿날 날아다니는 데 어려움을 느낀다는 사실을 증명했다. 사람이 밤에 잠을 못 자면 다음 날 집중하는 데 어려움을 느끼는 것과 매한가지다.

내가 너무나 좋아하는 바람에 남편이 크리스마스마다 읽어주는 한 책

문어의 영혼

에서, 웨일스의 더없이 위대한 시인 딜런 토머스는 독자를 밀크우드라는 "고깃배가 깐닥거리는 느리고 검은, 칠흑같이 검은 바다" 옆 어느 작은 마을로 데려간다. 때는 밤이며, 책 속 인물들은 모두 잠들어 있다. 저자는 독자에게 그지없이 매혹적이며 불가능할 만큼 내밀한 세계에 들어갈 기회를 제시한다. 저자는 약속한다. "지금 있는 그 자리에서, 당신은 이들의 꿈을 들을 수 있다."

융의 해석으로는, 물고기가 꿈에 나타나면 그것은 무의식이라는 내밀하며 광대한 신비로부터 솟아오르는 직관을 상징한다. 하지만 공공시설의 평범한 날 아침, 엄마들은 아이들을 유모차에 태워 밀고 다니고 꼬맹이들은 내 주위에서 웃고 손가락질하며 꽥꽥대는 동안, 난 직관을 넘어 어떤 계시를 경험했다. 나는 물고기의 꿈을 보았다. 먹이를 사냥하고 기절시키는 꿈을.

———

우리는 옥타비아에게 돌아왔고, 스콧은 기다란 집게 끝으로 오징어를 잡아서 그녀의 얼굴 바로 앞에 들이밀 수 있게 했다. 옥타비아는 오징어를 잡는가 싶더니 집게도 잡았다. 난 수조 위쪽으로 계단을 뛰어 오르다 발가락을 치이는 바람에 물속에 두 팔을 다 빠트렸다. 그녀가 오징어를 떨어뜨렸다. 아까는 집게를 원하더니 이제는 나를 원했다. 빨판 수백 개로 수조 가장자리를 단단히 붙들고 다른 빨판 수십 개로는 여전히 집게를 잡고 있으면서, 옥타비아는 팔 세 개로 내 왼팔을 붙잡고 다른 팔 하나로는 내 오른팔을 붙잡더니 끌어당기기 시작했다. 세게.

오돌토돌해진 붉은 피부가 그녀의 흥분을 말해주었다. 빨판의 흡입력은 내 살갗에서 피를 뽑는다고 느낄 정도로 강했다. 그날 나는 문어의 뽀뽀 자국 범벅이 되어 집에 갈 터였다. 나는 그녀를 뜯어내려 애썼으나 손을 움직일 수 없었다. 그녀는 나와 일정한 거리를 두었으나 적어도 그녀의 머리는 볼 수 있었다. 머리 크기는 이제 멜론 하나 정도였고 각 팔은 최소한 90센티미터는 되었다. 이전에 방문한 이후로 극적으로 성장해 있었다. 태평양거대문어는 먹이를 체중으로 전환하는 데 세상에서 둘째가라면 서러운 육식동물이다. 태평양거대문어가 알에서 부화하는 순간에는 곡물 한 알 크기로 0.3그램에 불과하지만, 이 아기 문어는 20킬로그램 정도에 이를 때까지 80일마다 몸무게가 배로 증가하며, 이어 성숙할 때까지 4개월마다 몸무게가 배로 증가한다.

스콧은 옥타비아가 나를 수조 안으로 끌어당기지 못하도록 집게를 있는 힘껏 잡아당기고 있었다. 난 이 줄다리기에 항복했다. 선택의 여지가 없었다. 몸집 170센티에 57킬로그램, 나이 53세로 성별이 여자인 사람치고는 퍽 건강한 편이지만, 내 상체가 옥타비아의 유체정역학적 근육에 저항할 만큼 튼튼하지는 못했다. 문어의 근육에는 방사放射 섬유와 종縱 섬유가 모두 있어서 우리의 이두박근보다는 혀를 더 닮아 있으나, 이 근육들은 팔을 단단한 막대기로 바꿀 정도로 강하며 50~70퍼센트 길이로 수축시킬 수도 있다. 추정에 따르면, 문어 팔 하나의 근육은 문어 몸무게의 100배에 달하는 인력에 저항할 수 있다. 옥타비아의 경우, 1800킬로그램이 넘는 인력에 저항할 수 있는 셈이었다.

문어는 보통 유순하지만 이 동물의 관심 탓에 익사하거나 거의 그럴 뻔했다는 사람들 이야기도 있다. 영국 선교사 윌리엄 와이엇 길은 남태

문어의 영혼

평양에서 태평양거대문어보다 한참 작은 문어들과 두 주를 보냈는데, 이 작은 문어조차도 젊고 건장한 사내 한 명을 압도할 만큼 힘이 셌다. 길은 적는다. 폴리네시아에서 문어가 위험하다는 "사실을 의심하는 원주민은 없다." 길은 자기 동료 한 명이 문어를 사냥했는데, 그 아들이 아니었다면 질식사했을 수도 있다고 보고했다. 아들은 아버지가 얼굴을 온통 뒤덮은 문어 한 마리와 함께 수면으로 떠오른 모습을 보고 구해냈다.

또 하나의 이야기는 D. H. 노리가 뉴질랜드 연해에서 전한다. 노리는 마오리 친구들과 함께 바닷가재를 찾느라 끙끙대며 해저수로를 헤쳐 나가고 있었다. 그런데 돌연, 일행 가운데 한 명이 "냅다 비명을 지르며 자신을 꽉 붙잡고 있는 무언가로부터 벗어나려고 안간힘을 쓰기 시작했다. 우리는 사내를 도와주러 갔고 어린 문어와 싸우고 있는 모습을 발견했다!" 이 동물은 80센티미터 길이밖에 안 되었을 뿐 아니라 무리지어 있지도 않았지만 사내는 끝내 탈출하지 못하고 빠져 죽을 뻔했다고, 노리는 작가인 프랭크 레인에게 말했다.

옥타비아는 자신의 힘에서 아주 조금만 쓰고 있었다. 그녀의 능력에 비하면 이것은 장난에 불과했다. 난 공격받고 있다고는 느끼지 않았다. 조사받고 있는 기분이었다.

그녀에게 붙들려 있던 시간이 1분에 불과했을 수도, 어쩌면 5분에 이르렀을 수도 있으나, 상당한 시간이 흘렀다고 느꼈을 때 돌연 그녀는 우리에게서 떨어졌다. 나와 집게를 동시에 놓아주었다.

"와우!" 그녀가 자신의 굴로 물러나자 나는 외쳤다. "정말 굉장했어요!"

"난 있는 힘껏 잡아당기고 있었어요!" 스콧이 말했다. "당신 발목까지 잡아야 할까 걱정하면서요!"

옥타비아와 나 사이엔 무슨 일이 일어났던 것일까? 그녀는 무슨 생각을 하고 있었을까? 분명 허기 탓은 아니었다. 배가 고팠다면 오징어를 먹었을 것이다. 겁에 질리거나 화가 나 보이지도 않았다. 연체동물에게서는 어떨는지 모르지만, 난 포유류나 조류에게선 늘 그런 감정을 감지하는 편이다. 그렇지만 스콧과 나는 이번 만남이 아테나와의 즐거웠던 첫 만남과는 확연히 다르다는 데 의견을 같이했다. "일종의 우위를 과시하려던 참이었는지 몰라요." 스콧이 말했다. 어쩌면 그녀는 집게를 원했는데, 내가 그걸 빼앗으려 하고 있다고 단정했는지 모른다. 사실이 아니지만 충분히 그렇게 생각할 수 있을 터였다. 다른 생각도 떠올랐다. 수조 꼭대기에서 발을 치였을 때 고통과 관계한 신경전달물질이 신체에 흘러들어가면서 내 몸의 화학적 성질이 변했던 셈이다. 고통을 전달하는 신경전달물질을 인식하는 능력은 문어에게는 무척 유용할 것이다. 그러면 문어는 먹이가 상처를 입었는지 파악해 특히 어떤 먹이가 제압하기 쉬운지 가려낼 수 있다. 이날 오전 난 물고기의 꿈을 봤는데, 이제는 어쩌면 문어가 나의 고통을 맛봤는지도 모르는 셈이었다.

이 물의 왕국에서 나는 전에는 결코 상상하지 못했던 가능성에 끌리고 있었다.

문어와 일하는 사람들은 일반적으로 우리가 배운 대로 세상이 돌아간다면 결코 일어날 성싶지 않은 일들을 목격한다고 보고한다.

알렉사 워버턴이 한 주먹 크기밖에 안 되는 문어를 추격하고 있던 날도 거기에 속했다. 문어는 마루를 가로질러 달아나고 있었다.

맞아요, 달아났어요. "당신은 수조 아래서 녀석들을 쫓게 되지요. 고양이를 쫓는 양 앞뒤로 오락가락하며 말이에요. 정말 **묘하죠!**" 알렉사는 말했다.

알렉사는 버몬트에 위치한 미들베리대학에 새로 개설된 문어 연구소의 수의사 준비 학생이었다. 알렉사에게 어떤 문어들은 일부러 때로는 꾀바르게 반항하는 듯 보였다. 한 학생이 T자형 미로 실험을 하려고 수조에서 그물로 문어 한 마리를 떠서 양동이로 옮기려고 할 때면, 예를 들어, 문어는 숨거나 구석에 찌부러져 들어가거나 어떤 물건을 단단히 붙들고 안 놓아주려 하기도 했다. 순순히 잡도록 놔두는 문어들은 알고 보면 그물을 트램펄린처럼 쓰려는 속셈일 때도 있었다. 녀석들은 곡예사처럼 그물망에서 뛰어올라 바닥으로 다이빙해서는 달아나곤 했다.

알렉사는 이 작은 무척추동물들과 함께 일하는 경험을 "초현실적"이라 묘사했다. 작은 연구실은 학교 수위가 그만두고 비워둔 방이었는데, 알렉스는 이곳에서 다른 학생들과 두 종의 문어로 연구를 진행했다. 조그마한 카리브해왜문어 한 마리와 이보다 큰 캘리포니아두점박이문어였다. 두점박이문어는 외투강 길이가 최대 18센티미터며 팔 길이는 58센티미터 정도다. "녀석들은 **무척** 힘이 셌어요." 알렉사는 말했다. "이 동물은 무척 작아서 내 손바닥 안에 들어올 정도지만, 나만큼이나 힘이 세요!"

연구실에 있는 1500리터급 수조에는 육중한 뚜껑이 달렸으며, 각 동물을 위해 두 칸으로 나뉘어 있었다. 하지만 문어들은 탈출하곤 했다. 녀석들은 뚜껑을 밀어올려 기어 나오곤 했는데, 그러다 가끔은 죽기도 했다. 학생들은 칸막이를 못으로 박아 고정해놓았는데, 문어들은 그 칸막이 밑을 파고 다른 문어의 칸에 들어가서는 서로 잡아먹기도 했다. 아니면 짝을 짓기도 했는데, 짝짓기는 학생들의 연구에는 그야말로 치명적이었다. 짝짓기를 마치면 암컷은 알을 낳고 숨어서 미로 실험에 참여하기를 거부한다. 이어 알이 부화하면, 암컷은 죽는다. 수컷은 교미 후 바로 죽는다.

문어의 체력도 그렇다지만 의지력, 곧 각 개체의 강한 개성은 더 인상적이었다. 학생들은 자신들 연구 논문에 문어에 숫자를 붙여 인용하도록 되어 있으나, 결국 이름으로 부르게 되고 말았다. 제트 스트림, 마사, 거트루드, 헨리, 밥. 어떤 녀석들은 무척 다정했다. 알렉사는 말했다, "녀석들은 당신을 맞는다며 뛰어오르는 강아지처럼 물 밖으로 팔을 들어올리곤 했어요." 아니면 들어올려 안아주었으면 하는 아이처럼. 커밋이라는 이름의 한 문어는 알렉사가 자신을 토닥여주는 걸 좋아해서 어깨를 들어올려 애무에 폭 파고드는 듯 보였다. 물론 녀석에게 어깨는 없었다.

조분한 녀석들도 있었다. 카리브해왜문어 가운데 한 마리는 그렇게 골칫덩이여서 학생들은 이 문어를 문어 년이라고 불렀다. "미로 실험을 하려고 그녀를 잡으려면 늘 20분은 족히 걸렸어요." 알렉사는 말했다. 이 문어는 노상 무언가를 붙잡고 놔주지 않곤 했다.

그리고 웬디가 있었다. 알렉사는 자신의 학위논문 발표 때 웬디를 동원했다. 학위논문 발표는 공식행사라서 비디오테이프에 녹화되었고, 알렉사는 행사를 위해 근사한 정장을 차려입었다. 카메라가 돌아가기가 무섭게, 웬디는 이 학생을 염수로 흠뻑 적셔놓았다. 그다음 문어는 허겁지겁 수조 바닥으로 도망쳐 모래 속에 숨더니 나오려 하지 않았다. 알렉사는 이 모든 낭패는 문어가 장차 무슨 일이 일어날지 깨닫고 이를 사전에 방지하기로 작정하는 바람에 발생했다고 확신했다.

알렉사는 말했다. "웬디는 그물에 잡힐 기분이 아니었던 거예요."

알렉사의 실험 데이터를 보면 캘리포니아두점박이문어는 학습속도가 빨랐다. 하지만 알렉사는 심사 학술지에 발표할 수 있는 내용보다 더 많은 걸 배웠다. "녀석들은 무척 호기심이 많아요." 알렉사는 나에게 말했다. "자신들 주변의 오만 일에 대해 다 알고 싶어하죠. 무척추동물이 말예요! 소위 단순하디단순하다는 이 동물이 말예요!"

그리고 이어갔다. "우리는 녀석들을 이해하지 못해요. 이 생물의 사고방식을 보여줄 미로를 만들려고 애써보지만, 녀석들을 어느 정도 이해해야 시험도 하는데 시험할 만큼도 이해 못 하는 거예요. 어쩌면 미로는 녀석들을 연구할 방법이 못 될지도 몰라요. 과학은 말만 번드르할 뿐이죠. 난 알아요. 녀석들은 분명 나를 지켜보았어요. 나를 주시했어요. 하지만 지능을 증명하기란 퍽이나 어려운 일이죠. 문어만큼 희한한 생물도 없답니다."

옥타비아가 나를 자신의 수조로 완전히 끌어당기다시피 하고 한 주가 지나서, 난 아쿠아리움에 다시 갔다. 잡지 『오리온』에 기고한 내 기사에 불쑥 흥미를 느낀 친구들은 자기네가 진행하는 라디오 환경 쇼 「리빙 온

어스」에 문어 지능에 대한 부분을 내보냈으면 했다. 친구들은 옥타비아와 교감해보고 싶어했다. 난 이들에게 무엇을 기대하라고 말해야 할지 감이 안 잡혔다.

난 스콧과 윌슨, 빌과 이야기를 나누고 싶어 아침 일찍 아쿠아리움을 찾았다. 옥타비아가 내 라디오 친구들을 어떤 식으로 맞이할 것인가? 빌은 이 아쿠아리움에서 여덟 해 동안 문어 다섯 마리와 일해온 사람으로, 옥타비아의 성격을 이렇게 특징지었다. "공격적이며 쌀쌀맞다."

윌슨의 생각도 같았다. "이 아이는 장난기가 없어요." 그는 말했다. 여느 문어들과는 딴판이어서 거의 반시간 동안 교감해보려고 애썼지만 옥타비아는 윌슨을 완전히 무시했다.

옥타비아는 여느 문어들과는 달랐다. 윌슨은 옥타비아의 다른 모습도 알았다. 옥타비아는 위장했다. 앞선 문어들은 죄다 어린 새끼 때 와서 수조나 통 뒤 완전히 황량한 공간에서 지냈다. 숨을 장소는 없었다. 바위도 모래도 수조 친구도. 물론 세 문어 모두 색을 바꿀 수는 있었다. 흥분할 때는 붉게 변하고, 차분할 때는 창백하거나 하얗게 변했으며, 사이사이 갈색과 흰색으로 얼룩덜룩한 색조를 띠기도 했다. 하지만 배경과 같아지려고 위장하지는 않았다. 같아질 만한 배경이 없었다. 윌슨이 알아차린 건 녀석들이 전시 수조로 옮겨지고 나서도 여전히 위장하지 않는다는 사실이었다.

하지만 옥타비아는 위장했다.

문어와 그 친척들이 위장하는 능력은 속도와 다양성에서 필적할 상대가 없다. 문어와 그 친척들은 카멜레온을 무색케 한다. 동물에게는 대부분 가장하는 능력이 있지만, 일정한 문양을 그것도 아주 조금 띨 수 있을 뿐이다. 두족류에게는 개체마다 삼십에서 오십 가지 문양을 구사할 능력이 있다. 색과 문양, 질감을 0.7초 만에 바꿀 수 있다. 태평양 한 산호초에서 어떤 연구자는 한 시간 만에 177번 바뀌는 문어를 확인하기도 했다. 우즈홀 해양생물학연구소에서는, 두족류들이 실험실 장기판을 흉내 내서 말 그대로 사라진 적도 있었다. 물론 녀석들이 장기를 두지는 않았으나 흑백 문양을 만들어내 누가 봐도 속을 만큼 배경에 묻혀 안 보이게 할 수 있었다.

우즈홀 연구자 로저 핸런에 따르면 문어와 그 친척들에게는 소위 전기 피부가 있다. 문어의 피부 표면에는 세 가지 유형의 세포층이 있다. 문어는 특유의 색조를 띠고자 이 세 가지 세포층을 이용하며 각각은 나름의 방식으로 통제된다. 가장 아래층에는 백색 소포小胞가 포함되어 있으며 배경 빛을 수동적으로 반사한다. 이 과정에는 근육이나 신경이 전혀 간여하지 않는다고 본다. 중간층에는 지름이 100미크론에 불과한 미세한 홍색 소포들이 포함되어 있다. 홍색 소포 역시 빛을 반사하는데 이 빛에는 편광偏光이 포함된다.(인간은 볼 수 없으나 조류를 비롯해 문어의 포식자 대부분은 볼 수 있는 빛이다.) 홍색 소포는 녹색과 파란색, 금색, 분홍색 계열의 반짝반짝한 다채로운 색을 만들어낸다. 이 작은 소포들은 수동적으로 반응하는 경우도 있지만 일부 홍색 소포는 신경계에서 통제한다고도 본다. 이런 유의 홍색 소포들은 동물에게서 확인된 최초의 신경전달물질인 아세틸콜린과 결부되어 있다. 아세틸콜린은 근육 수축을 돕는다. 인간에게서 아세틸콜린은 또한 기억과 학습, 렘수면에 중요하다. 문어의 경우, 녹색과 파란색은 "켜는" 반면 분홍색과 금색에는 덜 관여한다. 문어 피부 제일 위층에는 색소포가 있다. 노란색과 빨간색, 갈색, 검은색 색소를 담은 미세한 주머니들인데, 담겨 있는 용기는 탄력적으로 열리거나 닫혀서 드러낼 색의 양을 조절할 수 있다. 눈만 위장한다고 가정하면, 막대기와 노상강도 복면, 별 문양 등으로 위장하는 데 500만 개나 되는 색소포가 동원된다. 색소포 하나하나는 여러 신경과 근육을 거쳐 조종되는데, 모두 문어가 자발적으로 통제한다.

환경과 어우러지거나 포식자나 먹이를 혼란시키려고, 문어는 빨판과 수관 내벽과 외투강 입구를 제외하고 몸 어디에든 색색의 점과 줄무늬, 반점을 만들어낸다. 피부로 빛 쇼를 연출할 수 있다. 이 동물이 창출하는 몇 가지 움직이는 문양 가운데 하나는 "흘러가는 구름"이라고 불린다. 풍경 위를 지나가는 먹구름처럼 보이기 때문이다. 이 문양 덕에 가만히 있는 문어는 움직이는 듯 보인다. 그리고 문어는 또한 자신의 전체적 모양과 자세를 바꾸는 것은 물론, 돌기라 불리는 살의 돌출부를 높이거나 낮추는 방식으로 자발적으로 피부 질감을 통제할 수도 있다. 대서양 종으로 모래에 서식하는 흉내문어는 특히 여기에 능숙하다. 한 온라인 비디오에서는 이 동물이 몸의 자세와 색깔, 피부 질감을 바꿔서 가자미류 물고기로, 이어 바다뱀으로, 마지막엔 독이 있는 물고기인 쏠배감펭으로 둔갑하는 모습을 보여준다. 이 모두가 불과 몇 초 사이에 이루어진다.

오늘날 어떤 연구자도 이런 행동이 순전히 본능적이라고 주장하지는 않는다. 문어는 틀림없이 경우에 따라 만들어낼 필요가 있는 위장복을 선택해서 몸을 바꾼 다음 결과를 살핀다. 그리고 필요하다고 판단하면 다시 바꾼다. 옥타비아의 위장 능력은 전에 있던 문어들보다 훨씬 더 뛰어났다. 주변에 야생의 포식자와 먹이가 있는 대양에서 오래 살면서 위장하는 법을 학습했던 까닭이다.

이런 모습은 문어라는 무척추동물에게 지능이 있다는 생경한 개념이 사실이라는 데 더욱 힘을 실어준다. 하지만 난 라디오 쇼에서 온 친구들이 옥타비아의 불꽃 튀는 정신을 눈곱만큼도 확인하지 못하게 될까봐, 단지 굴속에 동그랗게 옹크리고 있는 흐물흐물 뼈 없는 몸뚱이만 목격하게 될까봐 두려웠다. 윌슨은 내게 다짐시켰다. "옥타비아가 오고 싶어하지 않으면, 그냥 잊어버리세요."

그러니 난 빌이 그날 오후 옥타비아의 수조 뚜껑을 열었을 때 일어난 일에 대해 완전히 무방비 상태였다. 진행자인 스티브 커우드와 연출자, 음향 팀이 대기하는 동안, 윌슨은 물고기가 담긴 작은 플라스틱 양동이에서 빙어 한 마리를 낚았다. 윌슨이 미리 옥타비아 수조 가장자리에 가져다놓은 양동이였다. 옥타비아는 흥분으로 발갛게 상기되어 윌슨에게로 대번에 흘러왔다. 팔 한두 개를 뻗는 대신 온몸으로 돌진해오고 있었다. 그녀의 머리가 수면에서 깐닥거렸던 까닭에 우리 얼굴을 쳐다볼 수 있었다. 우리 눈을 똑바로 쳐다보더니 빙어를 받았다. 빙어를 입으로 나르는 동안, 팔 세 개가 물에서 나와 가장 큰 빨판 몇 개로 윌슨의 노는 손을 잡았다. 나는 손과 팔을 물속에 담갔고 그녀는 이 또한 잡았다. 팔 하나, 둘, 이어 세 번째 팔이 나에게 붙었다. 빨판들의 흡입력을 느낄 수 있었지만 나를 잡아당기지는 않았다.

"스티브, 옥타비아를 만나보세요." 빌이 스티브를 불러들여 옥타비아가 스티브 역시 만지도록 놔두었다. "소매를 걷어올리고 시계를 풀어놓으세요." 빌이 일렀다. "우리는 늘상, 문어 손가락은 무지 끈적끈적해서 어쩌면 우리 모르게 반지나 시계를 슬쩍 풀어갈 수도 있다고 우스갯소리를 하죠. 하지만 우리 역시 문어를 해칠 수 있는 까닭에 무엇이든 날카로운 물건은 몸에 걸치지 말아야 해요.”

스티브는 하라는 대로 하고는 손가락을 뻗었다. 옥타비아는 말린 팔을 풀어 스티브를 맛보았다.

“오!” 스티브가 외쳤다. “그녀가 여기를 붙잡고 있어요—”

윌슨이 옥타비아에게 빙어 한 마리를 더 건넸다.

“그래요, 빨판들이 느껴져요!” 스티브가 말했다. 빌은 옥타비아가 빨판 하나하나를 제각기 통제할 수 있다고 설명했다. “와우!” 스티브가 말했다. “그럼, 그녀가 피아노를 친다면 대단하겠는걸요, 상상이 가세요?”

우리는 감각의 세계에 빠져들고 있었다. 살갗에 닿는 옥타비아 빨판의 느낌에, 미묘하게 바뀌는 그녀의 색깔에, 빨판들이 빙어를 입으로 옮기는 과정에, 관절 없는 팔들이 펼치는 자유분방한 곡예에. 우리 여섯은 그녀를 지켜보고 있고 그 가운데 셋은 수조에 팔을 담그고 있던 차에, 아무도 무슨 일이 일어났는지 눈치채지 못하고 있었다. 옥타비아는 용케도 우리 아래서 물고기 양동이를 훔쳐놓고 있었다. 그녀는 제일 크고 강한 빨판 몇 개로 양동이를 단단히 붙들고 있으면서, 다른 수백 개 빨판으로는 윌슨과 스티브, 나를 만지작거리고 있었던 셈이다.

옥타비아는 물고기에는 흥미가 없었다. 물고기는 양동이 안에 그대로 있었다. 그녀는 물고기한테서 얼굴을 돌린 채 양동이를 붙들고 있었다. 팔 사이의 막으로 양동이를 둘러싸고 있는 모양이, 흡사 매가 날개 사이에 잡은 먹이를 감추고 있는 듯했다. 지난주 스콧한테서 집게를 쥐고도 그랬듯, 옥타비아는 심지어 먹이 자체보다도 먹이를 담은 물체에 더 큰 흥미를 느꼈던 셈이다.

그녀의 어마어마한 호기심을 충족시키기에 우리 여섯만으로는 턱없이 부족했던 게 틀림없었다. 게다가 만찬회에서 대화를 이어가는 동안 문자를 보내고 이메일을 확인하는 손님들과는 달리, 옥타비아는 여러 가지 일을 동시에 하면서도 주의가 산만해 보이지 않았다. 그녀는 수다한 일에 한꺼번에 공을 들이면서도 각각에 집중할 수 있었다. 이러한 능력에 더욱더 아연했던 까닭은, 우리는 누군가에게는 단순해 보일는지 모르는 그 단 한 가지 일만으로도 벅찼다는 데 있었다. 우리가 말 그대로 접촉해 있는 사이, 이 동물이 무엇을 하고 있는지 살펴보는 일.

"그러니 한낱 문어가 이처럼 영리하다면, 저 너머에 이처럼 영리할 수 있는 동물이 얼마나 많을까요? 우리가 의식과 개성과 기억 따위는 없다고 생각하는 동물들 말이에요." 스티브가 빌에게 물었다.

"매우 좋은 질문입니다." 빌이 답했다. "저 너머 대양에 있는 동물들이 실제 어떤 존재들인지 누가 알겠어요?"

———————

무척추동물 치고 문어의 뇌는 거대하다. 옥타비아의 뇌는 호두 정도 크기였다. 아프리카 회색앵무의 뇌 크기와 똑같았다. 아이린 페퍼버그 박사가 훈련한 아프리카 회색앵무 알렉스는 구어체 영어단어 수백 가지를 의미 있게 사용하는 법을 익혔다. 형태와 크기, 재료의 개념 또한 이해했다는 사실을 보여주었고, 수학을 할 수 있었으며, 질문을 던졌다. 알렉스는 또한 조련사를 고의로 속이다 못해, 속인 일이 발각되면 사과할 줄도 알았다.

물론, 뇌 크기가 전부는 아니다. 컴퓨터 기술에서 엄연히 확인하듯,

모든 건 소형화할 수 있다. 과학자들이 지능을 측정하는 또 하나의 방법은 뇌의 처리 능력을 좌우하는 세포인 신경세포 수를 세는 일이다. 이 척도를 사용하면 문어는 다시 굉장해진다. 문어에게는 3억 개의 신경세포가 있다. 쥐에게는 2억 개가 있고, 개구리에게는 아마도 1600만 개가 있을 터다. 문어와 마찬가지로 연체동물인 물달팽이에게는 기껏해야 1만 1000개가 있을 뿐이다.

한편, 인간의 뇌에는 신경세포가 1000억 개 있다. 하지만 우리 뇌를 문어 뇌와 비교하기란 사실상 불가능하다. 시카고대 신경과학자 클리프 랙스데일은 말한다. "화성인이 나타나서 자신을 과학 실험 대상으로 제공하지 않는 한, 두족류는 척추동물의 세계 밖에서 복잡하며 영리한 뇌를 구축하는 방법을 보여주는 유일한 본보기다." 랙스데일은 문어 뇌의 신경회로가 우리 뇌에서처럼 작동하는지 알아보려고 문어 뇌의 신경회로를 연구하고 있다.

예를 들면, 인간의 뇌는 네 가지 엽葉으로 조직되어 있으며, 각자 나름의 기능을 담당한다. 문어의 뇌에는, 종에 따라 세는 방법에 따라, 50에서 75가지나 되는 엽이 있다. 게다가 문어의 신경세포는 대부분 뇌가 아닌 팔에 있다. 이런 구성은 지극히 동시다발적으로 일을 처리해야 하는 동물인 문어가 환경에 적응한 결과일 수도 있다. 팔들을 조화롭게 움직이고, 색과 모양을 바꾸고, 학습하고 생각하고 결정하고 기억하면서, 동시에 인간과 흡사하게 발달된 눈에서 받아들이는 불협화음 같은 시각적 형상들을 이해하고, 피부 곳곳에서 쏟아져 들어오는 맛과 촉감에 대한 정보의 홍수를 처리하는 일.

하지만 우리 눈과 마찬가지로, 우리 뇌와 문어 뇌는 서로 다른 경로를 통해 발달했다. 인간과 문어의 공통 조상은 관 모양의 원시 생물로, 뇌도 눈도 아직 생성되지 않았던 선사시대에 아주 깊숙이 파묻혀 있다. 그런데도, 문어 눈은 우리와 놀랄 만큼 비슷하다. 둘 다 수정체를 통해 초점을 맞추고, 투명한 각막이며 빛을 조절하는 홍채, 눈 뒤에 빛을 뇌에서 처리할 수 있는 신경신호로 변환하는 망막이 있다. 그렇지만 차이도 있다. 문어 눈은 우리와 달리 편광을 감지할 수 있다. 문어 눈에는 맹점이 없다.(우리 시신경은 망막 안쪽에서 눈 뒤쪽으로 붙어 있어 맹점을 조성한다. 문어 시신경은 망막 외부를 빙 두르고 있다.) 우리 눈은 쌍안이며, 전방 사물을 보려고 앞을 향해 있다. 우리의 일반적인 행정 방향이다. 문어의 광각안廣角眼은 360도 전경 시야에 적응되어 있다. 그래서 각 눈은 카멜레온 눈처럼 제각기 회전할 수 있다. 우리 시력은 지평선 너머까지도 미칠 수 있으나, 문어가 볼 수 있는 거리는 2미터 남짓에 불과하다.

중요한 차이가 하나 더 있다. 인간의 눈에는 시각세포가 셋이어서 색을 알아볼 수 있게 한다. 문어에게는 시각세포가 단 하나뿐인 탓에, 반짝반짝 무지갯빛을 자유자재로 구사하는 이 위장의 명수는 사실상 **색맹**인 셈이다.

그러면 문어는 바꿀 색을 어떻게 결정할까? 새로 드러난 증거를 보면, 두족류는 **피부**로도 볼 수 있을지 모른다. 우즈홀과 워싱턴대 연구자들은 문어의 가까운 친척인 갑오징어 피부에는 주로 눈의 망막에만 나타나는 염기서열이 있다고 밝혔다.

이 외계인 같은 생물의 정신을 가늠하려면 우리의 사고는 엄청나게 유연해져야 한다. 해양생물학자 제임스 우드는 우리의 자만심이 앞길을 가로막고 있다는 사실을 보여준다. 우드는 옥타비아 같은 누군가가 우리의 지능을 측정한다면 무슨 방법을 사용할지 상상하기를 즐겼다. 우드는 옥타비아가 궁금해할지 모를 질문을 던져본다. "당신의 절단된 팔은 1초 안에 얼마나 많은 색상과 문양을 만들어낼 수 있지?" 그 답을 보고, 옥타비아는 당연히 우리 인간은 사실 아둔하다고 단정할 수도 있다. 어찌나 멍청하던지 그녀는 우리가 다 보는 앞에서 물고기 양동이를 훔칠 수 있었다. 무척 겸손한 생각이었다. 하지만 다른 가능성도 있었다. 고대 로마의 자연사학자 클라우디우스 아에리아누스는 3세기로 전환할 무렵 쓴 저술에서 문어를 다음과 같이 관찰했다. "못된 짓과 술책은 이 생물의 특징이 분명해 보인다." 어쩌면 옥타비아는 우리의 지능을 이미 인식했고, 우리보다 한 수 앞섰기에 더더욱 양동이를 가지고 놀았는지 모른다.

───────────

이어 그해 가을과 겨울에도 방문하곤 했는데, 그럴 때마다 옥타비아는 수조 위로 나를 만나러 흘러와서는, 빨판으로 나를 맛보고 내 얼굴을 쳐다보고 싶어 안달했다. 가끔 난 친구를 데려갔다. 이 경험을 공유하고 싶은 마음도 컸지만, 옥타비아가 다른 사람들에게는 어떻게 반응하는지 또한 보고 싶었다. 옥타비아는 내 친구 조엘 글리크를 만났다. 담배를 안 피우는 이 친구는 르완다에서 마운틴고릴라를 연구했으며 푸에르토리코에서 외래 마카크원숭이 집단을 연구하고자 떠날 참이었다. 옥타비아는 조엘을 진심으로 껴안았다.

12월 어느 날, 나는 고등학교 상급생 켈리 리튼하우스를 데려갔다. 작가 지망생이었다. 서로 만난 적은 없지만, 켈리는 내 책 몇 권을 읽었고 학교 프로젝트에 함께 참여하자고 요청하기도 했었다. 보스턴으로 운전해 가면서 난 켈리에게 내 머리카락이 약간 걱정이라고 털어놓았다. 난 그 주초에 파마를 했다. 옥타비아가 내 피부에 스며들어간 화학성분을 맛보고 나와 교감하기를 꺼릴까봐 두려웠다.

하지만 옥타비아는 내게 곧장 다가와 빨판들로 내 두 팔을 금세 꼼짝 못하게 했다. 스콧은 내 피부에서 그것들을 줄기차게 떼어내야 했다. 몇 분이 지나 그녀가 진정되어 보이자, 우리는 켈리를 불러 그녀를 만져보도록 했다. 옥타비아는 팔 하나를 써서 그 빨판들로 켈리를 머무적머무적 맛보기 시작했다. 그러더니…… 폭발! 걷어올린 내 셔츠 소매와 바지 상단은 순식간에 젖었다. 켈리를 올려다보니 흑갈색 앞머리와 안경에서 물이 뚝뚝 떨어져 코로 흘러내리고 있었다. 옥타비아는 켈리 얼굴에다 대고 냅다 물을 뿜어놓고 있었다.

켈리는 물 범벅이었다. 스웨터는 흠뻑 젖어 있었다. 물세례를 당하는 바람에 내 차까지 세 블록 걸어가는 길이 얼어붙을 듯 추웠으나, 켈리는 웃음을 멈출 수가 없었다. 이후 내게 보낸 이메일에서 그녀는 그날은 "죽이게 굉장했다고" 전했다.

옥타비아는 왜 켈리에게 물벼락을 안겼을까? 문어가 싫어하는 상대를 쫓아버리려고 수관을 사용한다는 사실은 잘 알려져 있다. 자기 굴 앞에 음식물 쓰레기가 있으면 물줄기를 쏘아버릴 것이다. 불만족을 표현하

려고 물을 내뿜기도 한다. 1950년대 학습 실험 대상이던 어느 왜문어는 먹이를 얻으려면 당겨야 하는 레버를 지독히 싫어하는 바람에, 실험자가 레버와 함께 나타날 때마다 그를 흠뻑 적셔놓았다.(실험자는 결국 이 미움받는 레버를 수조 벽에서 치워버렸다.) 하지만 물을 내뿜는 또 다른 이유도 있다. 유희.

내가 그런 낌새를 처음 알아차린 건 트루먼이 줄기차게 물을 내뿜은 뉴잉글랜드 아쿠아리움 자원봉사자에 대해 글을 쓴 뒤였다. 여자는 내 글을 읽고 연락해 재밌게 읽었다고 말하면서도, 트루먼이 자신을 싫어한 건 아니라는 사실을 알리고 싶어했다. 이 둘은 내내 친구였다. 여자에게는 트루먼과 함께 보낸 기억이 너무나 소중해서, 내가 그 사실을 이해해주기를 진심으로 바랐다.

어쩌면 내 생각에, 트루먼이 여자에게 물을 내뿜은 건 어린 사내아이가 여자아이의 땋은 머리를 잡아당기는 심정이나, 아이들이 수영장에서 서로에게 물을 끼얹는 식이나 매한가지였을지 모른다. 어쩌면 이 문어는 단지 짓궂게 장난치고 있었을 뿐일지 모른다.

그러고 나서 난 제니퍼 매더와 롤런드 앤더슨을 만났다.

캐나다 레스브리지대 심리학자인 제니퍼는 문어 지능에 관한 한 전 세계에서 선도적인 연구자에 속한다. 롤런드는 시애틀 아쿠아리움의 생물학자로서 역시 문어 지능 분야를 이끄는 연구자다. 이들은 따로 또 같이, 문제해결 능력과 성격을 탐구하며 문어 정신을 과학적으로 연구해왔다. 심지어 수줍음에서 대담함까지를 기준 삼아 문어의 성격을 분류하려고 열아홉 가지에 이르는 행동 유형을 이용해 성격 시험을 개발하기도 했다.

문어의 영혼

롤런드는 어느 날 문어의 선호도를 파악하는 실험을 진행하면서 중요한 사실 한 가지를 발견했는데, 이는 팀의 가장 중요한 발견에 속했다. 문어 여덟 마리가 대략 가로 90센티미터 세로 60센티미터 높이 60센티미터 수조 하나씩을 차지하고 시애틀 아쿠아리움 대기 지역에 있으면서, 각각 빈 알약병을 지급받았다.(롤런드는 문어들이 어린아이가 열지 못하도록 설계된 뚜껑을 열 수 있다는 사실을 발견했는데, 뭇 박사를 제친 대단한 성과였다.) "하얗게 칠해진 병도 있고 까맣게 칠해진 병도 있었어요. 어떤 병에는 에폭시 도료 위에 모래가 뿌려져 있어서, 문어들이 어두운 색을 좋아하는지 밝은 색을 좋아하는지, 부드러운 느낌을 좋아하는지 거친 느낌을 좋아하는지 확인할 수 있었죠." 말쑥한 외모와 호리호리한 몸집, 깔끔한 은빛 콧수염의 남자 롤런드가 내게 말했다. "약병들에는 돌멩이가 들어 있어서 거의 뜨지 못했죠. 우리는 하루는 문어들을 먹이고 다음 날에는 시험했어요. 이 동물이 얼마나 오랫동안, 차이 나는 색상과 질감들에 매달릴까요? 나는 녀석들이 무얼 하는지 지켜보았답니다."

어떤 녀석들은 병을 쥐고 살펴보더니 내팽개쳤다. 마치 수상쩍은 물건을 살펴보듯, 빨판 한두 개로 병을 잡고 적당한 거리를 두는 녀석들도 있었다. 하지만 두 마리는 유달랐다. 녀석들은 병에 대고 물을 쏘았는데, 물 쏘는 방식이 롤런드가 전에 보았던 방식들과는 전혀 달랐다. 롤런드는 설명했다. "성가신 연구자에게 물을 내뿜을 때처럼 강하고 단호한 발사가 아니었어요. 대신 신중하게 조절해서 알약병이 수조 주위를 빙빙 돌게 하는 발사였죠. 문어는 이 행동을 열여섯 번 반복했어요!" 열여덟 번이 되자, 롤런드는 제니퍼에게 이런 소식을 전하고 있었다. "문어가 공을 튕기고 있어요!"

이후 연구에서 이와 비슷한 방식으로 물을 발사한 두 번째 문어가 나왔다. 하지만 병을 수면에서 오락가락하게 할 뿐 수조 주위를 돌게 하지는 않았다. 하지만 둘 다, 원래 호흡과 이동 수단으로 진화한 기관인 수관을 유희에 사용하고 있었다. 이 연구는 『비교 심리학지』에 발표되었다. "모든 기준에서 놀이 행동 기준에 들어맞았어요." 롤런드는 내게 말했다. "지능 있는 동물만이 노는 겁니다." 그는 강조했다. "까마귀와 앵무새 같은 조류와 원숭이와 침팬지 같은 영장류, 그리고 개와 인간."

어쩌면 옥타비아가 켈리에게 하고 있던 행동이 이런 것이었을지 모른다. 어쩌면 트루먼이 젊은 자원봉사자에게 노상 물을 내뿜던 행동이 이런 것이었을지 모른다. 제니퍼는 하와이에서 태평양 둥근무늬문어[2] 한 마리가 자기 위를 날아다니는 나비를 향해 물을 내뿜는 모습을 본 적이 있었다. 나비는 기겁해서 허겁지겁 도망쳤다. 어쩌면 문어는 나비가 드리우는 그림자에 짜증이 났었는지 모른다. 아니면 공공 광장에서 버젓이 걸어다니는 비둘기들한테 덤벼서 녀석들이 흩어지는 모습을 보는 걸 즐기는 어린아이들처럼, 문어도 그저 재미 삼아 그런 행동을 했을지 모를 일이다.

제니퍼, 롤런드와는 시애틀 아쿠아리움에서 열린 문어 학술 토론회

---

2 Octopus cyanea, octopus cyaneus, day octopus, big blue octopus: 둥근무늬낙지라고도 하나 책에서는 둥근무늬문어라고 옮김.

와 연구회에서 만났다. 빌도 나와 함께 참석했다. 아주 성공적이어서 끝날 무렵엔 조직위원들이 이미 두 번째를 계획할 정도로, 심포지엄은 하나의 계시였다. 시애틀 아쿠아리움 위층에 마련된 널찍한 회의실에서, 국제적으로 존경받는 연구자들부터 단순한 도락가에 이르기까지 문어 애호가 65명이 자기네가 좋아하는 동물에 대해 전문가들이 준비한 열 차례의 발표를 참관하러 모였다. 최소한 다섯 나라 이상에서 모인 사람들이었다. "여러분 가운데 몇 분이 문어를 기르세요?" 롤런드의 인사말 다음 첫 번째 순서인 기조연설에서 제니퍼가 참석자들에게 물었다. 50명 정도가 손을 들었다. "그러면 문어들에게 성격이 있나요?" 마을 주민회의에서 만장일치로 표결하는 것처럼 절대적인 대답이 나왔다. "네!"

시애틀에서의 첫날 밤, 빌과 나는 제니퍼와 저녁식사를 했다. 제니퍼는 막후 실력자로, 은발에 발그레한 뺨을 하고 있으며, 교수다운 두꺼운 안경 아래로 생기발랄한 미소를 머금은 여인이었다. 우리와 합석한 전문가는 더 있었다. 알래스카퍼시픽대 교수이자 연구자인 데이비드 셀과, 노스웨스턴대의 진화생물학자 게리 갤브리스, 데이비드의 학생인 레베카 투생. 레베카는 이튿날 기막힌 발견을 발표할 터였다. 유전자검사 결과 태평양거대문어에 속하는 종 가운데 적어도 두 종이 알래스카 연해는 물론, 어쩌면 다른 바다에도 존재할지 모른다는 사실이었다. 제니퍼는 지적할 터였다. 태평양거대문어는 문어의 전형, 원原문어, 초超문어일 수 있으며, 공공 수족관을 방문하는 아이들이라면 누구나 아는 그 문어다. 그렇지만 태평양거대문어에는 사실 두 종이 있다. 이들은 과학이 이 카리스마 넘치면서도 신비로운 동물들에 대해 얼마나 모르고 있는지 극적으로 보여준다.

문어 전문가들은 대양에서 발견되는 끔찍한 일들을 대수롭지 않게 논하는 데 선수들이다. 제니퍼는 보나이러 섬에서 투명하며 독침을 쏘는 히드라충 한 마리와 마주쳤다. "이 녀석이 어디 있을지는 알 수도 예측할 수도 없어요." 여자는 말했다. 레베카는 잠수했을 때 불산호에게 팔을 쓸렸던 기억이 있었다. "처음엔 아프지 않았어요." 레베카는 말했다. "그리고 나왔는데, 죽을 거 같더라고요!"

이들은 또한 독일 오버하우젠 해양생물관 문어인 파울에 대해 이야기해주었다. 파울은 2010년 FIFA 월드컵 축구 경기 결과를 내리 일곱 차례나 정확히 예측했다. 경기 전이면, 파울에게는 홍합이 들어 있는 상자 두 개가 제공되었다. 두 상자는 각각 다가오는 경기에서 맞수가 될 두 나라의 팀을 상징하는 깃발로 장식되어 있었다. 파울은 무얼 선택할지 어떻게 결정했을까? 우리는 가능성들을 고려했다. 문어가 한 깃발에 미적으로 더 끌렸을 가능성과, 문어가 진짜로 어떤 팀이 이길지 알았을 가능성도 포함되었다.

그날 밤 제니퍼와 데이비드는 또한 둥근무늬문어의 먹이 선호도와 성격을 조사하기 위해 현장 탐험을 하면 어떨지 논의했다. 저마다 대답은 같았다. 어쩌면 나도 갈 수 있을 거 같아요.

문어 학술 토론회 이후 옥타비아를 다시 만났을 때, 그녀는 1시간 15분 동안 나에게 다정하면서도 단단하게 매달렸다. 나는 그녀의 머리와 팔, 팔 사이의 물갈퀴 같은 막을 쓰다듬으며 그녀의 존재에 빠져들었

　　　　　　　　　　　　　　　　　　　　　　　　문어의 영혼

다. 옥타비아도 마찬가지로 나에게 한껏 집중하는 듯했다. 분명히 둘 다 서로가 곁에 있어주기를 바랐다. 마치 인간 친구들이 다시 만나게 되어 무척 기뻐하는 양. 서로 만지고 맛을 보는 행위로, 우리는 흡사 주문을 되뇌는 듯했다. "너구나! 너야!" 결국 빌과 스콧은 나에게, 수조 뚜껑을 닫고 같이 점심 먹으러 갈 수 있게 이제 그만하라고 부탁했다. 두 손은 얼어붙었어도 나는 떠나기가 싫었다. 더군다나 난 곧 북투어book tour에 올라야 해서 두 달 동안은 옥타비아를 보러올 수 없을 터였기에 더더욱.

난 폭넓으면서도 또 자주 여행을 다니는 사람이지만, 이번 여행은 길에서 있는 시간이 유난히 힘들었다. 이번 여행에서 나의 일상적 향수는 문어와 떨어져 있다는 사실로 한층 깊어졌다.

돌아와서 난 빌에게 언제 방문해도 되겠느냐고 이메일을 보냈다. 빌은 내게 따스한 답장을 보냈지만, 걱정스러운 소식과 함께였다.

"옥타비아는 신경질을 부리고 있어요. 늙어가고 있는 까닭이죠. 그러니 그녀가 나와서 '안녕'하고 인사하기를 바라지만……."

늙어간다고? 난 속이 울렁거렸다. 그녀의 생명이 이토록 빨리, 이토록 불쑥 다할 수 있단 말인가, 아테나처럼?

제니퍼는 나에게 경고했었다. "문어가 충분히 오래 산다면, 노망이 날 거예요. **치매**란 단어는 쓰고 싶지 않지만요. 치매란 무척 인간적인 개념이고 정신과 연관되어 있는 데다, 충분히 오래 산다고 해서 모든 사람에게 일상적이거나 자연스럽거나 불가피한 현상은 아니니까요. 하지만 노망은 충분히 오래 사는 문어에게는 반드시 온답니다."

알렉사는 미들베리의 문어들이 늙었을 때 이러한 노망을 목격했다. "녀석들은 수조에서 공중제비 돌듯 헤엄치고, 하나같이 눈을 희번덕거려요." 알렉사는 말했다. "당신 눈을 똑바로 보거나 먹이를 공격하지도 않을 테고요." 실험실의 노망난 문어 하나는 수조에서 기어나와 벽 틈에 찌부러져 있다가 말라서 죽었다.

노망이 태평양거대문어 같은 커다란 종에게 닥칠 경우, 결과는 훨씬 더 극적이다. 제임스 코스그로브가 브리티시컬럼비아 주 빅토리아에 위치한 태평양 해저정원에서 전시 잠수부로 일하고 있을 때, 그는 신난 관객들이 훤히 보는 가운데 거대한 수컷 문어에게 공격당했다. 이 시설은 떠다니는 수족관이어서 이곳 관람객들은 수면 아래로 3미터가량 내려가며, 잠수부들은 관람객들한테 보여주려고 흥미로운 동물들을 창문까지 데려온다. 잠수부 코스그로브는 입구 사다리 근처에서 동굴 모양의 입구를 살피고는 안에서 발견한 동물이 문어 두 마리라고 생각했다. 하지만 그 팔들이 그의 마스크를 미끄러져 지나가면서 거대한 빨판들을 보여주었을 때에야, 그는 자신이 웬걸 한 마리 괴물 문어를 찾아냈다는 사실을 깨달았고, 이어 문어는 그를 움켜잡았다. "내가 할 수 있는 일이란 문어가 나를 감자 자루처럼 질질 끌고 다니는 동안 두 손을 조절기에서(잠수부에게 공기를 공급하는 흡입기) 떼지 않고 있는 게 전부였다." 그는 『굉장한 빨판들』에서 썼다. "어느 순간 나는 문어 길이가 전시 창에서부터 차단벽에까지 이를 수 있으리라는 사실을 확인할 수 있었다. 거의 7미터 길이였다." 몇 주 뒤 문어는 죽었다. 몸무게는 70킬로그램에 가까웠다. 코스그로브는 문어가 제정신이 아니었다고 결론지었다.

스콧도 빌도 수족관에서 노망난 문어가 공격성을 띠었던 기억은 없는 듯했다. 녀석들은 단지 반응이 없고 멍해질 따름이었다. 이런 모습이 이제 옥타비아에게 일어나고 있다고, 빌이 이튿날 아쿠아리움 로비에서 나와 만났을 때 말해주었다. "3주 전 그녀의 행동이 변했어요." 빌은 말했다. "보통은 당신도 알다시피, 그녀는 수조 꼭대기 구석에 있죠. 이제 그녀는 바닥이나 밝은 빛이 있는 창가에 있답니다. 먹기는 먹으면서도, 먹이를 받아서는 구석으로 되돌아가죠. 가끔씩은 아예 안 오기도 해요. 팔 하나만 뻗으면서요. 아침이면, 그녀는 정말 새하얘요. 늘 유난히도 붉은 문어였는데 말예요. 하지만 이제는 빛이 바랬어요. 창백해요."

이 때문에 빌은 무척 고통스러웠던 게 분명했다. "옥타비아는 정말 다정하고 교감을 잘하는 문어였어요." 빌은 말했다. 마치 그녀가 이미 죽기라도 한 양 슬퍼하는 모습이었다. 옥타비아의 노망이 시작되기 직전, 연방요원 몇 명이 들러서 불법으로 수입된 아로와나를 건네주었다. 아시아 전역 수족관에서 기르고 있는 어종으로 길고 두툼하며, 은빛 띠가 있는 물고기인데, 이들이 전에 압수해간 녀석이었다. 스콧은 감사의 뜻으로 이들에게 옥타비아와 교감해보라고 권했다. 옥타비아는 한 요원에게 유별나게 흥미를 보이는 듯하더니, 그를 팔로 온통 휘감았다. 이어 끌어당기기 시작했다. "그때 요원의 표정이란, 곧 공황에라도 빠질 듯했죠." 스콧은 말했다. 그때 스콧에게 이런 생각이 떠올랐다. "이 녀석들은 대부분 옆으로 뻗는 팔이 있어요." 옥타비아는 어쩌면 요원의 총에 팔을 뻗고 있었을지 모른다. 이 새로운 물체에 호기심을 느낀 나머지 말이다. 스콧은 말했다. "자, 이 부분이 압권이에요!"

"요원님 총에 안전장치가 걸려 있는 게 확실한가요?" 스콧이 물었다. 스콧은 재빨리 요원에게서 옥타비아를 떼어냈다. "그리고 듣고 싶지 않은 상황이 펼쳐집니다." 스콧이 말했다. "문어가 쏜 총에 발을 맞은 요원."

그 후 얼마 지나지 않아, 옥타비아는 교감에 대한 열정이 사그라진 듯 싶었다. 그녀가 무척 보고 싶은 마음만큼이나 그녀의 노망을 확인하게 될까봐 두려운 마음도 컸다. 물론 난 내가 사랑하는 인간들이 비슷한 곤경에 처한 보습을 보아왔다. 모피를 얻으려 동물에게 덫을 놓는 사냥꾼이었다가 박물학자로 변신한 친구 한 명은 뇌졸중에 걸려서 횡설수설했는데, 본인은 활기차게 대화를 이끌어간다고 하지만 정작 아무도 자신의 말을 이해하지 못한다는 사실은 깨닫지 못했다. 이상하게도 남편과 내가 병원에 방문한 어느 날, 친구가 돌연 문장 하나를 똑똑히 말했다. "그 사슴 아니 오리였든가, 나는 도망가는 길에 녀석을 내려주었어." 내 친구 리즈의 어머니 로나는 전직이 발레리나였던 인류학자로, 거의 104세까지 살았다. 하버드에서 자신의 첫 책을 출간하고 2년이 지나 102세가 되었을 때, 사람들 이름을 잊어버리기 시작했다. 103세가 된 직후 내 이름도 잊었으나, 자신에게 내가 중요한 사람이라는 사실은 분명히 기억해서 나를 진심으로 따스하게 반겼다. 이런 광경은 우리 첫 보더콜리에게서도 목격했다. 열여섯 살이 되던 해였다. 그녀는 밤중에 겁에 질려 짖어대며 남편과 나를 깨우곤 했다. 흡사 자기가 어디에 있는지 혹은 우리가 누구인지 기억할 수 없는 듯했다. 나는, 마치 영혼이 여정을 마치고 돌아오기라도 한 양 그녀의 암갈색 눈이 다시 반짝거릴 때까지 바닥에 함께 누워 쓰다듬으며 입맞춤해주곤 했다.

모든 사례에서, 이 개인들의 정신 일부는 어디론가 사라져버렸다. 이들의 자아 역시 그 정신과 더불어 사라졌을까? 그렇다면 이들은 이제 누구였을까? 그리고 옥타비아같이 노화하는 문어는 다면적 정신으로 살아가는 자기 삶에서 이런 단계를 어떻게 겪어나갈까?

"옥타비아가 알을 낳기를 바랍니다." 함께 옥타비아 수조로 향하는 동안 빌이 내게 말했다. "그건 그녀가 앞으로 6개월은 더 살 수 있으리라는 의미거든요." 정신이 쇠약해진 상태여도, 우리는 옥타비아가 우리와 함께 머물기를 바랐다. 내 친구와 개들이 그 영혼의 조각들을 잃어가고 있다고 보이더라도, 함께 머물기를 바라는 마음이나 마찬가지일 터였다. "그리고 옥타비아를 본 뒤엔 깜짝 선물이 있어요." 빌은 우리 둘 다 기운 내기를 바라며 약속했다.

빌이 수조를 열고 긴 집게로 옥타비아에게 새우 한 마리를 주었다. 그녀는 빨판을 위로 한 채 팔 하나를 뻗었고, 이어 팔 하나가 더 다가오더니 몸 나머지가 따라왔다. 그녀가 평소보다 한층 창백하다는 사실을 확인할 수 있었다. 나는 비교적 큰 빨판 몇 개에 팔을 뻗었고, 그녀는 내게 빨판을 붙였으나 힘은 약했다. 그다음 빌은 빙어 한 마리를 주었다. 불가사리가 먹이를 감지하고 구부러졌다. 난 옥타비아에게 두 팔을 건넸고 그녀는 빙어를 입으로 나르면서 팔 네 개로는 나를 맛보았다. 빌은 그녀의 두 번째와 세 번째 팔 사이의 막에 하얗게 해어진 살을 가리켰다. 2센티미터 정도 되는 초승달 모양이었다. 그건 창백한 정도를 넘어 괴저로 보였다. 수중세계에 속한 촉촉하며 건강한 문어 피부가 아니라, 어쩌다 실수로 이곳까지 오게 된 화장지 조각이 분해되고 있는 모양 같았다. 이 세계를 한 조각 한 조각 떠나기라도 하는 것처럼, 조금씩 해체되는 듯했다.

올려다보니 윌슨이 한수 해양관의 축축한 복도를 따라 내려오고 있었다. 다섯 달 전인 12월 이후 처음 본지라, 퍽 반가웠다. 그리고 이 기간은 윌슨과 스콧 둘 다에게 무척 쓰라린 시간이었다.

12월, 스콧은 좋아하는 동물 하나를 잃었다. 새끼 때부터 길러서 수

년 간 알아온 아로와나였다. 그의 전기뱀장어 하나가 저지른 잘못이었다. 수조 청소차 아무도 몰래 임시 수조로 옮겨놓았더니, 이 커다란 물고기는 옆 수조로 뛰어들어 스콧이 아끼는 아로와나와 또 다른 귀중한 동물인 호주폐어 한 마리를 감전사시키고 말았다. 같은 달, 윌슨은 등에 큰 수술을 받았다.

한편, 윌슨이 수술에서 회복되는 동안, 수완 좋은 사회복지사로 엉뚱한 유머감각의 소유자인 아내가 근육과 정신을 약화시키는 신경질환에 걸렸다. 의사들이 설명해주지도 병의 진행을 막아주지도 못하는 질환이었다.

윌슨은 12월 이후 아쿠아리움에 두 번밖에 못 왔다. 그러니 이 5월, 윌슨은 나를 만나러 매사추세츠 렉싱턴에 있는 자신의 집을 떠나 특별한 여행을 한 셈이었다. 윌슨은 함박웃음과 함께 나를 껴안았다.

나는 윌슨이 바로 나를 위한 빌의 깜짝 선물이라고 생각했다. 하지만 아니었다.

"그래, 새로 온 새끼 문어를 보았나요?" 윌슨이 내게 물었다.

3장

칼리

물고기들의 우정

문어는 천만 꿈밖의 장소에서 나타나는 걸로 유명하다. 태평양거대문어 하나는 난파선 안에 있던 멜빵바지에 임시 거처를 꾸렸다.(그리고 잠수부 한 명은 멜빵바지가 몸부림치며 나타나는 바람에 기절초풍했다.) 문어는 소라 껍질이나 과학자들의 조그만 해양 측정기구 안에서도 나타난다. 붉은문 어는 특히 뭉툭한 갈색 맥주병 속에 살기를 좋아한다.

하지만 난 빌의 새 문어를 물웅덩이 속 피클 통에서 찾으리라고는 전 혀 예상치 못했다.

옥타비아를 방문하는 길에 난 이 웅덩이 바로 앞을 지나갔었다. 평소 에는 재순환 해수로만 가득 차 있어서 이 피클 통은 알아채지 못했다.

200리터쯤 되는 이 용기의 돌려 닫는 마개에는 촘촘한 망이 달려 있었다. 통 옆에는 지름 1센티미터 정도의 구멍 수백 개가 뚫려 있어, 웅덩이 물이 자유로이 넘나들 수 있었다.

이 통은 빌이 이곳 아쿠아리움에서 문어가 드나들 수 없다고 생각하기에 충분한 유일한 용기였다. 이 정도로 작은 새끼 거대문어도 마찬가지였다. 그녀의 머리와 외투막을 합하면 작은 그레이프프루트 한 개 크기였던 까닭이다.

웅덩이 물을 들여다보니, 새로 온 문어 팔의 검은 끄트머리들을 볼 수 있었다. 치과 기구처럼 섬세한 팔 끄트머리들이 통 구멍 밖으로 탐색을 벌였다. 그녀는 흡사 치약처럼 팔을 밀어낼 수 있었다. 이미 팔들이 15센티미터 정도나 구멍 셋을 뚫고 삐져나오는 중이었다. 구멍이 1센티미터 정도인 까닭이 여기에 있었다. 구멍을 뚫은 당사자인 윌슨이 말했다. "2센티미터 정도만 되어도 그녀가 나올 테니까요."

빌은 이틀 전에야 그녀의 성별을 알아냈다. 오른쪽 세 번째 팔 끝을 보면 구분할 수 있다. 팔 끝에 빨판이 온통 몰려 있으면 암컷이다. 그렇지 않으면 이 팔은 교접완이라 불리게 되며, 수컷 문어를 의미한다. 성별 판단에 시간이 걸리는 이유는 문어들이 늘 이 팔을 살펴보도록 놔두지는 않는다는 데 있다. 수컷 문어는 특히 그렇다. 녀석들의 세 번째 팔 끝은 설형음경이라 불리는데, 녀석들은 이를 둥글게 말아 보호하고 있다. 그리고 그럴 만한 충분한 이유가 있다. 설형음경은 암컷 안으로 정포를 옮기려고 분화한 기관이다.(하지만 수컷이 정포를 암컷의 "다리" 혹은 팔 사이에 넣지는 않는다. 거기엔 암컷의 주둥이가 있는 까닭이다. 수컷은 정포를 암컷의 외투막 입구에 넣는다. 아니면 아리스토텔레스가 설명한 대로, "수컷은 촉수

가운데 하나에 일종의 음경이 있는데……, 암컷의 콧구멍을 넘나들 수 있다.")

스스로 인정하다시피, 빌은 처음엔 새로 온 문어의 성별에 꽤 실망했다. 빌은 사내아이를 바라고 있었다. "암컷은 성마를 수 있거든요." 빌은 설명했다. "수컷은 한층 유장하죠." 빌이 말하기를, 수컷은 또한 이름 붙이기도 더 쉽다. "프랭크, 스튜이, 스티브, 수컷 문어 이름은 뭐든 재미나죠. 암컷은 이름 짓기가 여간 어려워야 말이죠." 빌은 자신의 첫 문어를 위해 기네비어라는 이름을 생각해냈는데, 그때 마침 영화 「아서왕」을 보고 있었던 까닭이다.

이 작은 문어는 하지만 이미 빌을 자기편으로 만들었다. 그녀는 한 주전만 해도 거칠었으나, 빌이 뚜껑을 열고 들여다볼 때쯤 그녀는 이미 수면으로 올라와 맑고 째진 동공의 눈으로 호기심에 차 우리 셋을 쳐다보았다.

"아 작고 사랑스럽기도 해라!" 난 외쳤다.

"너무 예뻐요." 윌슨이 맞장구쳤다.

"우린 그녀를 좋아해요." 말하는 빌의 눈가는 미소로 주름이 자글자글했다.

옥타비아와 아테나에 비교한다면, 이 문어는 절묘한 축소판이었다. 그녀는 옥타비아가 처음 도착했을 때의 절반 크기였다. 물론 문어 나이를 정확히 가늠하기란 불가능하지만(성장 속도는 수온을 비롯해 다양한 변수에 좌우된다), 빌은 그녀의 나이가 9개월 미만이라고 추정했다. 팔은 고작해야 45센티미터 정도였다. 어쩌면 내가 그녀를 이해하기 시작하기에 적당한 크기일는지 몰랐다.

그녀의 첫 모습은 머리에 있는 밝은 반점을 제외하면 짙고 그윽한 초콜릿색이었다. 우리를 바라보는 동안 그러나 베이지색이 얼룩덜룩 번져 있는 옅은 갈색으로 변했다. 이제 밝은 줄무늬들이 눈에서부터 코가 있을 자리를 향해 굽이져 내려왔다. 만일 코가 있었다면 말이다. 줄무늬들은 흡사 치타에게 있는 "눈물 자국" 줄무늬처럼 생겼다.

문어가 색을 바꾸는 까닭은 무수하다. 물론 문어는 주변 환경과 같아지거나 주변 환경에 섞여서 자신을 안 보이게 하려고 색을 바꿀 수도 있다. 문어와는 다른 무언가로 보이려고 바뀔 수도 있다.(아마도 덜 맛있거나 더 위협적으로 보이는 무언가로 바뀌리라.) 하지만 이런 경우가 아니라면 기분을 반영하는 것이 분명하다. 이제까지 누구도 색 변화 하나하나의 의미를 다 파악하지는 못했다. 몇 가지 알려진 사실은 다음과 같다. 태평양거대문어는 붉게 변하면 대개 흥분 상태지만 하얗게 변하면 편안한 상태다. 문어에게 처음으로 어려운 수수께끼를 제시하면, 대개 몇 가지 색으로 빠르게 변한다. 흡사 문제를 풀려고 애쓰면서 눈살을 찌푸리고 입술을 깨물고 이마를 찡그리는 사람처럼. 불안한 문어는 자기 머리, 특히 눈을 위장하는 데 유별나게 공을 들이는데, 포식자를 혼란시키려고 각양각색의 점과 선, 곡선을 만들어낼 수 있다. 작지만 치명적인 독이 있는 종인 호주 파란고리문어는 위협을 받으면 온몸에 그 이름과 같은 강청색 고리 수십 개가 확 비친다. 아이바eyebar 문양이라고 알려진 위장술도 있다. 여기서 문어는 째진 동공 양쪽 끝에서 눈 가장자리로 두껍고 짙은 선을 만들어, 전형적인 눈 모양인 둥근 형태를 가장한다. 제니퍼와 롤런드가 진행한 연구들에서는 문어가 개개 인간의 특성을 인식한다는 사실을 보여주는데, 여기서 연구자들은 다음과 같은 사실을 발견했다. 연구원 한 명은 늘 꺼칠꺼칠한 막대기로 문어를 건드렸는데, 이

문어의 영혼

런 일을 몇 번만 겪고 나면, 문어들은 이 인물이 다가오기가 무섭게 아이바를 만들곤 했다. 자신들에게 매일 먹이를 주는 사람들이 다가오면 그러지 않았다.

하지만 새로 온 문어 머리의 하얀 반점은 그녀가 한층 진하고 일정한 갈색으로 변할 때조차 그대로 있었다. 빌은 그녀에게 하얀 표징이 없는 모습은 결코 본 적이 없었다. 결국! 문어에게 변하지 않는 부분이 있다니!

이 점을 보면 빌은 빈디가 떠올랐다. 인도에서 여성이 자기 이마에 장식하는 점. 그래서 빌은 창조적 파괴를 상징하며 어두운 피부에 팔이 여러 개 달린 힌두교 여신의 이름을 따서 그녀에게 칼리라는 이름을 지어주었다. 문어들처럼 힌두교 신과 여신들은 노상 형체를 바꾼다. 칼리가 프라크리티¹ 혹은 대자연의 형체를 취할 때엔 인식의 들판 위에서 난무를 춘다.(인식의 들판은 그녀의 남편 시바 신이 반듯하게 누워 있는 모습으로 그려진다.) 다른 묘사에서 보면 칼리는 해골 화환을 쓰고 있다. 칼리는 이 외향적인 문어 아이에게 무척 걸맞은 이름이었다. 문어다운 놀라운 능력과 잠재적인 파괴 성향을 보았을 때 말이다.

윌슨과 난 각각 그녀에게 손가락을 내밀고 이어 손을 내밀었다. 그녀는 팔 두 개의 빨판들로 우리를 부드럽게 쥐었다.

"그녀가 다정해지려나 봐요." 윌슨이 말했다.

"맞아요." 빌이 말했다. "그녀는 착한 문어가 될 거예요."

---

1   Prakriti: 힌두교 삼키아Samkhya 학파에서 형성된 개념으로, '자연'이란 의미이며, 경험세계에 관계한 원초적 실체를 가리킨다. 순수한 형이상학적 인식을 일컫는 프루샤 Prusha 와 대조된다.

칼리는 마침맞게 도착한 셈이었다. 문어를 더 잘 알아가려는 탐구 과정에서 난 나만의 문어를 얻으려고 알아보고 있었던 까닭이다.

TONMO.com(온라인 문어 뉴스 잡지)과 같은 두족류 포럼을 뒤지고 웹 서핑을 하면서, 난 문어광狂들이 문어를 기르며 올린 비디오에 넋을 잃었다. 애완 문어 가운데는 환상적으로 교감을 잘하는 녀석들도 있었다. 어떤 사람이 비디오를 올렸는데, 캘리포니아두점박이문어 하나가 수조 앞에서 앞 팔을 요란하게 흔들면서 뒤 팔로는 수조 모래 바닥 위를 깡충깡충 뛰어다니고 있었다. 영락없이 선생님에게 자기를 좀 지목해달라고 애원하는 열성적 학생처럼 보였다. 문어 주인은 문어가 자주 이런 행동을 하는데, 자신을 꾀어내 놀고 싶어서 그런다고 적었다. 이후 난 애완 문어 이야기 하나를 읽었는데, 녀석은 자신이 주인의 관심을 원한다는 사실을 알리려고 이와는 다른 방법을 개발했다. 만약 방에 이 사람이 없으면 문어는 탱크 안쪽에 붙은 자석을 떼어내곤 했다. 안쪽 자석은 수조 바깥에 붙은 자석과 함께 유리 청소 도구를 제자리에 유지하고 있었다. 안쪽 자석이 떨어지면 바깥쪽 자석이 땅에 요란하게 떨어지면서, 이 인간을 불러내곤 했다. 말하자면 종을 울려서 집사를 부르는 식이었다.

두족류 사육사인 낸시 킹은 자신의 두점박이문어 올리에게 먹이로 산 게를 떨어뜨려주곤 했는데, 이 게가 어디에 내려앉았는지 올리가 늘 아는 것은 아니라는 사실을 발견했다. 그래서 낸시는 먹이가 어디에 숨어 있는지 알려주려고 수족관 바깥에서 집게손가락을 이용해 올리를 도와주곤 했다. 올리는 금세 이 집게손가락의 의미를 이해했다.(이는 핑

장한 전문 기술이라 인간 이외에 이런 일을 할 수 있는 극소수 종 가운데는 개가 있다. 하지만 그 직계 조상인 늑대는 아니다.) "이런 식으로, 올리와 낸시는 함께 게를 사냥했다." 낸시는 애교스럽게도 적었다.

집에서 어류를 키우는 사람 가운데 다수는 문어가 자신들과 함께 텔레비전 보기를 즐기는 듯싶다고 보고한다. 문어들은 움직임과 색이 다양한 스포츠와 만화를 유독 좋아한다. 킹과 공저자인 콜린 던롭은 권위 있는 저서 『두족류: 가정 수족관을 위한 문어와 오징어』에서, 심지어 주인과 문어가 함께 프로그램을 즐길 수 있도록 TV를 수조와 같은 방에 두라고 권한다.

하지만 내 남편은 문어를 집에 들인다는 생각을 탐탁지 않게 여겼다. 근 30년의 결혼생활 동안 남편은 (이제까지는) 내가 뱀이며 이구아나, 타란튤라를 집에 들이지 못하게 잘 막아왔을 뿐 아니라, 매 부리기 견습 기간에 매를 키우지 못하게 하는 데도 성공했다. 하지만 남편은 다른 사람들이 꺼리는 앵무새들이 줄줄이 우리 집으로 이사 오는 건 막지 못했고, 한번은 아기 왕관앵무를 사주기도 했는데 우리 둘 다 이 새를 무척 아꼈다. 우리는 또한 집주인의 고양이를 입양했고, 보더콜리 두 마리를 구조했으며, 새끼 병아리를 길렀다. 집에 꾸린 사무실에서였는데, 병아리들은 내 머리 위에 자리 잡고 쉬었으며 내 스웨터 안에서 잠들었다. 우리는 심지어 병들고 왜소한 아기 돼지 한 마리를 집에 데려오기도 했다.(아기 돼지는 14년을 살았고 몸무게가 340킬로그램까지 늘었다.) 남편은 이 아이들 모두를 사랑했으나, 내가 책에 필요한 연구차 수주 또는 수개월 동안 정글 같은 데로 사라져서 남편 홀로 동물들과 남겨질 때면 남편의 인내심은 시험대에 오르기 일쑤였다. 동물들은 그럴 때마다 한결같이,

가출하거나 서로 죽이려 들거나 우리를 부수거나 무언가에서 뒹굴거나 침대 위에 게우거나 할 궁리만 했던 까닭이다. 그런데 이제 문어라고?

내가 문어를 기르고 싶다고 하자, 남편은 답했다. "제발 이건 악몽이라고 말해줘."

물론 문어를 기르려면 환경 조성에서부터 음식, 문어 자체에 이르기까지 수천 달러가 들 터였지만, 그런 비용은 차치하더라도 물자 조달이란 문제가 있었다. 카리브암초문어와 같이 작은 종을 키우는 데만도 380리터 정도를 담을 만한 수조가 필요했다. 최소 454킬로그램 상당의 무게였다. 커다란 사슴인 무스 한 마리 무게와 맞먹었다. 이 정도 무게면 150년 된 우리 농가의 바닥을 무너뜨릴 수도 있었다. 우리 집 같은 낡은 가옥은 또한 콘센트가 부족해서 어려움을 겪었는데, 좋은 해수 양어조養魚槽에는 콘센트가 여러 개 필요했다. 복잡한 생명 유지 장치를 작동해야 하는 까닭이었다. 세 종류의 필터와 통풍기, 작은 열대 문어에게 필요한 수온을 유지해주는 난방기. 보통 섭씨 25도에서 28도의 온도가 유지되어야 했다.

우리 동네에서는 간혹 전기 자체가 부족했다. 정전도 흔한데, 수분에서 수일까지 이어졌다.(2008년 12월 착빙성 폭풍우가 몰아치고 나서, 우리는 한 주 동안 전기 없이 살았다.) 그리고 비교적 짧은 기간이라도 여과와 보온이 안 되면 수조와 그 안의 생물들은 끝장날 수 있었다. 특히 문어가 놀라서 먹물을 쏘기라도 하면, 문어 자신을 비롯해 물 전체에 독을 퍼뜨릴 수 있었다.

그다음 문어에게 알맞은 적당한 물과 먹이를 마련하는 문제가 있었다. 천연 해수에는 일곱 가지 이상의 성분이 녹아 있다. 물의 화학적 성질은 문어에게 정확히 맞아야 한다. 예를 들면, 구리가 조금이라도 있으면 문어는 죽는다. 게다가 다 자란 문어는 죽어서 냉동된 먹이도 먹겠지만, 아주 어린 문어는 살아 있는 먹이가 필요하다. 작은 종들의 수명은 태평양거대문어보다 훨씬 짧기에, 난 어린 문어를 원했다. 우리 집에서 가장 가까운 바다도 차로 두 시간 반 거리이므로, 난 이 아기 문어의 먹이가 될 살아 있는 단각류와 곤쟁이를 직접 길러야 할 테고, 녀석들에게는 별도의 양어조가 필요할 터였다.

마지막으로, 내가 여행을 떠나야 하면(그리고 난 이미 그해 여름 나미비아로 여행 일정이 잡혀 있었다), 남편이 이 여린 문어를 돌봐야 하는 위험천만한 책임을 떠안아야 했다. 게다가, 내가 나미비아로 떠나는 순간 남편의 일정은 온통 우리 보더콜리가 차지할 터였다. 꼬리 수술 후 어떻게든 넥칼라[2]를 물리치고 꿰맨 실밥을 물어뜯어내려 하는 보더콜리를 말리는 일은 중요했다.

결국 난 결심했다. 집에 나만의 문어를 기르는 일이 아무리 좋더라도, 문어에게도 우리 결혼생활에도 너무 위험한 일이 되리라. 더구나, 먼 거리이기는 해도 난 아쿠아리움에 가는 일이 굉장히 좋았다. 그곳에는 또한 전문가들에게 둘러싸여 누릴 수 있는 혜택이 있었다. 이 전문가들의 관찰은 나의 관찰에 양분을 더해주는 데다, 이제는 안 보면 보고 싶어지는 사람들이 되고 있지 않은가. 내 계획은 이랬다. 일단 나미비아 여행에서 돌아오면, 보스턴에 정기적으로 자주 방문해서 칼리가 성장하고 발

2　The cone of shame: 강아지나 고양이 목에 씌우는 깔때기 모양의 칼라. 동물이 상처 부위 등을 입으로 건드리지 못하게 막는 용도.

달하는 모습을 관찰하자. 윌슨은 대체적으로 자신의 일정을 나와 조율하는 데 동의했다. 아프리카에서 돌아오고 나서 다음 주, 우리는 우리의 '굉장한 수요일'이라고 부르기로 한 날을 개시했고, 매주 이 날은 문어를 관찰하는 데 바쳤다. 이로써 상상을 초월할 만큼 넓고 깊게 배우며, 칼리는 물론 나만큼이나 그녀를 사랑하게 된 사람들과의 유대도 돈독해졌다. 이 사람들은 내 인생에서 갈수록 중요한 존재가 될 터였다.

그다음 번에 칼리를 방문하자, 사무실 커피메이커 주변에 모여든 사람들처럼 직원과 자원봉사자로 이루어진 작은 무리가 이미 칼리의 물웅덩이 주변을 요란스레 서성대고 있었다. 다른 점이라면, 뜨거운 음료를 홀짝이는 대신, 이들은 문어와 손을 잡아보겠다고 얼음장 같은 염수에 조심스레 손을 담그고 달랑달랑 흔들고 있었다.

이렇게 조바심 나게 하려고 칼리가 구멍에서 일부러 팔을 내밀지 않는다는 건 여간해선 상상하기 어려운 일이었다. 불과 두 주 만에, 칼리는 부쩍 커지고 강해지고 호기심이 왕성해져 있었다.

"그녀는 권태에 빠졌어요." 윌슨이 피클 통 뚜껑을 돌려서 열며 말했다. 그녀는 이미 뚜껑 근처에서 우리를 기다리고 있었다. "정정." 그녀가 윌슨의 팔을 맛보려고 팔을 뻗자 윌슨이 말했다. "그녀는 권태에 빠졌었는데, 이제는 아니에요!"

칼리에게 우리 손과 팔을 내밀자, 그녀는 빨판들로 열렬하게 달라붙었다. 빨판이 강하게 쥐는 흡입력에서 그녀의 흥미를 느낄 수 있을 듯했다. 마치 문어식 점자 체계로 우리를 열심히 읽고 있는 양. 게다가 그녀는 우리를 맛보는 데 그치지 않고 보고도 싶어했다. 팔로는 대기 속 우리 팔 위로 꿈틀꿈틀 올라오면서, 머리와 눈은 우리를 보겠다고 물 밖으로 내밀었다.

그녀의 째진 동공은 어떤 자세로 있든, 평형포라 불리는 평형감각기의 신호를 받아서 늘 수평을 유지했다. 이 기관은 주머니같이 생긴 구조로 감각모가 안을 두르고 있으며 평형포 안에서 움직임과 중력에 반응해 움직이는 작은 평형석이 있다. 하지만 늘 수평인 동공이라 해도 두께만큼은 극적으로 변할 수 있다. 밝은 빛 아래에서라면 그녀의 동공이 작다고 여겨질 테지만, 지금은 활짝 열려 있었다. 흡사 흥분하거나 사랑에 빠진 사람처럼.

윌슨은 칼리에게 물고기 한 마리를 건넸지만, 그녀는 물고기를 입에서 멀리 치워버렸다. 급성장하는 동물에게서 이런 태도는 믿기 힘든 일이었다. 교감하고 싶은 욕구가 그녀의 식욕을 초월했음이 분명했다. 칼리는 우리 팔에 오르고 싶어했다. 그녀의 반짝반짝 근육질 팔 끝이 내 팔뚝과 팔꿈치 위로 돌돌 말아 올라 면으로 된 셔츠 소매를 만졌다. 우리는 빨판들을 살살 떼어내 칼리가 물속으로 들어가도록 다그쳤지만 그녀는 우리를 다시 잡았다.

몇 분이 지나자, 윌슨은 교감을 멈추었다. 윌슨은 칼리를 지나치게 자극하고 싶지 않았다. "아직 아기잖아요." 윌슨은 말했다. "쉬게 해줍시다."

빌은 입때껏 남색꽃갯지렁이feather duster worm(이 이름은 머리에 가지 달린 촉수들이 아름답게 모여 있는 모양에서 지어졌다)들을 돌보고 있다가, 우리에게 칼리가 최근 외국 손님들을 즐겁게 해주었다고 말했다. 이곳 아쿠아리움에서는 베이징 아쿠아리움에서 온 직원 몇 명을 접대한 적이 있었다. 이들은 문어를 만질 수 있는 기회를 만나 놀란 데다, 칼리가 무척 다정하다는 사실을 알고는 더욱 놀라움을 금치 못했다. "이들은 문어가 몹시 위험하다고 믿고 있었거든요." 빌이 말했다.

해양생물은 대개 뭇 사람에게 비이성적 공포를 불러일으킨다는 사실을 빌은 알고 있었다. 사실 빌이 아끼는 해양생물 가운데 대부분에게는 독이 있거나, 날카로운 이빨 혹은 뾰족한 독성 돌기가 있기도 하다. 그렇지만 자기 팔에 난 갖은 상처들은 전부 관과 유리, 도구들 탓이라고 빌은 말해주었다. "드라이버 하나가 내 어떤 동물보다 나한테서 피를 뽑아갈 공산이 더 크죠." 빌은 웃으며 말했다. "맞아요, 문어는 물 수 있어요. 맞아요, 문어는 해를 입힐 수 있어요. 하지만 사람들은 문어를 지나치게 두려워하고 있어요."

뉴잉글랜드 아쿠아리움 40년 역사에서, 누구든 문어와 감히 교감하겠다고 나선 건 비교적 최근의 일이었다. 윌슨은 말해주었다. "15년 전만 해도 너나없이 문어라면 근처에도 안 가려고 했으니까요."

보스턴 수족관은 이 나라에서 동물들에게 자연과 유사한 환경을 제공한 최초의 수족관 가운데 한 곳이었다. 통찰력 있는 변화였다. 이로써 전시장은 대중이 더 많은 내용을 배울 수 있는 공간이 되었을 뿐 아니라 동물 식구들에게도 훨씬 더 흥미로운 터전이 되었다. 바다표범과 바다사자를 제외하고(물론 푸른바다거북인 머틀도 매정한 동물을 의미하지는 않을 것이다), 자연을 모방하자는 정책은 어류와 파충류, 무척추동물과 인간 사이의 교감을 상당 부분 막는 듯했다.

점심 때 윌슨과 스콧은 그간 발생한 변화에 대해 내게 이야기해주었다. 이 변화는 동물원과 수족관에서 두루 진행되던 조용한 혁명의 일환으로 인간과 이 시설들에서 보살피고 있는 동물들과의 관계를 완전히 변화시켰다.

"변화는 매리언과 함께 시작했어요." 윌슨은 상기했다. "매리언은 정말 근사했어요."

"매리언 아나콘다요, 매리언 피시요?" 스콧이 물었다.

매리언 피시가 먼저였다. 피시는 진짜 그 여자의 성이었다. 외상 간호사로 26년을 일하다 은퇴한 뒤인 1998년, 여자는 수요일마다의 자원봉사를 시작해 자신이 보살피는 동물 하나하나를 다 알게 되었다. 여자는 물고기마다 이름을 지어주었다. 게다가 놀랍도록 정확하게 녀석들의 기분을 읽을 수 있었다.

"하루는 매리언과 내가 문어와 여기에 앉아 있었어요." 윌슨이 상기했다. "그리고 매리언이 말했죠, '있잖아요, 저 문어는 무언가 할 일이 필요해요.'" 동물원 동물들에게 육체적이고 정신적인 자극을 준다는 "강화"라는 개념은 당시로서는 비교적 새로웠다. 심지어 침팬지나 호랑이들에게도 마찬가지였고, 어류에게는 아예 금시초문이었다. 사육사들과의 직접 접촉은 수족관의 계획에 없는 일이었다. "당시, 다른 사람들에게 문어는 만지기 두려운 대상이었어요. 문어를 만져서 다치게 할까봐 걱정했죠." 윌슨이 내게 말해준다. "하지만 우리는 말했죠. 될 대로 되라지. 문어가 지루해하잖아! 그러니 우리 문어랑 놀아보자고." 곧 매리언과 윌슨은 정기적으로 수조를 열어서 문어를 쓰다듬었고 문어가 자신들의 팔을 빨도록 내버려두었다. 이 동물은 분명 교감을 즐겼고, 어쩌면 다음 만남을 기다리지 않나 싶을 정도였다. "그다음 우리는 문어에게 가지고 놀 물건들을 주었어요. 뭐든 닥치는 대로 주었죠. 관이라든가, 말하자면 그런 것들. 이것이 모든 일의 발단이었어요." 윌슨은 말했다. "그다음 우리는 자물쇠 달린 상자를 만들었죠."

매리언 피시는 심장발작이 일어나서 2003년 아쿠아리움을 떠났고, 스콧과 윌슨은 여자와 연락이 끊겼다. 하지만 2007년, 아쿠아리움에 또 다른 매리언이 나타났다. 젊은 여성이었는데, 이 여자의 영향 또한 깊었다. 매리언 브릿은 사육사와 그 동물 사이에 이루어지는 흥미롭고 다정하며 애정 어린 교감의 긍정적 효과를 한층 더 확실하게 증명했다. 게다가 매리언은 수족관에서 가장 무시무시한 동물들을 직접 다루어서 이를 증명했다. 길이 4미터에 무게 136킬로그램에 이르는 아나콘다들이었다.

"매리언 전에는 누구도 아나콘다가 있는 수조에는 들어가지 않으려 했어요." 윌슨은 말했다. 내게는 무척 지당한 이야기로 들렸다. 남미 최상위 포식자인 아나콘다는 60킬로그램 나가는 카피바라는 물론 다 큰 사슴도 쉽사리 사냥해 죽이며, 재규어를 먹는다고도 알려져 있다. 어쩌다가 나는 아나콘다 연구로 가장 잘 알려진 연구자 가운데 한 명인 헤수스 리바스를 만난 적이 있었다. 리바스는 이 포식자 뱀에게 강력한 조이기 공격을 당하는 조수들 이야기를 기록했다. 아나콘다는 길이가 대략 9미터까지 자랄 수 있으며, 인간은 아나콘다의 먹이사슬에 충분히 포함된다고 그는 말했다. 아나콘다가 인간을 좀더 자주 공격하지 않는 유일한 이유는 리바스와 그 현장 팀을 제외하고, 사람들은 아나콘다가 발견된다고 알고 있는 지역으로는 모험을 떠나지 않는 데 있었다.

문어의 영혼

하지만 매리언은 모험을 했다. 매리언이 2007년 24세 나이로 스콧이 관리하는 전시관에서 인턴으로 아쿠아리움 생활을 시작했을 때, 이곳에는 아나콘다가 세 마리 있었으며, 물론 누구도 녀석들을 마음 놓고 건드릴 수 없었다. "이 뱀들을 다루어야 할 때면 늘 제압해야 했어요." 스콧이 내게 말했다. "녀석들의 머리 뒤를 잡았죠. 녀석들은 그걸 싫어했고요." 매리언이 아쿠아리움에서 근무를 그만둘 무렵이 되자, 커다란 아나콘다였던 캐슬린과 애슐리는 매리언에게 스르르 기어올라 무릎에서 머리로 똬리를 틀곤 했다.

그리고 이제는 매리언 덕에, 연례 건강검진을 위해 수조에서 나와야 한다거나 병을 치료해야 한다거나 수조에서 물을 배수해야 할 때 등 어느 때라도, 뱀들 머리를 제압해 정신적 충격을 주지 않아도 되었다. 직원들은 더 이상 녀석들과 교감하기를 두려워하지 않았다.

뱀들은 분명히 덕분에 한결 행복해지고 건강해졌다. 증거가 있었다. 암컷 두 마리는(세 번째 뱀인 오렌지라는 이름의 작은 녀석은 수컷으로 밝혀졌다) 새끼를 낳았다. 보스턴에 있는 동물원과 수족관을 통틀어 최초였다. 연한 알들은 어미 몸속에서 부화하는데, 매리언은 캐슬린의 새끼 일곱 마리가 태어나는 동안 잠수복을 입고 말 그대로 현장을 지켰다. 매리언은 두 어미에게서 난 새끼 뱀을 다 아기 때부터 건사했던 까닭에, 지금 전시 중인 자손은 매리언과 윌슨이라 (둘 다 암컷이었다) 이름을 붙여주었으며, 역시 머리를 제압할 필요가 없었다. 조금만 재촉해도 녀석들은 다루는 대로 따라주었다. 나머지 직원들도 역시 이 뱀들이 다루어질 기분이 아닐 때를 인식하는 법을 배워서, 그런 때는 뒤로 물러나 다른 날 시도할 줄도 알았다.

매리언은 수술을 받으려고 2011년 2월 아쿠아리움을 떠나야 했는데, 수술 합병증이 생겨 다시는 돌아오지 못했다. 하지만 매리언이 해놓은 일들은 입때껏 영향을 미치고 있었다. 4미터 가까이 되는 포식 파충류가 한 호리호리한 젊은 여성의 무릎에 파고들어 꼬리로는 애무하듯 한 다리를 돌돌 감고 있는 광경은, 스콧과 윌슨이 이미 알고 있는 사실을 극적으로 증명해주었다. 스콧은 말했다. "포유류와 조류뿐 아니라 거의 모든 동물은 개개인을 익히고 인식하며 공감에 반응할 줄 압니다." 문어든 아나콘다든, 동물과 함께 일하는 방법을 제대로 터득하기만 하면, 프란체스코 성인도 기적이라고 여겼을 만한 일을 이룩할 수 있다.

스콧의 최근 프로젝트처럼. 수리남두꺼비 훈련하기.

이 동물은 양서류로서 아나콘다보다 활용할 두뇌가 훨씬 더 작을 뿐 아니라, 앞을 못 본다. 이런 맹목으로 말미암아 녀석들의 독특한 외모가 형성되었다. 두꺼비의 15센티미터 정도 되는 납작한 갈색 몸뚱이의 머리에는 콧구멍이 두 개 있으며, 각각은 길고 좁은 관 끝에 위치한다. 앞다리 발끝에는 별 모양의 촉각 기관들이 있어 먹이 감지를 돕는다.

수컷 수리남두꺼비는 물속에서 딸깍거리는 소리를 내서 짝을 부르며, 짝이 된 수컷과 일련의 둥근 고리를 만들며 함께 헤엄치는 사이 암컷은 수컷의 배에 알을 낳고, 수컷은 알을 수정시키고 나서 암컷 등에 있는 주머니에 동그랗게 삽입한다. 암컷은 수정된 알을 말 그대로 피부로 둘러싸 보호한다. 암컷이 피부를 탈각하면, 새끼들이 뾰족한 머리를 위로 한 채 어미 등에서 터져 나온다. 새끼들은 올챙이가 아니라 완전한 새끼 두꺼비로 태어난다.

안타깝게도 관객은 이 이색적 두꺼비를 보기가 무척 어려웠다. 자연스럽게 예쁜 모습으로 꾸며놓은 전시장 초목 가운데 숨어 있는 까닭이었다. 전기뱀장어한테 그랬듯이, 스콧은 수리남두꺼비가 모습을 드러내도록 꾀어낼 방법을 궁리하느라 애쓰고 있었다.

어떻게? "두꺼비 마음속에 들어갈 필요가 있어요." 스콧은 말했다. "우리는 두꺼비와 신경전을 벌이고 있는 거예요." 어떻게 눈 먼 두꺼비가, 어디에 머물면 안전하고 좋을지 판단하는가, 어떻게 그런 장소를 찾아내는가? "배우는 건 무척 금방이에요." 스콧이 말했다. "공감을 드러내는 법을 배우는 거죠. 영화 E.T. 기억하죠? 비슷한 거예요. 보이지 않는 손을 내밀어 그 생물의 마음을 읽는 거죠. 불완전하게나마 생물들과 만나야 해요. 그들의 이야기를 기꺼이 들을 자세가 되어 있어야 하죠."

우리 대다수는 쫑긋거리는 말 귀에, 개 꼬리의 위치에, 고양이 눈의 표정에 무의식적으로 반응한다. 어류 사육사들은 물고기들이 말하는 무언의 언어를 배운다. 전시장 뒤쪽으로 막 수조를 옮긴 시클리드 몇 마리가 있는 복도를 걸어가면서, 스콧은 내게 염려 섞인 어조로 진지하게 말했다. "물고기들의 스트레스 냄새가 나요." 스트레스 냄새란 미묘해서 나로선 전혀 맡을 수 없으나, 이 낮게 깔린 냄새를 스콧은 감지했다. 스콧이 그건 열충격단백질 냄새라고 설명했다. 열충격단백질은 세포 내 단백질로 처음에는 식물과 동물이 열에 반응해 방출된다고 밝혀졌으나, 이제는 여타 스트레스와도 관계한다고 알려져 있다. 이 냄새는 스콧의 속을 메스껍게 했다. 욕지기나는 냄새여서가 아니라 자신이 돌보는 물고기가 스트레스를 받는다고 생각하니 절박하고 두려운 기분에 휩싸이는 까닭이었다. 갓 태어난 자식이 울어댈 때 느꼈던 기분과 꼭 같았다.

스콧은 여타 물고기 신호들도 말 그대로 유창하게 읽었다. 우리가 시클리드의 새 보금자리를 찾았을 때, 스콧은 갓 이사 온 녀석들과 이곳에서 수주 혹은 수개월 살아온 녀석들을 비교했다. 새로 이주한 물고기들의 줄무늬는 비교적 옅었다. "그리고 이 녀석을 보세요." 스콧이 수조에 이미 적응한 물고기를 가리키며 말했다. "눈에서 반짝이는 생기가 보이나요? 이제 다른 녀석을 보세요. 그런 생기가 안 보이죠." 스콧은 사람의 표정을 읽듯 쉽게 물고기의 표정을 읽을 수 있었다.

"문어의 생각을 읽는 어려움은 표현이 너무 풍부하다는 데 있어요." 난 아쿠아리움으로 돌아가며 말했다. 내가 알던 어떤 종보다도 표현이 더 풍부했다. "우리에게는 시와 춤과 음악과 문학이 있죠. 하지만 우리에게 갖가지 음성과 의상과 화필과 점토와 기술이 있더라도, 문어가 자기 피부만으로 말할 수 있는 표현에 따라갈 수나 있을까요?"

"맞습니다." 스콧이 맞장구쳤다. "만약 두족류가 고속도로를 운전하는데 차가 꽉 막혔다고 상상해보세요. 그 피부가 오만 가지 표정으로 분통을 터뜨리는 모습을요!"

―――――

그날 오후 윌슨이 칼리의 통을 열자 그녀가 수면에서 깐닥거렸다. 눈동자를 굴리며 우리 얼굴을 찾고 있었다. 우리가 팔을 내밀자 그녀가 부둥켜안았다. 팔 사이의 물갈퀴 닮은 막만 제외하면 이제 검붉은 갈색이었다. 막은 지의류로 덮인 듯 녹색으로 얼룩덜룩해져 있었다. 윌슨이 그녀에게 물고기 두 마리를 더 건네자 그녀는 신나서 받았다. 칼리는 빨판으로 우리를 부드럽게 잡으면서, 눈 사이에 있는 자신의 머리를 쓰다듬

문어의 영혼

도록 해주었다. "이처럼 부드러운 건 지금껏 만져본 적이 없어요." 난 윌슨에게 말했다. "새끼고양이 털도, 병아리 솜털도 이보다 부드럽지는 않아요. 이보다 더 사랑스러운 건 없어요. 하루 온종일이라도 이러고 있을수 있지 싶어요."

"맞아요." 윌슨이 답했다. 비꼬는 기색이라고는 찾아볼 수 없었다. "당신은 그러고도 남을 거예요." 문어를 쓰다듬으며 느끼는 더없는 행복감은 대부분 누군가에게 전하기 어려운 감정이었다. 심지어 동물 애호가들에게조차도. 뉴햄프셔에 있는 집으로 돌아와 숲에서 개들을 산책시키면서 난 친구 조디에게 열변을 토했는데, 조디가 나를 보며 제정신이 아니라고 결론짓지 않으려 얼마나 애쓰고 있는지 알 듯했다.

"하지만." 조디가 물었다. "문어는 끈적거리지 않아? 내 말은, 점액은 어때?"

문어는 미끄럽다고 묘사하는 편이 좀더 매력 있게 느껴질지 모르겠다. 하지만 미끄러운 건 바나나 껍질이다. 끈적거리는 점액은 매우 특수하며 필수적인 물질로, 문어에게 점액이 엄청나게 많다는 사실은 부정할 수 없다. 물속에 사는 생물은 대부분 그렇다. "내 예상보다 더 많은 해양생물이 점액을 사용하고 분비하거나, 점액으로 이루어져 있었습니다." 해양과학자 엘런 프레이거는 말한다. "해저세계는 점액투성이인 곳이죠." 점액질은 해양 동물들이 물속을 유영하는 동안 항력을 줄여주며, 먹이를 잡아먹고 피부를 건강하게 유지하며 포식자로부터 탈출하고 알을 지키도록 도와준다. 빌의 남색꽃갯지렁이 같은 서관충棲管蟲들은 몸을 보호하고 암초나 산호에 붙어 있으려고 꽃자루같이 생긴 질긴 관을 만드는데, 바로 점액을 분비해서 만들게 된다. 스콧의 아마존 디스커스와 시클리드 같은 일부 물고기에게 점액은 어머니의 젖에 해당한다. 새끼들은 소위 "비껴가기"라는 행동을 하면서 실제로 부모의 영양가 높은 점액질 외투를 먹는다. 밝고 선명한 색상의 만다린피시는 적에게서 벗어나려고 지독한 맛의 점액을 스며 나오게 한다. 문어 친척으로, 심해에 사는 뱀파이어오징어는 포식자를 깜짝 놀라게 하려고 발광하는 점액을 분비한다. 갯지렁이류인 버뮤다파이어웜은 여름밤 반짝이는 반딧불이처럼 짝을 유혹하려고 발광 점액으로 신호를 보낸다. 암컷 파이어웜이 짝을 유혹하느라 빛나면 수컷은 반짝거리며, 이어 둘은 동시에 난자와 정자를 방출한다.

"칼리와 옥타비아의 점액은 나쁘지 않아." 난 조디에게 말했다. "아무튼, 먹장어보다는 훨씬 덜 끈적거려."

해저 생물인 먹장어는 길이가 43센티미터 정도 자라지만, 그럼에도 단 몇 분 만에 양동이 일곱 개를 점액으로 채울 수 있다. 점액이 엄청나게 많아서 거의 어떤 포식자에게 잡혀도 빠져나갈 수 있을 정도다. 먹장어는 자기 점액에 질식당할 위험이 있을 정도이지만, 다행히 감기에 걸린 사람이 기침하듯 코로 점액을 내뿜는 법을 익혔다. 그래도 가끔은 먹장어조차 견디기 어려울 정도로 지나치게 많은 점액을 분비하는데, 이런 경우에 대비해 교묘한 요령을 터득해두었다. 먹장어는 매듭처럼 꼬리로 몸을 감싼 후 앞으로 미끄러뜨려서 점액을 닦아낸다.

"징그러워!" 조디가 소리쳤다. "그건 너무 역겹잖아!" 하지만 이어 조디는 내게 칼리와 옥타비아의 이제는 대단치 않게 보이는 점액에 대해 더 이야기해달라고 했다.

문어 점액은 침과 콧물의 중간쯤 된다. 하지만 좋은 쪽으로. 게다가 무척 유용하다. 꽉 끼는 공간에 비집고 드나들 때 미끈거리게 도와준다. 점액은 문어가 물 밖에 나가고 싶을 때 몸을 촉촉하게 유지해준다. 야생에서 일부 문어종은 놀라우리만치 자주 물 밖으로 나간다. 비록 1998년에 연구원 라일 자파토가 "발견한" 악명 높은 "나무 문어"가 장난질에 불과했으나(너무 많은 젊은이가 인터넷에서 읽은 내용을 다 믿는다는 사실을 증명하려는 농지거리였으며, 실제 증명했다), 미세기 지대에 사는 야생 문어들은 종종 사냥 조건이 더 나은 해수 웅덩이를 찾아가려고 육지로 힘겹게 몸을 끌고 나오기도 한다. 다른 문어한테 안 잡아먹히려고 그러는 등 물속 포식자로부터 도망치느라 물 밖으로 나올 수도 있다. 바다 물보라가 끊임없는, 문어로서는 축복받은 지역에서라면, 문어는 물 밖에서 30분 이상 살아 있을 수도 있다는 글을 읽은 적이 있다.

"점액은 아무것도 망치지 않아." 난 조디에게 설명했다. "결국 점액은 인간이 알고 있는 가장 즐거운 두 가지 경험 가운데 하나라고."

조디는 잠시 생각하더니, 물었다.

"나머지 하나는 뭔데?"

"먹는 거." 난 답했다.

"두족류 파티!" 브렌던 월시의 굵은 저성이 웅웅거리는 양수기 소리와 라디오에서 흘러나오는 헤비메탈 음악 위로 울려 퍼졌다. 브렌던은 34세의 키 크고 건강한 남자로 이곳 아쿠아리움의 아이맥스 영화관에서 일했다. 일이 끝나면 브렌던은 자기 양어조를 돌보러 집에 갔다. 브렌던은

말했다. 지금으로선 다섯 개"뿐"이지만, 예전엔 스무 개였다고.

브렌던 역시 칼리의 통 주변으로 몰려드는 군중 가운데 하나였다. 다들 윌슨이 뚜껑을 열어주어 그녀와 놀 수 있기를 고대하고 있었다. 아쿠아리움에서 난 간부 집단에 합류했는데, 이들의 사회관계에 문어 점액은 윤활유 같은 기능을 했다.

이곳에는 또한 크리스타 카서라는 스물다섯 살의 작고 어여쁜 아가씨가 있었다. 짙은 색의 굵은 곱슬머리를 등 뒤로 자연스럽게 내려뜨리고 윗입술에는 앙증맞은 검은색 보석 피어싱을 한 채, 온 방을 밝히는 환한 미소를 머금은 이 아가씨가 내게 말했다. "자라면서 다른 여자애들한테는 인형이 있었는데, 제게는 물고기가 있었어요." 크리스타는 금붕어와 대략 4리터 통으로 시작해서, 이어 베타를 더하고 그다음 테트라와 구피, 달팽이를 더해, 결국 수조 열 개를 두게 되었다. "제 방에 가면, 들리는 소리는 온통 수조들 윙윙거리는 소리뿐일 거예요." 크리스타는 말했다. 크리스타는 이제 막 들어온 자원봉사자로 담수 전시관에서 스콧을 도와 일주일에 한 번 일했다. 학자금을 갚으려고 바텐더로도 일하고 있었다. 하지만 정말 사랑하는 일은 아쿠아리움에 있었다.

아나콘다 조련사 매리언 브릿은 수술을 받고 아쿠아리움에 처음 돌아와서 우리의 굉장한 수요일에 또한 합류했다. 담갈색 눈에 부드러운 갈색 머리가 어깨까지 내려오는 이 여인은 날카로운 지성의 소유자라고는 상상할 수 없을 만큼 태도가 순했다. 매리언의 지성은 여러 과업에서 빛을 발휘했는데, 사육사가 자신의 새끼 아나콘다들을 분간할 수 있도록 해주는 "반점 지도"를 최초로 고안한다거나(매리언은 잡고 있던 30센티미터 길이의 갓 태어난 새끼들한테 물려가면서, 미리 그려놓은 형태에 새끼 아나콘다

문어의 영혼

들의 독특한 문양을 그려 넣었다), 새롭고 이색적인 방적사 사업체, 퍼플 오카피를 키우기도 했다. 수술 탓에 얻은 끈질긴 편두통에도 불구하고 집에서 운영할 수 있는 사업체였다.

그날 나는 또한 애나 매길도한을 만났다. 애나는 고등학교 2학년을 막 마쳤다. 키도 몸집도 작으며 짙은 머리카락을 뒤로 아무렇게나 질끈 묶고 다니는 소녀 애나는 이곳 아쿠아리움에서 2년 전부터 일하고 있었다. 여름 동안 애나는 일주일에 나흘을 이곳에 쏟았다. 두 살배기 때 첫 수조를 선물로 받은 이후 자신만의 양어조들을 가꾸어왔다. 애나는 내게 말했다. "두 살에 선물로 받은 이후, 난 계속해서 수조를 들였어요. 부모님은 더 이상 수조는 안 된다고 말렸지만, 난 부모님한테 말도 안 하고 그저 수조를 들였죠." 결국 애나는 애완용 가자미 한 마리를 들였고 어머니가 발견했다. 난 이 시점에서 프라이팬이 등장하지 않을까 염려했지만 아니었고, 그 벌로 초등학교 교사였던 애나의 엄마는 애나에게 이 물고기에게 이름을 지어주라고 명했다. 물론 애나라고 짓는 건 금지였다.(애나는 가자미에게 "구사일생가잠"이라는 이름을 지어주었다.)

칼리의 통 주변에 모인 보통 사람들과 더불어 아쿠아리움 교육 전문가 두 명이 우리와 함께했으며, 브렌던 또한 여자친구를 데려왔다. "이건 기록적인 일이에요." 윌슨이 말했다. 다 합쳐, 칼리에게는 그날 아홉 명의 방문객이 있었다. 칼리가 건넬 팔보다 많았다. 윌슨이 알았던 어떤 문어도 무대 뒤에서 이처럼 여러 팬을 거느린 적은 없었다.

지금껏 이처럼 많은 사람을 본 적은 없었는데도, 칼리는 완벽한 안주인의 면모를 타고났다. 사람들 팔을 하나하나 재미나게 끌어당기고 얼굴을 쳐다보며, 우아하게 물고기와 오징어를 받았다.

"와우!" 칼리의 빨판들이 자신들 손가락을 쥐자, 교육 전문가들이 말했다. "너무 멋져!" 미끈거리는 팔 하나가 브렌던 여자친구의 손을 맛보려고 감아 올라오자, 그녀가 속삭였다.

칼리의 통 주변에서는, 우리가 칼리를 알아가고 있을 뿐 아니라 칼리역시 우리를 알아가고 있었다. 우리는 서로를 알아가는 셈이었다. 게다가 우리 대부분에게 한 사람을 알아가는 방법으로서 문어를 토닥이는일만 한 건 없었다. 칼리와 교감하는 동안 크리스타는 우리에게 자신에게는 쌍둥이 남동생이 있으며 좋아하는 동물이 문어라고 말해주었다. 쌍둥이 동생 대니에게는 전반적 발달장애가 있었는데, 기본 기술을 습득하는 데 상당한 지체가 있거나 때로는 습득이 불가능한 상태에 내려지는 광범위한 진단 범주다. 크리스타는 대니에 대한 법적 보호권을 얻고자 노력하고 있었다. 근처 메수엔에 살고 있는 부모님이 보호권을 원하지 않아서가 아니라, 대니가 그곳에서는 행복해하지 않는 까닭이었다. 명랑하고 아름다운 소녀 크리스타는 대니의 보호권을 원했다. 왜냐하면, 크리스타는 말했다. "동생 없이 산다는 건 상상할 수 없기 때문이에요. 대니는 매일 행복하게 아침을 맞는 걸요!"

대니는 문어를 어찌나 사랑하는지, 둘이 같이 아쿠아리움에 올 때면이 동물이 움직일 때마다 흥분에 겨워 이야기했다. "이제 문어가 올라간다! 이제 문어가 팔을 움직이고 있어!" 한번은 대니를 보스턴에 있는 수산시장에 데려갔는데, 식용으로 판매하는 문어를 발견하고는 화를 냈다. 하지만 이 죽은 두족류 시체들이 대니를 퍽이나 매료시키는 바람에 크리스타는 결국 선물로 한 마리를 사주었다. 대니는 죽은 문어를 냉동고에 보관하면서 주기적으로 꺼내어 바라봤다.

옥타비아와 칼리 덕에, 난 윌슨과 그 가족에 대해서도 더 많이 알아가기 시작했다. 이란 북부 도시 라슈트에서 유대계 이라크인 부모님 사이에 태어나, 이란이라는 페르시아인 국가에 세워진 미국식 장로교 선교학교에 다니며 성장했기에, 윌슨은 어린 나이에 문화들 사이사이를 미끄러지듯 조용히 오가는 법을 익혔다. 열여섯이 되자 윌슨은 영국 기숙학교에 갔으며, 이어 런던대에 입학해 화학을 공부했다. 윌슨은 미국으로 건너가(그는 날짜를 정확히 기억했다. 1957년 1월 3일) 뉴욕 컬럼비아대에서 화학공학을 공부한 뒤, 아서 D. 리틀 사에 입사하려고 보스턴으로 이사했다. 거기서 윌슨은 진취적이며 독립적인 성격의 사회복지사인 아내 데비를 만났다. 데비의 어머니는 러시아와 폴란드 국경에서 태어났으며 아버지는 미국인이었다. 교제한 지 일 년 반이 지나, 데비는 결혼해야겠다는 뜻을 밝혔다. 윌슨은 대번에 동의했다. 하지만 보수적 미망인인 윌슨의 어머니는 윌슨이 이라크 유대인 자손이 아닌 여인을 선택했다는 사실이 너무나 못마땅해서 윌슨을 만류하려 애써보겠다며 미국까지 날아왔다.

윌슨은 이해받지 못하는 일에 익숙해져 있었다. 순응을 요구하는 세계, 동물을 하찮게 여기며 수중 동물은 더욱이 아무것도 아니라고 생각하는 문화에서, 우리는 모두 그랬다. 어쩌면 그랬기에 우리는 대부분 사람들이 괴물이라고 여기는 끈적끈적한 무척추동물이 담겨 있는 통 주위에서 서로 유대감을 형성할 수 있었는지 모른다.

예를 들면, 매리언이 왜 조이기가 특기인 거대한 뱀들이 우글거리는 전시장에 심지어 들어가기까지 했는지 이해하는 사람들은 상대적으로 매우 적다. "당신은 녀석들이 당신을 **알리라** 생각하나요?" 사람들은 묻곤 했다. 물론 뱀들은 매리언을 알았다. 매리언이 뱀들을 알았듯. 그리고 매리언은 녀석들을 사랑했다. 매리언은 2011년 여름 애슐리가 죽자 흐느껴 울었다. 스콧은 매리언의 감정을 완벽히 이해했다. 신정 오전 4시에 애슐리가 새끼를 낳았다는 전화를 받은 순간, 불과 5일 전 태어난 자신의 핏덩이 아들을 두고 새로 태어난 아나콘다들을 돌보러 아쿠아리움으로 달려간 사람이 스콧이었다.

애나 역시 여느 십 대들과 다름없이 이해받지 못한다고 느꼈다. 크리스타처럼 쌍둥이지만, 애나는 건장하고 외향적인 남동생과는 전혀 달랐다. 지극히 영리하면서도 솔직하기 그지없는 소녀 애나는 우리에게 자신이 "특수" 학교에 등록했다고 거리낌 없이 털어놓았다. 자신에게 경미한 자폐증 형태인 아스퍼거 증후군이 있다고, 편두통과 주의력결핍장애, 저혈압(저혈압 탓에 한번은 아나콘다 수조에서 실신하기도 했다), 떨림 증상이 있다고, 갖가지 약을 복용하고 있다고 털어놓았다. 집에는 물고기들과 푸른혀도마뱀 라일라가 있어 애나가 일부나마 마음의 평화를 찾도록 도와주지만, 아쿠아리움에서 자원봉사를 시작하고 나서야 진정 온전한 평화를 느꼈다.

"아쿠아리움 전시장 뒤편을 경험하면서 내 삶은 달라졌어요." 애나는 칼리를 쓰다듬으며 우리에게 말했다. 6학년 전후 애나는 이곳 아쿠아리움의 "어류 캠프"에서 여름방학 일부를 보냈다. 이어 열네 살이 되어 애나는 일요일마다 미술수업을 받기 시작했고, 수업 후에는 나머지 시간을 아쿠아리움에서 보내려고 지하철을 타곤 했다. 데이브 웨지는 턱수염을 기른 외향적 성격의 전직 고등학교 교사로 해안 전시회 및 교육센터의 해저 실험실을 운영하고 있는데, 어류 캠프에 왔던 애나를 알아보고 자기 연구실을 보러오라며 초대했다. 데이브는 애나에게 자신을 만나러 한 시간 뒤에 오라고 말했다. 하지만 애나에게는 시간감각이 없었고 시계도 없는 데다, 아날로그시계를 읽을 줄도 몰랐다. 그래서 애나는 해저 실험실 문 밖에서 한 시간을 기다렸고, 엎친 데 덮쳐서 비까지 퍼붓고 있었다. 데이브는 이 일로 무척 감동을 받는 바람에, 정식 자원봉사자가 되기에는 너무 어렸지만 전시장 뒤편에서 애나가 할 만한 일들을 찾기 시작했다.

이제는 정식 자원봉사자가 된 애나에게는 디지털시계가 있을 뿐 아니라(그리고 읽을 줄도 알았다), 아쿠아리움에 있는 해양 척추동물과 무척추동물의 일반 명칭과 라틴어 명칭을 하나도 빠짐없이 알았다. 애나는 아직 담수조 생물은 다 외우지 못한다며 사과했다.

"이곳 사람들은 일반인들과 문어만큼이나 달라요. 이곳에서는 마음이 편해요." 애나는 말했지만, 결국 우리 모두를 대변하는 셈이었다. "마치 이곳에 내가 속해 있는 듯해요."

어떤 집단에 속하고 싶은 마음은 인류의 깊디깊은 욕망 가운데 하나다. 우리 영장류 조상과 마찬가지로 우리는 사회적인 종이다. 진화생물학자들은, 기나긴 삶 동안 주변의 숱한 사회관계를 파악하며 사는 일은 인간 두뇌의 진화를 이끄는 요소 가운데 하나라고 주장한다. 사실 지능 자체가, 침팬지와 코끼리, 앵무새, 고래같이 우리와 비슷하게 수명이 길고 사회생활을 하는 생물들에게서 가장 흔하게 발견된다.

하지만 문어는 이런 조건과 완전히 반대다. 문어는 짧게 살기로 유명하며 대부분 사회생활하고는 거리가 멀어 보인다. 흥미로운 예외도 있다. 예를 들면 태평양작은줄무늬문어는 수컷과 암컷이 짝지어 같은 굴에서 동거하기도 한다. 이 문어 집단은 40마리 이상 모여 공동생활을 할 수도 있는데, 이 사실은 너무나 예상 밖이어서 30년 동안이나 믿어주는 사람도 없고 발표되지도 못하다가, 스타인하트 아쿠아리움의 리처드 로스가 최근 자기 집 연구실에서 이 오래전 잊힌 종을 기르면서 밝혀졌다. 하지만 적어도 태평양거대문어는 생을 마감할 때나 되어서야 동반자를 찾는다고 알려져 있는데, 단지 교미하기 위해서다. 게다가 이마저도 조건부 명제인 이유는, 알려진 결말 하나만 보더라도 교미는 한 문어가 다른 문어를 먹어치우면서 말 그대로 거한 식사 데이트로 끝나는 까닭이다. 만약 동족 문어와 교류하기 위해서가 아니라면, 녀석들의 지능은 무엇에 소용될까? 만약 문어가 서로 교류하지 않는 동물이라면, 우리와는 왜 교류하고 싶어할까?

문어 심리학자인 제니퍼는 설명한다. "문어를 영리하게 하는 요소는 우리를 영리하게 하는 요소와 다르다." 문어와 인간의 지능은 따로따로 진화했으며 진화한 이유도 다르다. 제니퍼는 문어가 지능을 갖추게 된 계기는 원형 껍질의 상실이라고 믿는다. 껍질을 잃어버린 대가로 이 동물은 이동의 자유를 얻었다. 문어는 조개와 달리, 먹이를 구하려고 기다릴 필요가 없다. 문어는 호랑이처럼 사냥할 수 있는 까닭이다. 그리고 문어라면 대부분 게를 최고로 좋아한다지만, 문어 저마다의 입장에서는 수십 종의 먹이를 사냥할 수도 있으며 이는 각 먹이마다 다른 사냥 전략과 다른 기술을 사용해 일련의 결정을 달리 내리고 조정해야 한다는 의미다. 몰래 다가가 잠복해 있다 공격하려고 위장술을 택할 것인가? 빨리 추격하려고 수관을 이용해 물총을 쏠 것인가? 도망치는 먹이를 잡으려고 물 밖으로 기어나갈 것인가?

껍질 상실에는 보상이 따랐다. 한 연구자의 표현을 빌리자면, 이 동물은 "커다란 무방비 단백질 꾸러미"인 까닭에, 잡아먹을 만큼 크기만 하다면 무엇이든 문어를 잡아먹을 터다. 문어는 자기 취약성을 충분히 인식하고 있어서 스스로를 보호하려고 계획을 짠다. 제니퍼는 1980년대 버뮤다에서 탐험 중인 한 왜문어를 지켜보면서 이러한 사실을 분명히 확인했다. 사냥 탐험에서 집으로 돌아오는 길에, 이 문어는 자기 굴 입구를 팔로 말끔히 치우고 있었다. 그러더니 돌연, 굴을 떠나 1미터 밖으로 기어가더니 돌덩이 하나를 집어서 굴 앞에 놓았다. 2분 뒤 문어는 다시 과감히 앞으로 나아가서 두 번째 돌덩이를 고르고, 이어 세 번째 돌덩이를 골랐다. 그리고 두 돌덩이에 빨판을 부착하더니, 집까지 힘겹게 끌고 와 굴 입구로 미끄러져 들어간 다음, 성 앞의 석조 요새처럼 돌덩이들을 굴 앞에 세심하게 정리해두었다. 이 문어의 생각은 분명해 보였다. 제니퍼는 말했다. "'돌덩이 세 개면 됐어. 잘 자!'" 이제 문어는 잠자리에 들 만큼 안전하다고 느낀 셈이었다.

2009년, 인도네시아 연구자들은 문어들이 반쪽짜리 코코넛 껍질 여러 쌍을 이리저리 가지고 다니는 모습을 기록했는데, 여기서 문어들은 이 껍질들을 이동식 조립 막사처럼 사용했다. 문어들은 모래 바닥을 팔로 밀어내고 걸으면서, 보기에도 힘겹게 자신들 몸 아래쪽으로 껍질 두 개를 하나로 포개어 끌고 가더니, 반구형 껍질들을 하나의 구체로 조립해 안으로 기어들어가곤 했다. 미들베리 문어 연구소에서, 보조 사육사 캐럴라인 클라크슨은 도구 사용의 또 다른 사례를 보았다. 성게 한 마리가 캘리포니아두점박이문어 암컷이 차지하고 있는 굴 입구로부터 너무 가까운 곳에서 먹이를 먹고 있었다. 이를 봤는지, 문어는 자기 굴에서 과

감히 나와 15센티미터쯤 떨어진 곳에서 가로 세로 9센티미터씩 되는 평판 한 장을 집더니 굴로 질질 끌고 돌아와서는, 성게 가시에 다치지 않으려고 마치 방패처럼 세워두었다.

문어는 취약하기에, 은신처를 마련하는 일에서부터 먹물을 쏘고 색을 바꾸는 일에 이르기까지 수십 종의 동물을 앞지를 준비가 되어 있어야 한다. 이 가운데 어떤 동물은 추격하지만, 어떤 동물은 반드시 피해야 한다. 이토록 가능성이 수두룩한데 당신이라면 어떻게 계획을 짜겠는가? 그러려면 어느 정도는 다른 개체의 행동을 예측해야 한다. 달리 말하면 마음을 상상해야 한다는 의미다.

타인의 생각, 곧 나와는 다를 수도 있는 생각을 읽는 능력은 고도로 발달한 인지 기술로, 소위 '마음 이론'으로 알려져 있다. 한때 마음 이론은 오직 인간에게만 있는 능력이라 여겨졌다. 일반적 어린이는 마음 이론이 3세에서 4세 사이에 발생한다고 믿어진다. 전형적 실험은 다음과 같다. 아주 어린아이가 어떤 소녀가 자기 방에 사탕 한 상자를 두고 나가는 비디오를 본다. 소녀가 나가 있는 사이, 어른 한 명이 상자 안의 사탕을 연필로 바꿔놓는다. 이제 소녀가 상자를 다시 열려고 돌아온다. 실험자는 어린아이에게 묻는다, 소녀가 상자 안에 무엇이 있으리라 기대하겠니? 어린아이는 대답한다. 연필이요. 소녀가 사탕이 있으리라 기대할 것이라는 사실을 이해하려면 아이는 더 나이가 들어야만 한다. 비록 상자 안에 사탕은 없지만 말이다.

마음 이론은 의식의 중요한 성분이라 간주되는데, 자의식의 존재를 암시하는 까닭이다.(난 이렇게 생각하지만, 당신은 **그렇게** 생각할 수도 있다.) 듀크대 개 인지 연구소DCCC(The Duke Canine Cognition Center) 소장인 브라이언 헤어 박사가 최근 증명한 바에 따르면, 개들은 자기네한테는 없는 지식이 다른 개체에게는 있을 수도 있다는 사실을 이해한다. 한 실험에서, 브라이언은 개들에게 방취 용기 두 개를 제시했는데, 하나에는 음식이 담겨 있고 다른 하나에는 없었다. 개들은 자기네가 모르는 사실을 사람들은 알고 있음을 금세 알아차려서, 간식이 숨어 있는 용기를 가리키는 인간의 손가락을 따라가곤 했다.

이것이 바로 낸시 킹의 문어 올리가 하고 있던 행동으로, 올리는 혼자서는 찾을 수 없는 게를 발견하려고 낸시의 손가락을 따라갔던 셈이다.

물론 다른 예도 많다. 매부리들이 사냥꾼으로 부리는 맹금류는 자신의 매부리 또는 그 개들이 사냥감을 풀어놓으리라 기대한다. 아프리카 벌꿀오소리는 벌집을 찾으려고 (꿀잡이새라고 알려진) 특정 새들을 쫓아간다. 양쪽 모두 오소리들이 꿀을 먹으려고 벌집을 벌리면, 꿀잡이새들은 꿀벌 애벌레로 포식할 수 있다는 사실을 깨달은 듯 보인다.

하지만 다른 생물 마음속에 무엇이 들어 있는지 그려보는 지구상 모든 생물 가운데 으뜸은 틀림없이 문어일 듯하다. 그런 능력이 없다면, 문어가 각양각색의 기만을 저질러 스스로를 보호하는 일은 불가능하다. 문어는 갖가지 종의 포식자와 먹잇감에게 자신은 문어가 아닌 완전 다른 무언가라고 확신시켜야 한다. 봐! 난 먹물 방울이야. 아냐, 난 산호충이야. 아냐, 난 바위라고! 문어는 다른 동물이 자기 계략을 믿는지 아닌지 평가해야 하고, 만약 안 믿는다면 다른 걸 시도해야 한다. 자신의 책에서 제니퍼와 공저자는 위장에 따라 사용하는 환경과 겨냥하는 종이 다르다고 보고한다. 예를 들면, "흘러가는 구름" 위장은 꿈쩍하지 않는 게가 겁먹고 움직이게 해서 정체를 드러내게 하려고 사용한다. 하지만 굶주린 물고기를 속이는 데는 다른 전략을 구사할 공산이 더 크다. 색과 문양, 모양을 재빨리 바꾸기. 물고기에게는 대부분 자신이 찾는 형상에 대한 탁월한 시각적 기억이 있으나, 만약 문어가 어두운 색에서 창백한 색으로 바뀌어 쏜살같이 움직인 다음 줄무늬나 점무늬를 띠면, 물고기는 문어를 추적할 수 없다.

뉴잉글랜드 아쿠아리움에서 우리를 만날 만큼 오래 살아남으려고, 칼리는 다른 문어나 인간 잠수부들은 물론, 가지가지 종의 새와 고래, 바다표범, 바다사자, 상어, 게, 물고기, 거북이를 만나 겨루었을 수도 있다. 하나같이 다른 종류의 눈과 생활방식, 감각, 동기, 성격, 분위기가 있었을 생물들과 말이다. 사람들은 대부분 일상생활이 오직 같은 종과의 직접 교류로 이루어진다는 사실과 비교하면, 칼리는 범세계적 교양인이고 우리는 소도시 촌뜨기인 셈이었다.

그리고 이제 칼리는 사람들을 쥐락펴락하고 있었다. 곁에 모인 사람들이 궁금하기도 하지만, 누군가 자신에게 관심을 보인다면 그보다 더 사랑스러운 일이 어디 있겠는가? 칼리는 왼쪽 두 번째 팔 끝으로 브렌던과 그 여자친구를 탐사하면서, 동시에 빨판 하나를 오므려가며 교육전문가 두 명의 손가락 끝을 조사하고 있었다. 칼리는 몸을 완전히 뒤집어 피어나는 꽃처럼 팔에 달린 크림색 빨판들을 활짝 펼쳤다. 크리스타와 애나, 매리언, 나는 손과 팔뚝을 내어주었다. 칼리는 빨판을 붙이더니 부드러우면서도, 보기에도 장난스럽게 잡아당겼다. 그녀의 피부가 얼룩덜룩해졌다. 기시와 뿔을 만들었다. 머리를 위로 들어 내가 다시금 토닥이도록 해주는 동안, 이제 내 손길 아래로는 하얗게 변해갔다. 눈동자를 굴렸다. 그녀는 윌슨을 찾고 있었다. 윌슨의 얼굴을 찾자, 팔 둘을 들어올리더니 내용물을 두르는 두 장의 샌드위치 빵처럼 그의 팔을 감쌌다.

빌은 우리 뒤에서 이 광경을 지켜보며 흐뭇해했다. 칼리는 활발하고 매사에 흥미를 느끼며 다정하고 외향적이었다. "칼리는 전시하기에 더할 나위 없는 문어가 될 거예요." 빌은 우쭐해서 말했다.

수요일은 아니었으나, 윌슨과 나는 특별히 아쿠아리움을 찾았다. 크리스타와 대니의 생일을 축하할 참이었다. 빌과 스콧도 힘을 보태 이곳에서 크리스타가 동생 대니를 위해 준비한 깜짝 파티에 동참할 터였다.

간밤에 대니는 버스를 타고 메수엔에 있는 부모님 집을 떠나 보스턴의 크리스타 아파트에 도착했다. 오전 11시 15분, 윌슨과 나는 준비를 마치고 3층에 있는 전시장 뒤에서 크리스타가 동생을 데리고 오기를 기다리고 있었다.

"대니는 늘 백과사전을 읽었답니다." 크리스타는 자랑했다. "여동생과 난 대충 보고 말았지만 대니는 정독하곤 했어요. 어머니는 결국 백과사전을 무진장 사주었고요." 크리스타는 말했다. 대니가 좋아하는 내용은 열세 살 이후로 줄곧 문어였다. 문어의 어떤 점이 대니를 가장 매료할까? "외모예요." 대니가 답했다. "얼마나 영리해요. 온통 흡반吸盤들로 뒤덮여 있잖아요!"

크리스타는 말했다. 간밤에 대니에게 잡지 『오리온』에 실린 내 기사를 읽어주었다고. 크리스타는 내게 모의라도 하듯 속삭였다. "대니가 말했어요, '문어를 만지게 되다니, 상상이나 할 수 있겠어?'" 어제 대니가 알고 있던 오늘 계획은 둘이 함께 아쿠아리움에 가리라는 것이 전부였다. "그래서 오늘 우리는 문어를 보러 간다." 대니는 오늘 아침 크리스타에게 말했다. "좋은 하루가 될 거야."

대니는 우리가 무얼 준비하고 있는지 전혀 몰랐다.

월슨이 대니를 옥타비아의 수조로 데려갔다. "이게 누구 수조인지 짐작 가니?" 크리스타가 대니에게 물었다.

대니의 눈이 휘둥그레진다. "그 큰 오?"

월슨이 집게로 물고기 하나를 내밀며 옥타비아를 유인하려 해봤다. 크리스타와 대니, 나는 옥타비아가 어떻게 반응하는지 보려고 관객들이 관람하는 자리로 후다닥 내려갔다. 대니가 유리 너머로 그녀에게 손을 흔들었다. 처음에 옥타비아는 집게를 무시했다. 그러다 마침내 두 팔, 세 팔로 집게를 잡더니 선홍색으로 바뀌었다. 물고기가 떨어졌다. 그녀는 먹고 싶어하지 않았다. 옥타비아는 집게를 놓아주고 월슨은 거두어들였다.

월슨이 우리가 있는 수조 앞에 나타났다. "대니가 그 장면을 보았나요?"

"굉장했어요!" 대니가 말했다. 대니에게는 이것만으로도 충분히 놀라웠다. 하지만 이어 우리는 위로 올라가 칼리의 피클 통 옆에 섰다. 월슨이 뚜껑을 돌려서 열기 시작했다.

"얘, 대니, 이거 좀 보렴." 크리스타가 말했다. 칼리가 검붉은 갈색을 띠고 수면 위로 떠오르고 있었다.

문어의 영혼

"난 늘 이곳에는 문어가 한 마리뿐이라고 생각했어!" 대니가 말했다. 윌슨이 손을 뻗자 칼리가 빨판들로 덮었다.

대니는 흥분으로 몸을 떨기 시작했다. "자, 그녀에게 물고기 한 마리 줘보렴." 윌슨이 대니에게 말했다. "이 빨판 위에 올려놔서 그녀가 가져가게 해주는 거야." 윌슨이 권했다.

대니는 물고기를 쥐고 있었지만 처음이라서인지 몸을 사리는 눈치였다. "그녀가 움켜쥐고 있는 거 같아요!"

"가만히 놓아서 그녀가 가져가게 해줘." 윌슨이 타일렀다. "그녀는 널 해치지 않아. 손을 물속에 넣어보렴!"

칼리의 머리와 팔 셋이 이제 물 밖으로 나와 수조 가장자리를 오르고 있었다. 칼리는 우리를 열렬히 반겼다. 우리는 전부 칼리의 머리를 토닥거리며 대니에게도 똑같이 해보라고 재촉했다. 하지만 대니는 겁에 질려 있었다. 손가락 하나로 빨판 하나를 찔러보더니 몸을 떨며 물러섰다. 대니에게는 감당 못 할 일이었다. 나중에 대니가 나에게 말하기를, 자신은 그때 건물 한 채만 한 문어가 사람들을 공격하는 장면이 나오는 TV 쇼를 생각하고 있었다고 한다.

느닷없이 통에서 물이 분수처럼 솟구쳤다. "그건 그녀가 네게 안녕하고 인사하는 거야!" 크리스타가 설명했다. 이어서 물이 또 솟구치더니, 물줄기 하나가 훨씬 높게 솟아올라 대니 얼굴에 직통으로 물벼락을 안겼다.

물벼락은 대니에게 아무 일도 아니었다. 대니는 더 이상 얼떨떨해 보이지 않았다. 적어도 전보다는 덜해 보였다. 대니는 문어의 눈부신 현존 속에서 황홀해하며 동시에 두려움에 떨고 있었다.

물방울을 뚝뚝 흘리며 대니는 칼리의 빨판 하나를 만지려고 손가락 하나를 뻗었다.

"사실 내 냉장고에는 언 문어가 한 마리 있어요." 대니가 내게 말했다. "하지만 그건 죽어 있죠."

칼리는 우리를 향해 자신의 젤리 같은 몸뚱이를 수조 밖으로 힘겹게 들어올리기 시작했다. "여기 그녀가 나와요!" 크리스타가 말했다. 윌슨과 나는 칼리의 팔 몇 개를 물속으로 되돌려 보내려 애썼다. 칼리는 우리 팔에 빨판을 붙였다. "대니보다는 나를 훨씬 더 만지고 싶어하네요." 윌슨이 내게 말했다. "긴장 때문이에요. 칼리는 대니의 긴장을 느낄 수 있어요. 그렇다는 게 그 어느 때보다 확실히 보여요."

"만약 네가 게나 물고기라면." 윌슨이 대니에게 설명했다. "그녀는 너를 입속으로 죽 가져갈 거야. 하지만 넌 인간이라서 그러지 않는단다." 윌슨은 재촉하는 대신 대니에게 물고기 하나를 더 건넸다. "자, 이걸 놓아주렴. 그녀가 받아갈 거야."

칼리는 받아갔다.

"오, 굉장해요!" 대니가 말했다. 대니는 칼리에게 손을 흔들었다. 나머지 손의 손가락은 꼼지락거리면서.

이제 대니는 칼리에게 손을 건넬 만큼 안심했다. 칼리는 대니의 손바닥에 빨판 다섯 개를 부드럽게 붙이더니, 이어 열 개, 이제는 스무 개쯤 되는 빨판을 붙였다. "마치 고무장갑 같아요!" 대니가 말했다.

"대니의 긴장이 줄어들수록 칼리는 더 교감하고 싶어해요." 윌슨이 말했다. "우리가 인식하는 것보다 그녀가 우리를 인식하는 정도가 훨씬 더 커요."

문어의 영혼

"그녀가 나를 정말 좋아하는 거 같아요!" 대니가 우리에게 깜짝 놀라 말했다.

"그녀의 이름은 칼리야." 크리스타가 말했다.

"안녕, 칼리." 대니가 인사했다. 마치 사람에게 하듯. 칼리는 계단을 내려가는 장난감 스프링처럼 앞으로 구르면서, 피클 통 옆면에 빨판을 하나씩 붙여가며 올라왔다.

하지만 이제 윌슨은 우리 탓에 칼리가 탈진할지도 모른다고 판단했다. 그는 뚜껑을 닫았다.

대니는 칼리에게 완전히 넋을 잃었다. "나는 수족관에서 살아 있는 문어를 쓰다듬었다!" 대니가 외쳤다. "와와, 대단한 모험이었어요! 부모님한테 얼른 말해주고 싶어요! 게다가 그녀도 나를 좋아했다고요!"

이야기는 더 있다. 이제 윌슨이 단지 하나를 가져와 입구를 덮고 있던 파란색 수술용 장갑을 벗겼다. 안에는 3센티미터짜리 검은 갑각질이 들어 있었는데 흰 조각 두 개가 맞물린 모양을 하고 있었다. 윌슨이 애지중지하는 물건 가운데 하나였다.

"너 이게 뭔지 아니?" 윌슨이 대니에게 물었다.

"껍질인가요?"

"아니—"

대니는 백과사전에서 본 사진 한 장을 떠올렸다. "문어 부리턱처럼 생겼어요!"

"이건 아주 오래전 문어의 부리턱이란다." 윌슨이 말했다. 그건 조지의 부리턱이었다. "그리고 이젠 네 거야."

대니는 어안이 벙벙했다.

"어떻게 생각해?" 크리스타가 물었다.

"진짜 문어에게서 나온 거구나!"

월슨은 대니를 위해 자기 수집품에서 선물 하나를 더 가져왔다. 사진작가 제프리 틸먼이 찍은 조지의 사진으로 뒤에는 대지가 붙어 있었다. "내 방에 붙여놓을게요." 대니가 경외감에 사로잡혀 말했다. "못으로 꼭 박아둘 거예요. 침대 바로 옆에 붙여둘 거예요."

대니와 크리스타와 나는 아쿠아리움에서 나머지 시간을 함께 보낼 테지만, 월슨은 일찍 떠나야 했다. 월슨은 그날 아침 일찍 전화를 받았다. 근처 말기 환자 병원에 아내를 위한 병상 하나가 있었다. 아내가 병상을 얻으려면 오늘 움직여야 한다는 내용이었다. 의사들은 여전히 아내에게 무슨 문제가 있는지 파악하지 못한 상태였다. 단지 아내의 몸도 기력도 쇠하고 있으며 증상은 계속해서 진행 중으로 보인다는 사실 외에는 아는 바가 없었다. 월슨의 오후는 아내를 데려오는 일에 쓰일 것이다. 월슨은 아내와 함께 세상을 여행했으며 이제는 아내의 마지막 여정에 마음의 준비를 하고 있었다. 월슨은 화로 주위로 타일이 깔린 널따란 부엌에다 손님과 손주들을 위한 여러 침실과 데비의 사무실까지 갖춰진 자신들의 크고 아름다운 집에서 이사 갈 계획을 짜고 있었다. 좀더 작은 공간으로 이사 갈 준비를 하며, 월슨은 보물들을 나눠주고 있었다. 월슨은 크리스타와 매리언과 나에게 산호와 고둥 껍데기와 책들을 주었으며 덩치 큰 표본들은 아쿠아리움에 기증했다. 다가오는 비극 앞에 서 있으면서도 월슨은 행복한 사람들인 이 두 젊은이의 생일을 축하하며 이날 아침을 우리와 함께 보내기로 했던 셈이다.

월슨은 이 날을 멋진 날, 기적 같은 날로 빚어냈다. 그리고 이런 기적을 주도하기에 문어만한 존재가 또 어디 있었겠는가? 친절과 잔인, 슬픔과 기쁨이란 대척된 속성을 두루 상징하는 신, 곧 창조적 파괴의 여신 칼리의 이름을 딴 문어, 초현실적 힘을 휘두르는 이 문어만한 주도자는 없었으리라.

———

보스턴의 어느 화창한 여름 오후, 바깥에서는 모자를 쓴 공원 경비원들이 고래 관람과 항구를 구경하는 유람선 여행에 대해 묻는 질문에 답했다. 행복한 아이들과 부모들은 공원에서 회전목마를 타고 돌며 소리치고, 어른들은 패늘 회관에서 북적거리며 부드러운 프레첼과 아이스크림을 먹고 있었다.

아쿠아리움 안에서는 애나가 스콧을 돕고 있고 크리스타는 지렁이류를 나눠주고 있고 빌은 붉은배거북들에게 먹이를 주고 있었다. 붉은배거북은 빌이 매사추세츠 주의 의뢰를 받아 방사용으로 기르고 있는 멸종 위기의 거북이었다. 윌슨과 난 칼리와 있었는데, 칼리는 이제 막 오징어를 먹었다. 그리고도 여전히 뒤집어진 채로 아쉬운 듯 수면에 머물러 있었다. 그러면서 빨판 하나로 내 손가락 끝을 잡고 주기적으로 꼭 오므려 쥐었다. 마치 이미 잡고 있는 손을 더 꼭 잡듯이. 팔 하나로는 윌슨의 손목을 에워싸고 있으면서 다른 팔로는 윌슨의 다른 손과 팔뚝을 잡고 있었다. 나는 쉬는 손을 뻗어 그녀의 머리를 쓰다듬기 시작한다.

어디로 보나 우리 셋은 하나같이 여름 낮처럼 나른했다. 마치 시간의 흐름이 소용돌이쳐서 우리가 시계와 달력의 틀을 넘어선 듯했다. 아니

심지어 생물 종의 경계마저 넘은 듯했다. "만약 누군가 어쩌다 지금 우리 모습을 본다면 어떤 괴이한 사이비 종교 신도들이라 생각할지 몰라요."

"문어를 숭배하는?" 윌슨이 조용히 키득거렸다.

"평화와 황홀경으로 통하는 길을 숭배하는 거죠." 나는 답했다.

"맞아요." 윌슨이 말했다. 음성은 마치 자장가처럼 부드러웠다. "정말 평화롭죠."

문어를 쓰다듬으면서 몽상에 젖어들기는 쉽다. 다른 존재, 특히 문어처럼 우리와 다른 존재와 그처럼 깊은 평온의 순간을 공유한다는 건 겸허해질 수 있는 특권이다. 달콤함의 공유이자 온화한 기적으로, 저 위에 존재하는 보편의식과의 연결이다. 보편의식과의 연결이라는 개념은 소크라테스 이전 철학자 아낙사고라스가 서기전 480년 처음 제기했으며, 모든 생명체에 생명을 불어 넣어 조직하는 지성을 공유한다는 개념이다. 보편의식 개념은 심리학자 카를 융의 '집단무의식'에서부터, 통일장이론과 1973년 아폴로 14호 우주비행사 에드거 미첼이 설립한 지력과학연구소의 연구들에 이르기까지 동서양을 아우르는 사상과 철학에 널리 퍼져 있다. 내 어린 시절 감리교 목사들 중에는 질색할 사람들도 있겠지만, 어느 웹사이트(loveandabove.com)에서 부르는 "무한하며 영원한 대양의 지적 에너지"를 문어와 공유한다는 생각만으로도 난 축복받는 느낌이었다. 무한하며 영원한 대양을 문어보다 더 잘 아는 존재가 어디 있겠는가? 생명의 원천인 물에 둘러싸여 문어의 팔에 부드럽게 안기는 일보다 마음 깊숙이 평온해지는 일이 어디 있겠는가? 이날 여름 오후 윌슨과 내가 칼리의 부드러운 머리를 쓰다듬는 동안, 나는 사도 바울이 필립비인들에게 보낸 편지에 적은 "……사람으로서는 감히 생각할 수도 없는 하느님의 평화"의 위력에 대해 생각했다.

그때, 앗 차가워! 우리는 물벼락을 맞았다.

칼리의 수관은 지름이 3센티미터에도 못 미치건만, 우리를 일시에 저격하는 데 성공해서 얼굴이며 머리, 상의, 바지를 8도의 염수로 흠뻑 적셔놓았다.

"왜죠…?!" 난 입까지 흥건해진 물을 푸푸대며 말했다. "우리에게 화난 건가요?"

"그건 공격이 아니었어요." 윌슨이 말했다. 우린 둘 다 통 너머로 몸을 구부려 칼리가 바닥으로 가라앉는 모습을 지켜보았다. 바닥에서 칼리는 우리를 순진무구하게 쳐다보았다. "그건 장난이었어요." 윌슨이 말했다. "기억하세요, 문어들은 다 저마다 개성이 있어요." 우리는 바로 손을 다시 집어넣었다. 하지만 그녀는 바로 빨판을 붙이지 않았다. 대신, 흡사 물총을 겨누는 꼬마처럼 수관으로 우리를 겨누었다. 그걸 피할 정도로 재빠르지도 못하지만, 난 그녀가 그다음 무슨 행동을 할는지 지켜보지 않을 수가 없었다. 칼리가 몸을 일으켜서 이제 머리가 수면 바로 아래 있게 되니, 수관의 압력으로 물이 부글부글 부어오르는 모습이 보였다. 분명히 물 흐름을 아주 정확하게 조절할 수 있었다.

칼리는 또한 수관을 놀랍도록 유연하게 움직일 수도 있었다. 나는, 이 기관이 물론 탄력은 있어도 머리 한쪽에만 단단히 붙어 있다고 추정했었다. 하지만 칼리는 그렇지 않다는 사실을 우리에게 분명히 보여주었다. 한 순간 수관은 왼쪽에 있다가, 그다음 오른쪽으로 180도 획 돌아갔다. 놀랍기로는 마치 어떤 사람이 혀를 입 밖으로 내밀더니 그다음 귀로 내밀다, 이어 다른 쪽 귀로 내미는 모습을 보는 듯했다.

이어 칼리는 속치마에 달린 주름장식처럼 빨판들을 보풀보풀 일으키더니 우리에게 팔을 흔들었다. 그녀가 만약 사람이었다면, 내숭떨며 우리에게 할 테면 다시 해보라고 약을 올리는 것이라 결론내릴 수밖에 없었으리라.

아쉽지만 뿌리치고 떠나야 할 시간이 오자, 난 담수 전시관에 있는 스콧에게 작별인사를 하러 복도 아래로 내려갔다. 그날 오전 난 불편을 끼쳐 미안하다고 사과했었다. 내가 아쿠아리움에 나타날 때마다 스콧이 노상 나를 데리러 로비까지 사람을 내려보내서 전시장 뒤편으로 안내해야 했던 까닭이다. 몇 번 안 되지만 동반자 없이 올라갔을 땐 도둑일까 염려한 직원에게 저지당하기도 했다.(수조 뚜껑에 자물쇠를 설치하기 전 일이지만, 가장 흔하게 도둑맞는 동물은 빌의 붉은배거북 같은 작은 거북들이었다.) 그래서 스콧은 이곳 아쿠아리움의 포괄적 자원봉사자 프로그램 책임자 가운데 한 명인 윌 말란에게 내 입장을 대변해주었다. 아쿠아리움에서 일하는 성인 자원봉사자 662명은 펭귄 배설물을 치우는 일에서부터, 교육적 이야기를 전달하고 동물들을 먹이고 움직이며 새로운 전시장 설계를 돕는 일에 이르기까지, 대략 200만 달러에 달하는 시간을 기부하고 있었다. 전부 자원봉사자라는 신원을 확인해주어 전시장 뒤편으로 갈 수 있게 해주는 신분증을 차고 있었다.

난 이 가운데 어떤 범주에도 속하지 않았지만, 스콧은 나를 윌의 사무실로 안내하고 윌은 내 새 신분증을 장식할 사진 한 장을 찍었다. 칼리의 물벼락으로 머리카락 절반은 입때껏 머리에 딱 들러붙어 있으나, 난 윌과 스콧이 내게 붙여준 호칭으로 기쁨에 겨웠다. 이제 나는 이 아쿠아리움의 정식 "문어 관찰자"였다.

신분증은 부적이나 다름없었다. 신분증이 있으면 아쿠아리움 어디든 들어갈 수 있으며, 심지어 일반인 방문 시간이 지나서도 가능했다. 이는 반드시 필요한 특권이 될 터인데, 당분간 내게는 아쿠아리움을 방문할 또 하나의 이유가 있는 까닭이었다.

다시 말해, 옥타비아가 알을 낳았다.

4장

알

시작과 끝 그리고 변모

옥타비아가 불쑥 튀어나온 바위 아래 있는 자기 굴 구석 깊숙이 물러나 버린 까닭에, 난 이제 그녀를 관람객들 자리에서나 볼 수 있을 따름이었다. 여름이면 뉴잉글랜드 아쿠아리움에는 하루 평균 6000명의 관람객이 방문한다. 옥타비아를 차분히 보려면 보스턴의 출근길 교통 혼잡을 뚫고 아쿠아리움이 개장하기 전에 도착해야 한다는 생각에, 나는 오전 5시에 일어나 운전을 시작했다.

　난 누구나 입맛 다시게 하는 게 구역이 있는 3층에 주차했다.(9시 이후에 도착하면 5층의 해파리 구역에 주차해야 했다.) 아쿠아리움에 들어가면서 안내소를 담당하는 직원들에게 손을 흔들어 인사하고는 나선형 경사면 위로 걸어 오르기 시작했다. 쇠푸른펭귄과 아프리카펭귄, 남부바위뛰기 펭귄들로 시끌벅적한 펭귄 사육장과 골리앗그루퍼가 있는 블루홀 전시장을 지나서, 가시혀가 있는 기다란 은빛 아로와나를 비롯해 돌기처럼 생긴 기이한 지느러미가 달린 원시 폐어가 사는 고대 어류관을 거친 다음, 맹그로브 습지를 통과해, 난 북대서양참고래 뼈대 밑을 걸어가서, 전기뱀장어한테 인사하느라 멈추었다가, 송어를 잠깐 본 다음, 메인 만 전시장과, 숄스 제도[1] 수조, 길이 1미터가량 되는 납작하고 울퉁불퉁한 모양의 바닥거주 생물 아귀에게 향했다. 태평양 조수 웅덩이를 지나면 바로 한수 해양관과 담수 전시관으로 통하는 '직원 전용' 계단과 대양 수조가 있는 꼭대기로 통하는 엘리베이터가 나오는데, 거기서부터 내 발걸음은 빨라지고 심장은 콩닥거렸다. 그다음 나의 벗 옥타비아를 만나게 될 수조가 나오는 까닭이었다.

옥타비아는 잠들어 있는 모양이어서 자기 굴 지붕에 딱 들러붙어 있었다. 피부 질감과 색은 바위와 거의 구분이 안 되며, 대롱대롱 매달린 머리와 외투는 거꾸로 축 늘어져 있었다. 왼쪽 눈은 뜨고 있으나 동공은 머리카락처럼 얇게 째져 있었다. 팔 하나가 빨판들을 나에게 향한 채 두툼한 부분으로 가리는 바람에 오른쪽 눈은 잘 안보였는데, 팔이 뒤로 휘어지면서 빨판들마저 시야에서 사라졌다. 팔 다섯 개의 끝은 고불거리는 덩굴손 모양으로 굴 지붕에서 옆면으로 내려뜨려져 있었다. 아가미도 볼 수 없어서, 호흡한다는 신호는 어디서도 찾을 수 없었다. 몸의 움직임은

---

1   The Isles of Shoals: 미국 동부 근해, 메인 주와 뉴햄프셔 주 사이에 걸쳐 있는 여러
     작은 섬.

단지 물의 흐름 탓이라고만 보일 뿐이었다.

나는 조명이 그녀를 방해하지 않도록 모자에 달린 전방 조명등에 붉은 덮개를 씌운 채, 그녀 수조 앞에 못 박힌 듯 서서 지켜보았다. 이렇게 이른 시간 전시장의 어둑한 전구가 켜지기도 전 방문하는 건 내게는 일종의 명상과도 같았다. 난 내 감각들을 준비시켜야 했다. 내 눈을 어둠에 적응시켜야 했다. 그러려면 인내가 필요했다. 아무것도 못 보는 상태에서 미묘한 변화까지 볼 수 있는 상태로 바뀌도록 뇌를 훈련해야 했다. 돌연 엄청난 일이 한꺼번에 발생할 수도 있다는 사실을 인식할 수 있도록 해야 했다.

지금 옥타비아는 평화의 상징, 곧 문어판 성모 마리아였다. 그녀는 지난번 보았을 때보다 한층 더 커진 듯했다. 머리와 외투는 가족 소풍에 들고 갈 법한 수박 크기였다. 팔 몇 개 사이 막으로 무언가를 보듬고 있었는데, 무언가 안고 있다는 무게감은 느껴졌지만 내용물은 볼 수 없었다. 잠자고 있는 사람처럼 간혹 팔 몇 개를 뻗기도 했지만 그걸 제외하면 잠잠했다.

그렇게 내가 도착하고 78분이 지나 9시 5분이 되자, 움직이기 시작했다. 그녀의 몸이 마치 심장처럼 고동치기 시작했다. 깊은 호흡으로 아가미에 염수를 채우더니 수관으로 내뿜었다. 거의 무심하게 팔 하나를 움직여 몸을 가로지르는 모습이, 불룩한 배를 어루만지는 임신부를 닮았다. 다른 팔 둘은 서로를 문지르며 빨판을 닦았다. 그리고 이렇게 움직이는 사이, 옥타비아는 자신이 품고 있는 보물 몇 개를 드러냈다. 색이나 모양이나 쌀 한 톨 같은 알 40개가 5센티미터가량 되는 사슬로 엮여 있는 모습이 시야에 반짝 들어왔다. 굴 천장에서 내려와 그녀의 팔 하나에 걸쳐진 알 사슬의 모습은 흡사 여성의 어깨를 쓸고 내리는 무심한 머리채 같았다. 이 알들이 바로 앞서 그녀의 팔 막에 가려져 있던 숨겨진 보물이었다.

알은 보이는 것 이상으로 많았다. 어떤 꾸러미는 20센티미터에 이를 정도로 길었다. 굴 깊숙이 후미진 곳에 그런 알 꾸러미 대여섯 줄이 포개져 있었다. 하지만 이젠 그녀의 몸이 거의 전부 감싸고 있었다.

옥타비아가 우리와 더 이상 교감하지 않으려 하는 까닭이 여기에 있었다. 해야 할 더 중요한 일이 있는 까닭이었다. 알을 돌보는 일은 암컷 문어에게는 생의 마지막 순간까지 이어질 과제였다.

옥타비아는 6월에 산란하기 시작했는데, 그때 난 아프리카에 있어서 그랬다지만 아무도 알 낳는 모습을 못 봤다. 단 한 알도. "아침에 출근하자마자 가보면 알이 많아져 있었어요." 빌이 말했다. 태평양거대문어는 보통 야행성인 데다가, 분명히 산란처럼 민감한 과정은 안전한 어둠의 장막 아래서 이루어져야 마땅한 셈이다. 보이지 않는 데서 옥타비아는 자기 굴 지붕으로 기어올라 수관을 통해 눈물방울 모양의 조그마한 알을 하나씩 하나씩 내놓았던 셈이다. 각 알의 좁은 끄트머리에는 짧은 끈이 달려 있었다. 입 근처에 있는 가장 작은 빨판 가운데 몇 개를 써서 그녀는 30개에서 200개 사이의 알을 한 줄로 엮었다. 마치 양파들 줄기를 땋듯이. 체내 분비선에서 나오는 분비물로 알 꾸러미를 굴 지붕과 벽에 붙여놓으니, 마치 포도송이들이 매달린 모양이 되었다. 이어 그녀는 다른 사슬, 또 다른 사슬을 엮기 시작했다. 야생이라면, 2주가량 되는 이 과정 동안 태평양거대문어 암컷은 6만7000개에서 10만 개에 이르는 알을 낳기도 한다.

옥타비아의 난자가 수정됐을 가능성은 매우 낮았다. 암문어는 불활성 정자를 정포낭에 수개월 동안 보관하다가, 난자를 수정시킬 시기가 되면 정자를 활성화한다. 하지만 옥타비아는 포획되기 전 짝짓기를 했을 터인데, 그러면 짝짓기 한 지 일 년도 더 되었다는 이야기였다. 그땐 너무 어려서 수컷한테서 정포를 받아들이지 못했을 수도 있다.

그럼에도 빌은 옥타비아의 알들을 자랑스러워하는 기색이 역력했다. 산란이 암컷의 임박한 죽음을 예고한다 하더라도 빌은 슬프지 않았다. 새로운 알 사슬이 하나씩 늘어날 때마다 점점 더 만족하며 안심하는 눈치였다. 빌에게 이 과정은 완성을 의미했다.

"아테나 때 난 그녀가 너무 일찍 죽어서 사기당한 기분이었어요." 빌은 말했다. 어느 암컷 문어든 생을 올바르게 마감하려면 알을 낳아야 마땅했다. 알을 지키고 호흡하게 해주고 깨끗이 돌보면서, 옥타비아는 앞서 자신의 어미가 완성했고, 그 어미의 어미가, 또 그 어미의 어미가 수천만 년을 이어 완성했던 의식을 완수할 터였다.

부시먼족 사이에서 살았던 경험을 회고한 『오래된 길: 최초의 사람들 이야기』에서, 내 친구 리즈는 진화생물학자 리처드 도킨스가 처음 그려 낸 상像을 애정 어린 시선으로 환기한다. "당신은 곁에 서서 어머니 손을 잡고 있습니다. 어머니는 그 어머니 손을 잡고 있고, 그 어머니는 다시 자신의 어머니 손을 잡고 있고……." 마침내 줄은 500킬로미터 정도까지 뻗어 500만 년 전까지 거슬러 올라가고, 움켜쥔 마지막 조상의 손은 침팬지 손과 닮아 있다. 내가 애정 어리게 그리곤 했던 그림도 이와 다름없었다. 어미의 팔 하나와 닿으려고 팔을 뻗는 옥타비아의 팔 하나와, 다시 그 어미와 닿으려고 팔을 뻗는 어미, 또 그 어미의 어미의 어미의…….

빨판 달린 탄력 있는 팔들이 시간을 거슬러 뻗어 있는 모습. 팔에 팔이 닿은 문어들 줄은 500킬로미터는 물론 몇 천 킬로미터까지 늘어선다. 우리 조상들이 나무에서 내려온 신생대를 지나, 공룡이 땅을 지배한 중생대를 지나, 고생대 마지막 시기인 페름기와 포유류의 조상이 발생한 시기를 지나, 석탄기의 석탄을 형성하는 늪 삼림을 지나, 양서류가 물 밖으로 나온 데본기를 지나, 식물이 최초로 땅에 뿌리를 내린 실루리아기를 지나서도 멈추지 않고, 오르도비스기와, 날개나 무릎이나 폐가 등장하기 전, 물고기에게 딱딱한 턱이 생기기 전, 여러 심실의 심장이 피를 뿜어내기 전까지 거슬러 올라간다. 5억 년 전, 해류는 더 강했고, 하루는 더 짧았으며, 한 해는 더 길었고, 공기에는 이산화탄소가 너무 많아 포유류나 조류는 호흡하기가 어려웠다. 지구상 모든 대륙은 남반구에 몰려 있었다. 그럼에도 여전히, 옥타비아 조상의 팔은 민감하고 빨판이 달리고 유연한 채로 문어의 팔로 인식되었을 터다.

야생에서 암컷 문어 대부분은 일생에 단 한 번 산란하며, 그때가 되면 알을 너무 극진히 지키느라 곁을 못 떠나는 바람에 먹이사냥마저 안 한다. 어미는 여생 내내 굶는다. 어느 심해종은 해저 1.6킬로미터에 이르는 몬터레이 해저곡 바닥 근처에서 알을 품고 4년 반을 굶으며 생존한 기록적 위업을 달성하기도 했다.

시애틀에서 열린 문어 심포지엄에서 스쿠버다이버 가이 베켄은 야생 태평양거대문어 올리브에 관해 파워포인트를 써서 발표했다. 올리브는 시애틀 아쿠아리움에서 1.6킬로미터쯤 떨어진 바다에 살고 있었는데 그곳은 2번 후미라고 알려진 유명한 잠수 장소였다. 베켄은 목요일마다 모이는 지역 잠수부 동아리 회원이어서 친구들과 함께 이 지역을 방문하곤 했는데, 여섯줄아가미상어와 울프일, 링코드²는 물론 문어를 발견하는 일도 잦았다. 2001년 이들은 잔교 말뚝에서 불과 30미터 정도 떨어진 곳에서 커다란 수컷 문어 한 마리와 주기적으로 마주치는 통에 퉁방울이라고 이름까지 붙여주었다. 이어 2002년 2월 문어 하나가 더 나타났는데, 암컷이었다. 무게가 27킬로그램 정도 나가 보였다. 그녀에게는 올리브라는 이름을 붙여주었다.

올리브는 이 잠수부들에게 아주 익숙해져서 그녀가 팔을 뻗었을 때 빨판에 청어를 건네주면 곧잘 받아먹곤 했다. 하지만 2월 말 무렵이 되자, 그녀는 자기 굴에서 안 나오려 했다. 나무 말뚝들이 가라앉아 있는 자리 아래서, 올리브는 굴 입구 둘 가운데 하나 앞에 20센티미터 정도 되는 돌덩이들로 반원형 울타리를 만들어놓았다. 하지만 잠수부들은 여전히 안을 볼 수 있었고, 그달 말쯤 되자 올리브가 산란한 사실을 확인했다.

"그녀를 보러 갈 때마다 달랐어요." 베켄은 말했다. "마음을 열 때도 있었고 우리와 함께 있기를 정말 싫어할 때도 있었죠." 산란 후 첫 달만 해도 그녀는 여전히 잠수부들이 주는 청어를 받곤 했다. 하지만 베켄이 말했다. "그다음부터는 청어를 내던지기 시작했죠."

그해 여름 잠수부 수백 명이 알을 품은 올리브를 보러 왔다. 이들은 그녀가 빨판들로 알을 애무하고 수관으로 물을 끼얹는 모습을 넋을 잃고 지켜보았다. 알을 노리며 굴을 살피는 불가사리들을 막아내는 광경

---

2   Lingcod, buffalo cod: 북미 서안이 원산지인 어종으로, 모양은 대구나 수염대구와 비슷하지만 다른 어종이다.

을 바라보았다. 6월 중순이 되자 잠수부들은 알 안에서 자라고 있는 새끼 문어들의 검은 눈을 볼 수 있었다. "저기 하나 있네요! 저기 하나 있어요!" 베켄이 외쳤다. 화면에 나타난 영상을 보며 우리에게 아직 부화하지 않은 새끼들의 발달해가는 눈을 가리키는 베켄의 모습은 수년 전 일이라는 사실이 무색하게 흥분에 겨워 있었다. 9월 말 어느 밤 야간 다이빙을 하면서 베켄과 친구들은 올리브의 첫 새끼paralarva(부유기 단계에 있는 두족류 새끼) 몇몇이 알에서 나오는 모습을 목격했다. 올리브는 수관을 이용해 갓 태어나 쌀 한 톨 크기밖에 안 되는 작지만 완벽한 문어들을 알에서 꺼내, 굴 밖으로 불어냈다. 거기에서 새끼들은 영화「샬롯의 거미줄」마지막에서 공기를 타고 날아가는 새끼 거미들처럼 해류를 타고 떠내려갈 터였다. 바닥에 정착할 만큼 자랄 때까지, 생존한 새끼들은 대양을 방황하는 플랑크톤 무리에 속하게 될 터였다. 먹이 사슬의 토대를 형성하고 세상 산소의 대부분을 만들어 세상을 살아 있게 하는 존재인 작은 식물과 동물로 이루어진 수백억 개의 잡다한 부유 무리에.

문어 알의 성장은 적어도 어느 정도는 온도에 좌우된다. 캘리포니아 연안이라면 태평양거대문어의 알은 부화하는 데 보통 4개월이 걸린다. 알래스카처럼 한층 차가운 물에서는 일고여덟 달이 걸린다. 올리브의 알은 퓨젓사운드에서 보통 걸리는 기간인 여섯 달보다 더 오래 걸려서, 마지막 알은 11월 초에야 부화했다. 그리고 불과 며칠 뒤 잠수부들은 굴 바로 앞에서 유령처럼 반투명한 우윳빛으로 변한 그녀의 시체를 발견했다. 불가사리 두 마리가 사체를 먹고 있었다.

"슬펐어요." 베켄이 말했다. "어떤 잠수부들은 보기를 꺼렸어요. 하지만 그녀가 살던 이후로, 그리고 그녀가 죽은 이후까지, 이곳은 늘 올리브의 굴이라고 알려져왔어요. 하여튼 우리는 그곳에 좀처럼 가지도 않는데다, 가도 문어는 한 마리도 안 보이니까요. 문어들을 볼 때마다 우리는 올리브의 전설을 생각한답니다." 그는 말했다.

대륙 반대편에 있는 이곳 우리 아쿠아리움에서 옥타비아는 아직 빌과 윌슨이 집게 끝으로 건네는 물고기를 받아갔다. "이건 그녀가 앞으로 수개월은 더 살 수도 있다는 뜻이에요." 빌이 나를 안심시켰다.

이 몇 달 동안 옥타비아는 우리에게 자신의 가장 내밀하면서도 궁극적인 과제를 가까이서 자세히 볼 수 있게 해줄 터였다. 야생에서 볼 수 있는 장면보다 훨씬 더 상세한 모습이리라. 그녀가 아무리 노력한다 해도, 수정 안 된 알을 살아 있는 부유기의 새끼로 변태시킬 수는 없을 터였다. 하지만 때로는 옥타비아 자신 덕에 그녀 수조 주변에서는 다른 종류의 변태들이 모습을 드러낼 텐데, 일부는 슬프고, 일부는 이상하며, 일부는 옥타비아의 알처럼 새 생명이 있으리라는 조용한 약속이리라.

"그녀는 여전히 튼튼해요." 오징어를 건네자 집게 끝을 잡아당기는 옥타비아의 팔 힘을 느끼며 윌슨은 안도에 젖어 말했다. "떠나려면 아직 남은 거예요."

그러는 사이 칼리는 하루가 다르게, 크고 강하며 담대해지고 있었다. 애나는 벌써 웅덩이에 두 손을 담그고 피클 통 구멍으로 내민 칼리의 팔 끝과 서로 대화하고 있었다. 윌슨이 뚜껑을 열자 칼리가 그를 보러 득달같이 떠올랐다. 우리 전부 손을 담갔다. 칼리는 뒤집어져서 여러 팔로 열

　　　　　　　　　　　　　문어의 영혼

성을 부리며 빙어를 받더니, 빨판에 빨판을 거쳐 입으로 날랐다. 그러는 사이 다른 팔들은 우리와 노느라 분주했다. 마치 빨판들 속에서 냉수욕을 즐기는 기분이었다.

이렇게 함께 있은 지 불과 3분이 지났을 때 칼리가 물 폭탄을 쏘았다. 다들 폭탄 맛을 보았으나 애나는 얼굴에 직통으로 맞았다. 흠뻑 젖었다. 애나의 검은 머리카락과 코끝에서 얼음장 같은 염수가 뚝뚝 떨어졌다. 1초 후 애나가 고함쳤다. "아아악!"

무슨 일이 벌어졌는지 이해하기까지는 1분이 걸렸다. 처음 우리는 애나의 고함이 흠뻑 젖고 나서 뒤늦게 반응하는 것이라 짐작했다. 하지만 이어 칼리가 팔 세 개로 애나의 왼쪽 팔을 파리지옥처럼 뒤덮어버린 모습을 확인했다. 전부 내달려 빨판들을 떼어내니, 하나하나가 마치 부항이 풀어지듯 커다랗게 뽁 하는 소리를 냈다. 애나는 인상적이리만치 침착하게 뒤로 물러나 왼쪽 팔을 살폈다. 엄지손가락 바로 아래 관절에 칼리의 아래위 턱이 찍어놓은 자국이 선명했다.

매리언이 싱크대에서 상처를 씻도록 도왔다. 피부는 찢겼어도 구멍에서 아직 피는 안 났다. 하지만 어쩌면 애나가 저혈압인 탓일지도 몰랐다.

애나는 아파하지 않았을뿐더러 겁에 질려 있지도 않았다. 하지만 우리는 질겁해 있었다. 크리스타는 복도에서 요란한 소리를 듣고는 황급히 달려와 윌슨과 내가 이 문어를 수조에 쑤셔 넣고 뚜껑을 닫으려고 끙끙대는 동안 힘을 보탰다. 쉬운 일이 아니었다. 칼리는 뚜껑이 다가오는 모습을 보자마자 재빨리 기어올라 맥주 거품처럼 뚜껑 위로 솟아올랐다. 팔로 통 뚜껑과 옆면을 붙잡는 바람에 우리는 여섯 손을 총동원해 최대한 빨리 빨판들을 떼어내기 바빴다. 나로선 우리의 교감이 너무 금방 끝나서 속상했다. 틀림없이 칼리와 함께한 날들 중 가장 흥미로운 순간이었으며 칼리 역시 이 순간이 끝나지 않기를 바라는 눈치였다.

하지만 우리는 애나를 돌봐야 했다. 일이 벌어지자마자 거의 바로, 아쿠아리움 응급처치 팀원 둘이 애나 곁에 나타났다. 이들은 깨물기 사건이 벌어졌을 때 같은 층에 있었다. 이제야 애나는 불안해했다. 이 일이 큰 사태로 번지지 않기를 바랐다. 곤란한 지경에 이르고 싶지 않았다. 무엇보다 칼리와 교류하지 못하도록 금지당하지 않았으면 하는 마음이었다.

응급처치 요원들은 걱정이었다. 상처는 작아서 작은 앵무새가 깨문 자국보다도 인상적이지 않았지만, 이건 문어가 깨문 상처인 데다 기네비어가 빌을 깨문 이후로 이런 일은 거의 10년 만에 처음이었다. "어지러워요?" 요원들이 애나에게 물었다. 태평양거대문어의 독은 문어 독 가운데 인간에게 가장 독성이 적은 축에 속하지만, 그렇더라도 독이 주입된 상처가 나으려면 수주가 걸릴 수 있었다. 게다가 벌침에 알레르기를 일으키는 사람들이 있듯, 알레르기 반응 가능성도 있었다. "타들어가는 듯한 느낌이 있나요?" 요원들이 물었다. 애나는 그렇지 않았다. 어쩌면 칼리가 깨물어서 독을 집어넣겠다고 작심했을 수도 있지만, 사실은 어디로 보나 단지 조금 꼬집었을 뿐이다. 애나는 멀쩡했다.

그래도 윌슨은 충격에 휩싸여 있었다. "난폭해지고 있어요!" 윌슨이 식겁해서 말했다. "난 살면서 문어와 수백 번 소통해왔어요. 내 손녀는 겨우 세 살에 문어와 소통했고요!" 칼리는 윌슨이 알고 지낸 문어 가운데 가장 사랑스럽고도 사교적인 문어인 데다, 전에 이곳에 있던 어떤 문어보다도 자주 인간과 소통했다.

대체 무슨 영문이었던 걸까? 칼리가 애나의 손을 물고기로 착각했을

　　　　　　　　　　　　　　　　　　　　문어의 영혼

수도 있을까? 그런 실수는 있을 법하지 않았다. 우리의 화학수용체라곤 없는 어설픈 손가락으로조차도, 인간의 피부와 점액질로 뒤덮인 물고기의 비늘을 분간할 수 있다. 칼리가 애나를 그냥 물었을까? 그녀가 마음만 먹었다면 우리 가운데 누구라도 물 수 있었다. 다들 손이 수조 안에 있기는 마찬가지였으니까. 하지만 수관으로 정확하게 조준해서, 물기 직전 애나의 얼굴을 의도적으로 노렸다. 애나를, 오직 애나만을 겨냥해서 깨물었던 셈이다. 왜 하필이면 이 자상하고 영리하며 사랑스럽고 노련한 십 대 아이를 깨물어야 했을까?

나는 애나가 떠는 증상 탓이 아니었을까 생각해봤다. 칼리는 대니에게도 역시 물을 내뿜었었다. 대니가 떨고 있을 때였다. 하지만 더 그럴 법한 추정으로, 난 애나가 복용 중인 약물을 의심해봤다. 애나는 몇 가지 약물을 복용하고 있었는데 의사는 약을 수시로 바꾸었다. 어쩌면 칼리는 이 약물 맛을 볼 수 있었고, 바뀐 약물 탓에 혼란스러웠을지도 모른다. 애나에게서 평소와 같은 맛이 나지 않은 셈이다. 사실 애나가 내게 말하기를, 의사가 최근 처방을 바꿨다고 했다.

우리는 애나에게 네 잘못은 하나도 없다고 안심시켜주려고 이른 점심을 먹으러 나갔다. 우리를 물었던 갖가지 종의 동물들 이야기를 주고받았다. 아나콘다인 캐슬린은 엑스레이를 찍느라 잡고 있는 사이 스콧을 물었다.(차가운 금속 탁자에 닿기를 좋아하는 파충류는 없다.) 난 집에서 받는 에어로빅 수업 시간에 찬사의 대상이 된 적이 있는데, 내가 머리에 반창고 하나를 붙이고 나타났을 때였다. 수조 뒤에서 아마존 포식성 물고기인 아로와나에게 먹이를 주고 있는데, 아로와나가 수조 물에서 뛰어나와 나를 깨무는 바람에 생긴 상처였다. 애나는 이미 놀랄 만큼 여러 동물한테 물려봤다. 그 가운데에는 피라냐(스콧의 어장 보존 단체와 브라질로 여행을 떠나 피라냐한테서 갈고리를 제거해주고 있던 참이었다)와, 이곳 아쿠아리움에 있던 작은 상어뿐 아니라, 심지어 닭도 있었다. 애나는 오히려 이 목록에 문어가 추가되어 기쁜 눈치였다.

"깨물릴 때면 무언가 짜릿한 기분이 들어요." 크리스타가 말했다. 대부분 사람들에게는 공감 안 가는 얘기일지 몰라도, 이 점심 식탁에 모인 우리는 다 동의했다. 물린다는 건 친밀한 소통이다. 대개는 악의라곤 없는 존재인 해양생물한테라면 특히 그렇다. 백상아리가 인간을 '공격'할 때조차도 잡아먹으려는 의도가 아니라 호기심에서 비롯된 행동이라 여겨진다. 칼리와 애나의 경우도 충분히 이와 마찬가지였다고 생각해볼 수 있으리라.

담수 전시관에 있는 전시장 뒤편에, 젊은 자원봉사자 가운데 한 명이 검정 매직으로 전기뱀장어 만화를 그려놓았다. 전기뱀장어 머리에서 벼락이 발사되며, **경험해보셨어요?**라는 글씨가 적힌 그림이었다. 그래 해봤다. 나도 뇌신 토르의 이름을 딴 전기뱀장어가 무대 뒤에서 뿜어내는 600볼트의 전율을 경험했다.(지금 전시되고 있는 녀석의 이름은 엄지장갑이다.) 작정하고 녀석의 말랑말랑 미끈거리는 목덜미를 만졌는데, 그때 피부로 전기가 통했다.("오른손을 쓰세요. 왼손은 심장에서 더 가까우니까요." 스콧이 내게 농담 삼아 조언했었다.) 손가락을 콘센트에 꽂은 느낌이었다. 전기뱀장어 충격을 맛봤다면 상류 클럽에 입회한 거나 진배없었다.

물리는 일 가운데 일부는 순전히 물고기광의 과시욕에서 비롯된다. 그렇지만 여전히 대부분은 사고이며, 우리가 다 알다시피 사고는 대부분 굼뜨거나 칠칠치 못해서 일어나므로 전혀 자랑할 거리가 아니다. 그럼에

문어의 영혼

도 물기란 일종의 접촉을 증명하며, 그 탓에 탈이 날지라도 대부분의 사람이 갈수록 자연계와 동떨어지고 있는 시대에 우리 같은 사람이 누리는 특권과 같은 경험인 셈이다. 아무리 아쿠아리움 동물들이 갇혀 사는 신세더라도 속은 여전히 야생동물이다. 물고기나 문어한테 물렸다는 사실은 야생세계와 접촉하려고 이곳 동물들에게 우리가 기꺼이 심지어 열렬히 우리 자신을(작지만 진짜 살점마저도) 말 그대로 내어주려 한다는 증거다.

———————

옥타비아의 알이 있던 여름 내내, 눈길이 닿는 곳마다 변태가 있었다.

문어는 변화의 명수다. 어느 날은 옥타비아가 백지장처럼 하얬다. 전 같으면 흰색은 그녀에게 군데군데 붙어 있을 따름이었다. 흰색은 문어가 노화와 더불어 점차 회귀하는 색으로, 색을 만들어내는 색소세포를 통제하는 근육들이 나이 들어 탄력을 잃어가면서 생기는 현상이다. 다른 날 보면 옥타비아의 오른쪽 셋째 팔, R3의 끝이 온데간데없었다. 늘 그랬었는데, 이 모든 팔에 넋을 잃은 데다 늘 움직이고 있던 바람에 우리 가운데 누구도 전에는 미처 눈치 못 챘던 것일까? 잠수부이자 위스콘신대 학생인 줄리 칼루파는 태평양거대문어는 팔 3분의 1을 잃어도 6주면 재생할 수 있다고 했다. 도마뱀의 재생 꼬리는 늘 원래 꼬리만 못한 법인데, 이와 달리 문어의 다시 자란 팔은 신경과 근육, 색소세포에서부터 완벽하며 숫처녀 같은 빨판들까지 완전하게 갖춘 새것이다. 설형음경이라 불리는 수컷의 분화한 팔조차 다시 자랄 수 있다.(시간이 더 오래 걸린다고 보고되기는 하지만.)

칼리 역시 우리를 줄기차게 놀라게 했다. 어느 날 깨달았는데 그녀는 우리를 훈련시키고 있었던 셈이다. 윌슨은 칼리의 통 뚜껑을 열고 있고 난 그 옆에 있는데, 크리스타와 매리언, 애나가 합류했다. 칼리는 벌써 적 갈색 몸뚱이가 되어 꼭대기에 도착해 있으면서, 생기 넘치는 눈으로 호기심에 차서 우리를 쳐다보았다. 뚜껑이 벗겨지는 순간, 팔 둘, 팔 셋, 팔 다섯, 이어 몸 전체가 수조 밖으로 힘겹게 나오고 있었다. 빨판들이 우리를 비롯해 닿을 수 있는 건 무엇이든 잡으려고 열심이었다. 우리는 그녀가 탈출하려고 애쓰는 대신 우리와 노는 데 만족하기를 바라며, 통 바깥에 붙어 있는 빨판들을 조심스레 떼어냈다. 그녀는 잠시 팔을 감아 우리 손을 탐구하는가 싶더니, 이내 가라앉아 뒤집어졌다. 마치 성난 아이가 떼쓰느라 바닥에 철퍼덕 주저앉은 모양새였다. 이어 빨판을 앞세워 떠올라 잠시 수면을 맴돌다가, 펴진 채 뒤집힌 우산처럼 몸을 활짝 펼쳤다. 수관이 흔들리며 우리를 조준하는 낌새를 알아차리기도 전에, 그녀는 물벼락을 퍼부었다.

여자들은 바지와 신발이 젖었다지만, 윌슨만은 홀딱 다 젖었다. 그녀가 가장 좋아하는 사람, 보통 그녀에게 그 날의 첫 물고기를 건네는 사람이었는데 말이다. "물벼락은 나를 겨냥한 거였어요." 윌슨이 물이 뚝뚝 떨어지는 얼굴로 말했다. "칼리는 말썽꾸러기가 되게 생겼어요!"

이번엔 왜 물을 내뿜었을까? 자기는 탐구해보고 싶은데 우리가 억지로 수조에 집어넣어서 짜증이 났을까? 그저 장난치는 거였을까?

난 그 외에 다른 이유가 있다는 느낌이 들었다. 내 추측에, 그녀는 우리에게 총, 그러니까 물총을 겨누고 빙어를 달라고 협박하고 있는 것이었다, 그래 그거였다. "내 생각에 칼리는 당신이 물고기를 주었으면 하는 거예요, 우선 물고기부터 내놓으라는 거죠." 난 말했다.

물고기 접시는 그녀의 통에서 불과 문어 팔 길이 거리에 있어서, 윌슨은 빙어 한 마리를 잡았다. 칼리의 팔 하나를 골라 빨판에 빙어를 건넸다. 이어 크리스타가 다른 팔의 베개같이 말랑한 하얀 컵들 위에 두 번째 물고기를 놓아주었다. 그러기가 무섭게 칼리는 몰라보게 잠잠해졌다. 수면에 거꾸로 누워 팔을 벌리고, 우리를 향해 반짝거리는 검정 부리턱을 멋지게 드러냈다. 윌슨조차도 살아 있는 문어 속 부리턱을 본 건 이번이 처음이었다. 보통 팔의 접합 부위 속에 감춰져 있는 이 놀랄 만한 부위를 우리와 공유한다는 건, 은밀한 신뢰의 순간인 셈이었다. 우리는 첫 번째 물고기가 빨판들을 차근차근 건너 옮겨지는 모습을 지켜보았다. 물고기는 꼬리가 먼저 들어갔다. 8센티미터 정도 되는 빙어가 10초 만에 사라졌다. 두 번째 물고기는 아까보다는 조금 천천히 먹혔다. 칼리가 부리턱으로 씹으면서 분홍색 위장이 꿀렁거렸지만, 이내 물고기는 몸 안으로 천천히 미끄러져 들어갔다. 은빛 눈에 이어 머리 꼭대기, 마침내 사라졌다.

그 이후로 우리는 으레 칼리를 만나자마자 물고기 또는 오징어 한 마리를 주며 인사했다. 여름 내내 물벼락은 일어나지 않았다.

칼리는 요즘 우리 말고도 방문객을 많이 맞는데, 혹여 너무 많은 건 아닐지 윌슨은 염려했다. 그녀가 지나치게 흥분할까 걱정되어 통 뚜껑을 닫아두었다.

칼리에게 먹이도 다 주었고 옥타비아의 수조 앞도 너무 붐벼서 관찰할 수조차 없는 데다 한수 해양관이나 담수 전시관이나 특별히 일손이 필요 없을 때면, 애나와 크리스타와 난 번화가에서 윈도쇼핑을 즐기는 소녀들처럼 아쿠아리움에 있는 다른 수조들을 둘러보며 이리저리 어슬렁거렸다. 하지만 우리에게 수조 하나하나는 십자가의 길[3]에 더 가까웠다. 말하자면 기도가 이어지는 장소였다. 이곳에서 대양의 아름다움과 신비로움은 우리를 축성하며 세례를 베풀었다.

옥타비아 수조에서 아래로 두 번째 수조에는 길이 18미터 정도 되는 얇은 막이 진주와 다이아몬드를 달고 수면에 떠 있었다. 밑에는 길이 90센티미터가량의 너부죽한 아귀가 있었는데 색이며 질감이 꼭 바닥에 가라앉은 유기물 쓰레기 같은 이 동물 입에는 뒤로 휘어진 길고 날카로운 이빨들이 돋아 있다. 이 막은 아귀의 몸에서 나온 산물이었다. 다이아몬드는 공기방울이며, 진주는 아귀 알이었다. 이것은 자연 그대로의 섬세한 물체로 어떤 웨딩드레스 옷자락보다도 아름답지만, 알고 보면 영 안 어울리는 생물에게서 나온 셈이었다. 이 막을 보면 수전 보일의 천사 같은 목소리가 떠올랐다. 2009년 「브리튼스 갓 탤런트」 무대에 처음 모습을 드러낸 볼품없는 모습의 47세 실직자 보일은 자신의 노래로 세계를 열광시켰다.

빌은 이 아귀를 9년 동안 알고 지냈으며, 그녀가 임신한 사실을 알고 있었다. 바로 지난 주말 빌은 십 대 한 무리를 이끌고 야영 탐사를 다녀왔다. 길고도 힘든 주말이었다. 그럼에도 빌은 일요일 밤 임신한 아귀를 점검하러 나왔다. "난 긴장하고 있었어요, 그녀는 정말 크고 육중했거든

---

3 예수가 사형선고를 받은 뒤 골고다까지 십자가를 지고 가서 못 박혀 죽기까지를 14장면으로 나누어놓고 각 장면을 묵상하며 드리는 기도, 또는 그런 묵상과 기도를 위해 설치해놓은 십사처.

문어의 영혼

요." 빌이 우리에게 말했다. 이 녀석 전에 있던 아귀는 녀석보다 두 배 더 크게 자라 있어서 퀘벡에서 더 큰 수조에 선적되어야 했다. 그 아귀는 출산으로 내장탈출증이 유발되는 바람에 수술이 필요했었다. 이듬해에는 인간 태아가 거꾸로 자리 잡은 양, 알 막이 체내에서 옴짝달싹 못 하는 바람에 수의사는 알 막을 제거하려고 두 번째 수술을 했다. 이듬해 다시 세 번째 알 막을 출산했고, 수의사는 난소를 둘 다 제거했다. 그 억센 아귀는 세 번의 수술을 모두 견뎌냈으나, 이 어린 아귀는 그런 시련을 겪게 하고 싶지 않았다.

"그녀는 무척 불편해했어요." 빌이 말했다. "농구공이라도 삼킨 듯했으니까요. 바닥에서 쉬는 것조차 힘들어했어요." 전날 밤 그녀를 다시 점검하러 와서 마침내 알들이 밤하늘 은하수처럼 어두운 수면에 떠다니는 모습을 보고야 안심했다. 옥타비아의 알들처럼 이 알들 역시 수정되지는 못했다. 하지만 그렇다고 해서 이 알들에게 영 안 어울리는 어미의 역설적 존재감이나 그 숨 막히는 아름다움이 상쇄되지는 않았다.

어디를 보나, 우리 눈앞에는 불가능한 변화들이 펼쳐졌다. 나뭇잎해룡[4] 수조에서는 수컷이 새끼를 낳았다. 새끼들은 주머니쥐의 것처럼 생긴 새끼 주머니에서 튀어나왔다. 대양 수조의 산호충 사이에서는 버드래스라 불리는 어종이 검정 혹은 갈색 암컷으로 생을 시작해서 수컷으로 변했다. 해양생물들 사이에서 기적은 흔하디흔했다. 해파리를 예로 들어보자. 해파리 대다수는 이곳에서 태어났는데, 녀석들은 난자와 정자를 거쳐 플랑크톤으로 생을 시작하며, 이어 갈색의 작은 방울로 변해 폴

---

4 Leafy seadragon: 위장용으로 몸에 이파리 닮은 돌출부가 무성하게 나 있는 해룡.

립이 되어 바위나 안벽에 정착했다. 녀석들은 마치 신발 바닥에서 긁어 내버리고 싶은 무언가 같은 모습으로 시작해서 천사보다도 아름다운 존재로 성장했다.

"해양에서는 무슨 일이든 가능해 보여요." 난 말했다. 크리스타와 애나와 난 대양 수조 안에서 우리 앞을 미끄러지듯 지나가는 가오리와 바다거북을 바라보며 서 있었다.

"저 안에서 녀석들과 정말 함께 있고 싶지 않으세요?" 크리스타가 말했다.

"진짜 대양에서 저들과 정말 함께 있고 싶지 않으세요?" 애나가 말했다.

"그럼 그렇게 해요!" 난 제안했다. "이번 여름, 같이 스쿠버다이빙을 배워요!"

우리는 좋아하는 장소 가운데 하나인 호세 매킨타이어스라는 이름의 멕시코와 아일랜드 퓨전 식당에서 점심을 먹으며, 스콧과 윌슨에게 이 계획을 알려주었다. 스콧은 아주 좋은 생각이라 여겼다. 스콧의 직업에는 스쿠버다이빙을 이용한 갖가지 조사와 채집 탐험도 포함되어 있었다. 그 가운데 하나는 서인도제도에서 이루어졌었다. 스쿠버 표준 안전 절차에서는 혼자 잠수하지 못하게 하고 있어서 스콧은 연구자 한 명과 동반하기로 약속했다. 이 연구자의 연구 대상은 동트기 전 활동했다. "하지만 사람들은 거의 다 밤늦게 파티하러 나가고 없었죠." 스콧이 말했다. 스콧의 짝은 탁월한 잠수부여서 감독이 필요하지 않았으나, 스콧은 여전히 매일 아침 4시 30분이면 잠수 장소에서 충실하게 그의 곁을 지켰다. 둘은 수심 2미터가 넘는 곳에 있는 해저 동굴의 둥근 천장 밑에서 작업했다. 스콧은 지치면 공기통을 메고 산소조절기를 입에 문 채 부력조절조끼를 부풀려서 둥근 천장 아래 뇌산호 사이에서 멈춰 있다가 두어 시간씩 잠들곤 했다. 그러면 짝이 와서 스콧을 깨우고는 함께 호텔로 돌아가곤 했다. "그런데 밤이면 난 침대에서 멀쩡히 자다 깨어나, 내가 어디 있는지 잊어버리고는 산소조절기를 찾는다며 허우적거리곤 했죠."

난 잠수해 있는 동안 기침이나 재채기가 필요하면 어떻게 하느냐고 물었다. "문제없어요. 강사들은 물속에서 올바르게 토하는 법까지 가르쳐주니까요." 스콧이 답했다. 스콧은 파티 중인 방문객 몇 명이 대양 수조에서 잠수할 수 있는 특별 입장권을 샀을 때 실제로 그런 일이 일어났다고 이야기해주었다.

"어머나 세상에, 뭐를요……?"

"이곳에서 주문해온 타코였어요." 스콧이 답했다.

옥타비아의 팔 가운데 하나가 자기 몸 밑에 있었다. 지름 3센티미터가 넘는 커다란 빨판들을 포함해 빨판 28개가 달린 다른 팔 하나는 그 빨판들로 바위 굴 천장에 붙어 있었다. 또 다른 팔은 빨판들로 벽에 달라붙어 있었다. 옥타비아 팔들 사이의 피부는 휘장처럼 늘어져 있었다. 이어 오전 8시 25분, 팔들이 내게서 가장 멀리 떨어진 알 타래를 힘차게 쓸어 닦기 시작했다. 이 활발한 행동을 보니 난 블라인드나 커튼을 진공청소기로 청소하는 여성이 떠올랐다. 그녀는 이 작업을 2분 동안 계속했다. 그러더니 돌아서서 수관으로 알들에게 물을 끼얹었다. 이러니 알들

이 노상 그렇게 보얀 모양일 수밖에. 어떻게 알들을 꼭 붙들어 매는 사슬을 끊어먹지 않을 수 있을까?

그녀 전시장에 부드러운 불이 들어왔다. 직원들은 관객 맞을 준비를 하고 있었다. 아가미로 물을 빨아들이니 옥타비아는 몸이 커지면서, 외투는 마치 활짝 핀 분홍 복주머니난의 꽃처럼 부풀어 올랐다. 그녀가 호흡하는 간격이 몇 초인지 세었다. 16초, 17초, 15초. 덩굴손 같은 팔 끝 하나가 매듭으로 바뀌었다. 이어 그녀는 매듭을 풀어 빙빙 세 번 돌아간 코르크스크루 모양을 만들었다. 마치 낙서하듯 무심히.

커다란 호흡으로 3초에 걸쳐 숨을 들이쉬더니 옥타비아의 몸 전체가 풍선처럼 빵빵해졌다. 왼쪽 앞 팔 하나만 움직여 다시금 전시장 뒤쪽에 있는 알을 닦았다.

오전 9시 10분, 새된 비명을 지르는 그 날의 첫 아장아장 아이 목소리가 들렸다. 옥타비아와 단둘이 있는 금쪽같은 시간이 끝날 참이었다. 하지만 옥타비아 수조에서의 그다음 시간은 또 다른 이유에서 소중했다. 서로 떠미는 아이들과 어른들 통에 시야가 가리기 일쑤라 옥타비아를 보기는 어려워지지만, 옥타비아가 방문객들에게 일으키는 온갖 감정과 기억, 오해의 해일에 잠길 수 있었다.

"저기 문어 있다!" 한 젊은 여자가 외쳤다.

"아름다운데!" 여자의 턱수염 난 짝이 말했다.

"섬뜩한데, 아름다워!" 이 연인 뒤에서 한 키 큰 여자가 덧붙였다.

"저게 문어예요?" 옥타비아 수조 바닥을 가리키며, 한 꼬마가 물었다.

"아니, 그건 말미잘이란다." 아버지가 답해주었다.

"문어의 적이에요?" 꼬마가 걱정스레 물었다.

문어의 영혼

난 자신의 구석자리에 있는 옥타비아를 가리키며 소년에게 알을 보여주었다. "와우!" 아이가 외치더니 알려주었다. "전 과학자고 동물 구조원이고 대양 탐험가예요!" 이 말과 함께 소년은 바다를 구조한다며 냅다 출동하고 부모가 뒤를 쫓았다.

오전 9시 20분 식구 셋이 나를 둘러싸고 있었다. "오오! 문어!" 어머니가 수조 명판을 읽더니 말했다. 하지만 내가 옥타비아를 가리킨 다음 알을 보여주기 전까지 가족한테 알은 전혀 보이지 않았다. 가족은 굉장히 흥분했다. "새끼가 나오는 거예요?" 아들이 알고 싶어했다. 아들은 한 여덟 살쯤 되어 보였다. 아니, 난 설명했다, 아빠가 없었기 때문에 새끼는 되지 못할 거야. "그냥 알들이란다. 수탉이 없어도 암탉은 알을 낳는 것처럼 말이야."

이 사실에 소년은 슬퍼졌다. "그녀에겐 수놈이 필요해요!" 소년이 외쳤다. 아빠가 맞장구쳤다. "그녀를 위해 수놈을 데려올 수는 없나요?" 아빠가 제안했다. 낭만적인 생각이네요, 난 수긍하면서도, 이 가족에게 문어는 서로 잡아먹을 수도 있어서 사이가 안 좋아도 어디로 빠져나갈 구멍이 없는 수족관같이 폐쇄된 공간에서의 소개팅은 야생에서보다 훨씬 더 위험하다고 말해주고 말았다.

"난자에 정자를 주입해줄 수는 없나요?" 어머니가 물었다.

어류와는 달리 문어 난자는 산란 전에 수정되어야 한다. 이어 난 언급했다, 알이 부화하면 어떻게 할지 그것도 문제다. "새끼 문어 10만 마리를 어떻게 하겠어요?"

"다른 수족관에 팔면 되지요!" 아빠가 말하는 모양새를 보니 분명 사업가형이었다.

이 식구들은 하나같이 옥타비아의 알이 부화하기를 열렬하다 못해 필사적으로 바라는 눈치였다. 이들 집 냉장고에는 틀림없이 부화하지 않은 달걀들이 있을 텐데, 그렇다고 이런 안타까움을 자아내지는 않으리라. 그건 어디를 보나 암탉은 눈에 띄지 않는 까닭이다. 하지만 예비 문어 어미는 바로 목전에 있었다. 옥타비아의 난자들에 소망을 품는 이 사람들의 다정함이 느껴졌다. 행복한 가족으로 보였다. 그러니 옥타비아 역시 행복하기를 바라는 마음도 당연했다.

옥타비아는 우리에게서 가장 멀리 떨어진 팔들로 알들을 포슬포슬 일으켰다. 빨판들을 주름처럼 세워서 알들을 닦아내고는 뒤집어졌다. 이어 다시 원래의 자세로 돌아왔다. 눈 위쪽으로 '뿔', 아니 실제로는 돌기 두 개가 솟아났다.

"웩! 저거 만지면 틀림없이 징그러운 느낌일 거야!" 십 대 소녀가 말했다. 소녀는 세 명의 무리 가운데 한 명인데, 셋 다 딱 붙는 청바지와 짧은 재킷 차림에 진한 눈 화장을 하고 있었다. 말을 한 소녀의 얼굴을 돌아보았다. 앳된 얼굴은 혐오감으로 일그러져 있었다. "하지만 봐, 그녀의 알들은 보았니?" 난 말하며, 옥타비아 굴 천장에 빽빽하게 매달린 순백의 작은 구체들을 가리켰다. "다 알들이란다. 수천 개나 되지! 게다가 그녀는 알들을 하나같이 극진히 보살피고 있단다."

"정말요!" 처음 말했던 소녀가 외쳤다. "끝내주는데요!" 친구 한 명이 말했다. 소녀들의 표정이 누그러졌다. 역겨워서 뒤틀렸던 입들이 이제는 살짝 열리고 동공이 확장되었다. "그렇지, 자 그녀가 팔들을 써서 알들을 털어내는 모습이 보이니? 저렇게 해서 깔끔하게 유지하고 산소가 떨어지지 않도록 해주며 알들을 보살피는 거란다."

문어의 영혼

"와우!" 소녀들은 이제 강아지를 지켜보듯 사랑스런 소리를 냈다. 1분 전만 해도 옥타비아는 끈적거리는 괴물이었다. 그녀가 어미인 까닭에 사랑스러워진 셈이었다.

"알들은 언제 부화해요?" 소녀들은 알고 싶어했다.

난 고개를 저으며 저 알들은 새끼가 될 수 없다고 설명해주었다. 한 소녀의 눈에 눈물이 고이며 반짝였다.

나는 소녀들이 흥미를 느끼며 감명하기를 바라는 마음으로 옥타비아에 대해 몇 가지 사실을 알려주었다. 그렇게 옥타비아의 독과 부리턱, 위장에 대해 이야기해주었지만, 소녀들은 조용해지며 돌처럼 굳은 얼굴이 되었다. 소녀들의 주의가 내게서 떠나가고 있었다.

그러고 있는데 옥타비아가 팔 끝 하나를 외투강 속으로 집어넣었다. "아마 가려운 데가 있는 모양이야." 난 말했다. 소녀들의 표정이 다시 풀어지기 시작했다. "그런가봐." 한 명이 말하자 소녀들은 다 같이 즐겁게 웃었다.

소녀들은 옥타비아가 우리와 얼마나 다른지는 듣고 싶어하지 않았다. 우리와 얼마나 같은지 알고 싶어했다. 어딘가 가렵다는 게 어떤 느낌인지 소녀들은 알았다. 엄마가 된다는 게 어떤 건지도 상상할 수 있었다. 이처럼 짧고 우연한 만남이 소녀들을 바꿔놓은 셈이었다. 이제 소녀들은 문어와 동질감을 느낄 수 있었다.

소녀들은 너나없이 휴대전화로 사진을 찍었다. 떠나기 전 나에게 감사하다고 인사했다. "저 조그만 엄마를 잘 보살펴주세요." 한 명이 내게 다정히 당부했다.

8월에 이르러 스쿠버다이빙에 대해 진지하게 고려해야 할 시점이 되었다. 뉴잉글랜드 물이 너무 차갑거나 파도가 너무 심해지기 전에 시작해야 하는 까닭이었다. 실신 증상이 사라지기 전까지는 스쿠버다이빙은 애나에게 지나치게 위험했다. 그러니 남은 사람은 크리스타와 나였다. 난 스콧이 추천한 잠수용품점으로 서머빌에 위치한 유나이티드 다이버스를 찾아가 스쿠버다이빙 수업에 등록하고, 오후 6시 15분 아쿠아리움에 돌아왔다. 이곳 아쿠아리움에서는 청소년 자원봉사자들의 노고를 치하하고자 매년 틴에이저 감사의 밤이라는 파티를 여는데, 그 파티의 진행 상황을 보고 싶어서였다. 나는 이야기가 한창인 십 대와 부모들 무리를 빠져나가 옥타비아 수조에 갔다. 옥타비아는 부풀어 있는 바람에, 피부는 온갖 주름으로 쭈글쭈글하며 돌기투성이었던 평소와 달리 빵빵한 풍선처럼 매끈했다.

내가 보기에 이런 모습은 분명 잘못되었다. 마치 병에 걸려 부풀어 오른 거대한 종양이나 내장 같았다. 아가미나 수관, 눈마저 볼 수 없자 내 근심은 커져갔다. 그녀는 강아지나 고양이가 아플 때 대개 그러는 것처럼 벽 쪽으로 고개를 돌리고 있었다. 밑으로 늘어뜨린 팔 하나만 제외하고 옥타비아의 빨판들은 모조리 안쪽으로 향해서 알이나 굴 벽에 붙어 있었다. 내 모자에 달린 붉은 전조등 불빛에 비친 그녀의 몸 빛깔은 연분홍이며, 노파 다리에 솟은 거미혈관종처럼 적갈색의 맥이 돋아 있었다. 팔들 사이사이 막은 잿빛으로 보였다.

난 걱정으로 정신을 차릴 수가 없었다. 이런 모습은 지금껏 본 적이 없

문어의 영혼

었다. 죽어가는 것일까? 연락할 만한 사람은 아무도 없었다. 누구라도 손쓸 도리는 없을 테니까. 문어 암컷은 산란하고 수개월 내에 죽는다. 누구도 멈출 수 없는 일이다.

하지만 내 친구가 죽는 모습을 보고 싶지는 않았다.

나도 모르는 사이 윌슨이 옆에 와 있었다. 마치 기도의 응답처럼. 윌슨의 손녀 소피도 오늘 저녁 감사 파티 대상자 가운데 한 명이었다. 내가 이곳에 있으리라고는 윌슨도 몰랐다. 옥타비아를 점검하고 싶어 온 참이었다.

"정말 이상하네요." 윌슨이 문어를 걱정스레 바라보며 말했다. "이런 피부 질감은 여태 본 적이 없어요. 하지만 잊지 마요, 당신은 마지막을 보고 있는 거예요. 만약 마지막이라면, 앞으로 어떻게 하시겠어요?"

내 슬픔으로 윌슨을 부담스럽게 하고 싶지는 않았다. 어쨌든 윌슨의 아내도 같은 상황이지 않은가. 불가사의하면서도 비극적인 상황.

윌슨과 난 선 채로 이 문어를 지켜보았다. 침묵이 흘렀다. 옥타비아도 무엇이든 생각하고 있지 않을까? 그렇다면 내가 그 생각을 이해할 수도 있지 않을까? 이처럼 신성하고 신비하며 은밀한 마음들의 극장에서는 제각기 무슨 일이 벌어지고 있을까? 타인의 내적 경험을 끝내 알 수나 있을까?

학습, 주의력, 기억, 인지. 이 모두는 측정할 수 있고 비교적 이해하기도 쉬워서 연구 가능한 영역이다. 하지만 호주 철학자 데이비드 차머스는 말한다. 의식이란 "정말 어려운 문제다." 각 자아의 내면에 속한 극히 은밀한 영역인 까닭이다. 자아란 근거 없는 개념이라 주장하는 철학자들도 있다. 수전 블랙모어는 말한다. "과학에는 내적 자아가 필요 없건만 사람들은 대부분 우리가 내적 자아라고 아주 확신한다."

블랙모어는 말한다. "자아란 단지 각 경험에 따라 생겼다가 다시 사라져버리는 찰나의 인상에 지나지 않는다. (…) 내적 자아 따위는 존재하지 않는다. 자아란 하나의 그럴싸한 내적 망상, 곧 유용한 허구를 낳는 여러 유사한 과정일 뿐이다." 블랙모어는 의식 자체가 허구라고 주장한다.

불교에서는 지속적 자아의 존재를 부정한다. 생이 다하면 자아는 대양에 녹아든 소금처럼 영겁 속에 녹아서 사라질지 모른다. 누군가에게는 이런 사상이 슬플 수도 있다. 하지만 영겁의 대양 속에서 외로운 자아를 상실한다는 것은 또한 해방이자 깨달음을 의미할지도 모른다.

오후 7시 5분, 옥타비아의 팔 하나가 움직이기 시작해 창에서 가장 가까운 알들을 천천히 어루만졌다. 몸은 여전히 부풀어 있고 얼굴은 벽을 마주하고 있어서 그녀가 숨을 쉬는지 확인할 수는 없었다. 팔 하나가 빨판 하나로 굴 천장에 붙어 있는 모양이, 마치 못 하나에 매달린 모기장 같았다.

7시 25분, 몸에 돌기 몇 개를 세웠다. 하지만 수도 적은 데다 낮았다. 피부는 여전히 윌슨과 내가 이제껏 보아온 모습보다 훨씬 더 매끄러웠다.

그러다 7시 40분이 되자, 옥타비아가 느닷없이 몸을 돌렸다. 한쪽 눈을 볼 수 있었다. 동공이 째져 있었다. 윌슨과 난 숨이 막혔다. 그녀의 몸통과 머리에 혹들이 높게 솟았다. 팔 하나를 아가미 입구에 집어넣었다. 팔들이 아주 세차게 흔들리기 시작하더니, 몸을 돌려 우리와 마주했다.

이어 돌아서서 우리에게 알들을 드러내 보였다. 수천 개가 있었다!

옥타비아는 혼수상태에서 벗어난 듯했다. 돌연 팔들을 휙휙 돌리는 바람에, 하얀 빨판들이 캉캉 무희들의 주름장식 속치마처럼 소용돌이쳤다. 수관에서 물을 힘차게 내뿜었다. 마치 태풍의 재채기 같았다. 온갖 종류의 희끄무레한 섬유질이 쏟아져 나왔다. 이게 뭐지? 배설물인가? 아가미에 붙어 있던 끈끈한 오물들인가? 그러더니 이제 옥타비아는 빨판들을 써서 활발하게 알들을 어루만지며 닦기 시작했다.

위기가 지나갔고 월슨은 손녀와 같이 있으려고 자리를 떴다. 8시 15분, 옥타비아가 담요처럼 팔 사이 막을 알 위로 펼치면서 거꾸로 매달렸다. 더할 나위 없이 건강한 어미 문어처럼 보였다. 이제 알 가운데 몇 개만 보였는데, 마치 검은 줄에 자잘한 진주알을 꿴 목걸이 같았다. 8시 20분, 그녀는 잠에 빠진 듯했다. 그리고 곧 나 역시 그럴 터였다. 이날 밤 나는 길 아래 호텔에 머물 예정이었다. 아쿠아리움에서 아침에 직원들한테 문을 열어주자마자 그녀를 보고 싶었다.

다음 날 아침 7시 아쿠아리움에 돌아오니 그녀는 그야말로 돌기투성이었다. 간밤의 모습과는 완전 딴판이었다. 스스로를 뒤바꿔놓았다. 어두운 반점들로 얼룩덜룩해진 모습이 눈부시게 아름다워서 튼튼한 문어에 실쌈스러운 어미의 모습 그대로였다. 한 팔로 창에서 가장 가까운 알 송이들을 터는 모습은 마치 공원 의자에 앉아 오락가락 유모차를 미는 아기 엄마 같았다. 나에게 안 보이는 다른 팔들과 다른 알들로는 무엇을 하고 있는지 누가 알겠는가? 옥타비아 전시장에는 불이 아직 안 들어와서 내 모자의 전조등이 없다면 그나마도 아예 보지 못할 상황이었다.

"매일 아침 들어올 때마다 아주 긴장이 돼요." 내 옆에서 목소리가 들렸다. 전에 만난 적 없는 인턴 가운데 한 명이었다. "와서 그녀가 바닥에 죽어 있는 모습을 발견할까봐 너무 두려워요." 일주일에 한 번 이 여자 인턴은 빌을 위해 옥타비아 수조를 청소하는 일로 아침을 시작하는데, 알이 점점 오그라들고 있는 모습을 눈치채왔다. 몇몇 알은 옥타비아 전시장 자갈 바닥에 떨어져 있었다. 옥타비아가 이를 알아차렸는지, 그래서 신경 쓰이는지 우리로서는 알 수 없었다.

이곳에서 일하는 사람이라면 누구나 옥타비아 알들에 대한 달콤 쌉쓸한 소식을 알았다. 직원과 자원봉사자들은 옥타비아를 각별한 애정을 담아 바라보았다.

"그녀가 우리를 안다고 생각하세요?" 매일 아침 그녀의 유리창을 닦는 여자 청소부가 물었다. "우리가 여기 있다는 사실을 알까요?"

"네, 안다고 생각해요." 난 답했다. "하지만 얼마나 신경 쓸지는 모르겠네요, 이제는 알이 있으니까요. 그쪽은 어떻게 생각하시는데요?"

"난 그녀가 우리를 알아차린다고 생각해요. 내가 알기로 문어는 무척 영리하거든요." 여자가 말했다. "난 매일 관심을 기울이는데 그녀 역시 나에게 관심을 기울인다고 생각해요. 이유는 설명할 수 없지만요."

옥타비아에게서 볼 수 있는 한쪽 눈이 이제 은빛이 아닌 구릿빛을 띠며 우리와 마주하고 있었다. 우리를 바라보고 있는지 아니면 생각에 골몰해 있는 사람처럼 허공을 응시하고 있는지 분간할 수 없었다. 아픈 데 없이 튼튼해 보였지만, 모종의 가사 상태에 빠져 있는 듯도 했다. 호흡은 20초, 24초, 15초, 18초 간격으로 이루어졌다. 젊은 엄마들이 종종 그러듯, 옥타비아도 다른 것들은 거의 안중에도 없는 "알 영역"에 있는 것일까? 내 친구들 가운데에는 한때는 외향적이고 사교적이었는데 아기가 태어난 뒤로 완전히 돌변한 경우가 아주 많았다. 아기 엄마들은 온 신경이 아기한테 가 있어서 고작 두 시간짜리 연주회도 진득하게 보지 못했다. 아기들은 고작 빨고 자고 우는 일이 전부인데 말이다. 흔히 '포옹 호르몬'이라 알려진 옥시토신을 포함해 출산 때 발생한 호르몬 변화의 도움으로 이러한 변화가 가능하다. 이와 비슷한 호르몬들이 옥타비아가 알에 헌신하고 싶게 만드는지 모른다. 사실 문어에게는 옥시토신과 아주 비슷한 호르몬이 있어서 과학자들은 이를 세팔로토신이라 이름 붙였다.

"문어한테서 찾고 있던 호르몬은 모두 발견했어요." 시애틀에서 만났을 때 제니퍼가 나에게 해준 말이었다. 문어 심포지엄에서 발표된 한 논문에서는 연구자들이 시애틀 아쿠아리움에 있는 암컷한테서 에스트로겐과 프로게스테론을, 수컷한테서 테스토스테론을, 둘 다에게서 스트레스 호르몬인 코티코스테론을 발견한 과정을 상세히 기술했다. 암컷 문어의 에스트로겐 수치는 산란 연령일 때와 수컷을 만날 때 급등한다. 수컷의 테스토스테론 수치도 올라간다.

호르몬과 신경전달물질들은 인간의 욕구, 공포, 사랑, 즐거움, 슬픔에 관계하는 화합물이면서 "여러 생물 분류군에 걸쳐서도 잘 보존되어 있어요." 제니퍼가 말했다. 이는 인간이든, 원숭이든, 새든, 바다거북이든, 문어든, 조개든 간에, 내면 깊숙이 감정을 불러일으키는 생리적 변화는 동일해 보인다는 사실을 의미한다. 무뇌 생물인 가리비의 작은 심장조차도 포식자가 접근해오면 한층 빨리 뛴다. 마리화나 중독자가 다가와 말을 걸면 당신 심장이나 내 심장이 그러는 모양이나 다를 바 없다.

"웩! 문어다, 징그러워!" 여섯 살짜리 사내아이가 내 뒤에서 소리쳤다. 이어 내 옆에서 또 다른 목소리가 들렸다. "오늘따라 내 눈엔 유난히 아름다워 보이는데." 애나였다.

"난 이곳에 아주 일찍 도착해 옥타비아 수조 앞에서 진종일 있곤 했어요." 사내아이가 자리를 뜨는 사이 애나가 말했다. "절친한 벗이 자살한 뒤였죠."

"어머, 애나." 난 속삭였다. "끔찍해요."

"아주 잘나가던 친구였어요. 친구도 너무나 많았어요. 다들 우리 가운데 누군가 자살을 시도한다면 그건 그녀가 아닌 나일 거라고 말했을 거예요." 애나의 말이었다.

애나는 자주 몸이 불편했다. 극심한 편두통이 오기 전엔 목 위로 애벌레가 기어 올라가는 듯한 끔찍한 느낌이 찾아왔다. 불면증도 있었다. 집중하는 데 어려움을 겪는 일도 잦아서 스스로 바보 같다고 느꼈다. 자폐 범주성 장애가 있는 사람들에게는 드문 문제들이었다. 여기에 사춘기 호르몬 격변이 가세하면 그 기분은 견딜 수 없을 듯했다.

이 문어를 지켜보며 서 있는 동안, 애나는 친구가 자살하기 전에 이미 자기 역시 자살을 기도했었다고 털어놓았다.

충격받은 난 옥타비아를 가리키며 애나를 돌아보았다. "이 아이를 떠나려 했다고요?"

"당시엔 이곳과 얽혀 있지 않았어요." 애나가 말했다. "그때 내가 인간이 탐험한 대양이 5퍼센트뿐이라는 사실을 알고 있었더라면……."

말을 흐렸지만 나는 애나가 품고 있는 생각을 알았다. 만약 애나가 이러한 사실의 중요성을 친구에게 전달할 수만 있었더라면 모든 일이 달라졌을지 모른다. 어느 누가 이처럼 드넓고 온갖 생명으로 바글거리는 푸른 세상을 뜨고 싶겠는가? 이 푸른 세상의 물은 틀림없이 모든 슬픔을

씻어내고 모든 장애를 고치며 모든 영혼을 회복시킬 수 있으리라.

그리고 어떤 면에서 애나에게는 정말 그랬다. 이후 새벽 2시 30분에 보낸 한 이메일에서, 애나는 나에게 더 많은 이야기를 털어놓을 터였다.

"내 절친한 친구 이름은 샤이라였어요." 애나는 적었다. "그리고 난 그 전날 밤 샤이라를 보았죠." 하지만 이튿날 아침 애나는 걱정이 되었다. 샤이라가 남자친구 집에서 밤을 보낼 거라 말했던 까닭이다. 애나의 부모에게는 자신이 집에 간다고 말했고, 자신의 부모에게는 애나 집에서 자겠다고 말했다. 하지만 샤이라는 이 두 곳 어디서도 밤을 보내지 않았다. 그리고 아침이 되어도 샤이라는 집에 돌아오지 않았다.

그 월요일, 사람들은 애나에게 무슨 소식 없느냐며 주기적으로 전화를 해댔다. 애나는 아마존 메기 몬티에게 먹이를 주고 있었는데 그때 샤이라의 언니가 애나의 휴대전화로 전화해 샤이라는 확실히 남자친구 집에 가지 않았다고 알려주었다. "바로 그때 아로와나가 나를 물었어요. 하지만 메기는 자기를 토닥거리도록 해주었죠. 난 울고 있었거든요."

애나는 너무 속이 상해 일이 손에 안 잡히는 바람에 어머니가 아쿠아리움으로 데리러 왔다. 차 안에서 샤이라의 언니로부터 전화를 받았는데, 유서를 발견했다는 내용이었다. 샤이라의 시신은 애나 집에서 도보로 10분 거리에 있는 작은 못에서 발견되었다. 샤이라는 그곳에 빠져 죽으러 갔던 셈이다.

애나는 스콧과 데이브에게 전화해 내일 자원봉사를 못 하겠다고 말했으나 스콧과 데이브의 대답은 똑같았다. 도움이 되리라 생각한다면 나오라는 이야기였다. 그래서 애나는 나왔다. 그다음 날 역시 나왔다. 그날은 수요일이었는데, 애나는 한수 해양관에서 일하고 있었다. 그때 데이브가 옥타비아와 놀지 않겠느냐고 제안했다. 애나는 나에게 적었다. "그때 이미 난 셀 수 없을 만큼 옥타비아를 꺼내줘봐서 그녀를 제법 잘 안다고 느꼈어요. 내 생각에 그녀는 무언가 잘못되었다는 사실을 감지했던 거 같아요. 평소보다 훨씬 더 살갑게 굴며 내 어깨에 촉수를 올려놓더라고요. 왜 그녀가 이해했다고 생각하는지 설명하기는 어렵지만요……. 동물과 여러 차례 교감하고 나면 일상적인 행동과 상황이 달라졌을 때 하는 행동의 차이를 알게 되죠."

애나는 계속 적었다. "옥타비아 주위에 있을 때면 평소보다 내 감정을 더 많이 표현하게 돼요. 슬프면 내 떨림 증상은 더 심해지죠. 팔은 더 약해지고 체온은 떨어져요. 그녀가 나오면 그제야 난 숨을 쉴 수 있을 거 같았어요. 난 울다가도 그때가 되면 그쳤어요. 나에게는 문어가 있었기 때문이에요."

샤이라의 장례식 날을 제외하고 애나는 그 주에 단 하루도 아쿠아리움에서의 자원봉사를 빼먹지 않았으며 급기야 5월에 이달의 자원봉사상을 받았다.

나머지 학창 시절은 힘들었다. 간혹 애나는 약물에 기대어 고통으로부터 탈출하려고도 했다. 하지만 수족관에서는 결코 약물을 쓰지 않았다. 자원봉사 하러 오기 전날부터 약을 쓰리라는 생각조차 하지 않았다. "내 논리는 이랬어요. 아쿠아리움 말고는 어디에도 있고 싶지 않다." 애나는 말했다.

"그땐 내 인생 최악의 여름이었어요." 애나는 내게 적었다. "하지만 아쿠아리움에서의 나날은 내 인생 최고의 날들이었죠." 애나는 나이에 걸맞지 않은 지혜로움을 드러냈다. "난 행복과 슬픔이 서로 배타적이지는 않다는 사실을 배웠어요."

이 표현은 외계인 같은 무척추 친구 옥타비아가 생의 끝자락에서 집념과 애정으로 자신의 미수정란을 보살피고 있는 모습을 보면서, 우리가 애통함과 더불어 숭고미를 느낀다는 점에서도 공감이 갔다.

『비밀의 화원』에서 프랜시스 호지슨 버넷은 알들의 미美와 장엄함에 대하여 적는다. "만약 그 정원에 사람이 있었더라도, 알이 사라지거나 다치면 온 세상이 휘돌아 허공에 흩어져 종말을 맞으리라는 사실을 내면 깊숙이 느끼지 못하는 사람이었다면…… 그 황금빛 봄의 대기에서조차 행복은 존재할 수 없었으리라." 알은 분명히 생명의 첫사랑이며, 알을 보호한다는 것은 분명 사랑의 첫 충동이다. 사랑은 그처럼 유서 깊고 그처럼 순수하며 그처럼 오래간다. 사랑은 수백만 년 동안 수십억 종에 걸쳐 지속되어 왔다. 사랑은 결코 죽지 않는다는 현자들의 말은 그렇기에 지당하다.

그리고 애나는 이러한 진실을 잘 알았다. 옥타비아가 자신의 미수정란을 돌보는 사이, 애나는 어릴 적 친구의 무덤을 돌보았다. 묘지에 가져갈 특별하고 아름다운 돌맹이를 찾는다고 애나는 나에게 말했다. 애나는 알고 있었다. 사랑은 모든 것을 견뎌내며, 죽음조차 사랑을 사라지게 할 수 없다는 사실을.

옥타비아의 알들은 끝내 부화하지 못할지언정 옥타비아가 알들을 근실하고 우아하게 보살피는 모습을 보면 감사하는 마음이 벅차올랐다. 자신이 죽을 때라야 옥타비아는 그처럼 사랑을 실천할 터이기 때문인데, 오직 성숙한 문어 암컷만이 짧고도 묘한 생의 마지막에 이르러 사랑을 할 수 있는 까닭이다.

8월 말에도 옥타비아는 여전히 활발하며 튼튼했다. 빌은 나에게, 그 전날 자신이 옥타비아 수조의 말미잘들과 불가사리에게 먹이를 주고 있는데 옥타비아가 팔을 뻗쳐 녀석들의 촉수에서 빙어 두 마리를 걸신들린 듯 잡아채서 먹어치우더라고 이야기해주었다. "옥타비아는 오랫동안 버틸 수 있을 거예요." 빌이 말했다. "내가 칼리를 위해 무언가 다른 것을 준비해주고 싶은 이유이기도 하고요."

윌슨의 표현을 빌리자면, 칼리는 줄곧 "고약하게 굴고" 있었다. 먼저 칼리는 물총을 쏘기 일쑤였다. 그다음 애나를 물었다. 이어 수관을 겨누고 우리에게 물고기를 요구하기 시작했다. 얼마 전부터는 이상하게 굴고 있었다. 우리가 통 뚜껑을 치우면 칼리는 수면으로 올라오기는 해도 오래 머물려고 하지는 않았다. 다시 아래로 가라앉아 창백하게 변해서는 바닥에서 우리를 지켜보았다. 난 빌에게 걱정되느냐고 물었다. "아직은 아니에요." 빌은 답했다.

윌슨과 내가 칼리를 방문하자 정확히 이렇게 행동했다. 외투가 팽창하고 팔들 사이의 막은 돛처럼 불룩해지면서 위쪽으로 부풀어 떠올랐다. 하지만 몸 아래쪽은 보여주지 않은 채 빙어를 달라고 했다. 윌슨이 왼쪽 두 번째 팔이자 L2라고 부르는 그녀의 팔 하나를 홱 뒤집으니 빨판들이 위로 드러났다. 윌슨이 물고기 한 마리를 건네자 받는 듯했다. 하지만 평소와 달리 먹는 모습을 지켜보게 해주지 않고 내려갔다. 물고기를 떨어뜨렸다. 그리고 이상하게도 우리를 바라보고는 싶으나 교감하고 싶지는 않은 눈치였다. 윌슨이 뚜껑을 닫았다.

그날 오후 윌슨과 크리스타와 내가 칼리를 방문해 뚜껑을 열자, 그녀는 수조 꼭대기에서 우리를 기다리고 있었다. 30초 동안 우리 손을 부드럽게 빨았다. 내 엄지손가락의 반창고를 만지자 새로운 무언가라는 사실을 알아차리고 빨기를 멈추더니 머뭇머뭇 만져보았다. 접착제가 그녀에게 어떤 맛일지 궁금했다. 그녀는 이내 우리를 놓아주었다. 그녀가 바닥으로 떨어지자 내 마음도 더불어 가라앉았다. 칼리는 아픈 걸까? 사람들을 이미 너무 많이 만나서일까? 작고 텅 빈 자신의 통 안에서 절망하고 있는 걸까? 더 이상 우리를 신경 쓰지 않는 걸까?

하지만 이어 내가 빌과 이야기하려고 수조에서 물러나자, 칼리는 득달같이 일어서더니 선홍색으로 변했다. 나를 찾고 있는 걸까? 윌슨이 오라며 나를 불렀다. 그녀를 쓰다듬으니 통 바닥으로 다시 떨어지기 전까지 몇 분이나 곁에 머물렀다. 이해할 수 없는 눈빛으로 우리를 올려다보았다.

윌슨이 걱정스러워했다. 내가 간 뒤 윌슨은 빌과 이야기했다.

"칼리가 접촉하는 사람 수가 다른 문어들에 비해 월등히 많아요. 빌, 내 말 듣고 있어요?" 윌슨이 물었다.

"물론이죠."

"지난주엔, 사람들이 죄다 우리보다 먼저 와 있었잖아요. 난 이렇게 말하고 싶네요. 외간 사람들이 너무 많이 오고 있다고요."

빌이 맞장구쳤다. 빌은 정말 문제라고 생각해오던 참이었다. 제니퍼의 연구를 포함해 관련 연구에서는 야생 문어들은 시간의 70에서 90퍼센트를 비좁은 굴에 처박혀 지내려 한다는 사실을 보여준다. 하지만 그렇더라도 칼리가 지겨워할 시간은 있었다. 사람들이 그녀와 교류하고 싶어

하는데 칼리는 그럴 기분이 아니라 하더라도 칼리에게는 벗어날 길이 없기 때문이었다. 옥타비아라면 커다란 수조에 있어서 자기 굴에 숨을 수 있으나 칼리는 그럴 수 없었다. 윌슨의 표현을 빌리자면, 이 통에서 칼리는 "무방비 상태"였다.

수주 전 난 빌의 허락을 받고, 숨어 있고 싶으면 쓰라고 칼리에게 깨끗한 테라코타 항아리를 주었다. 미들베리 문어 연구소에서는 문어들이 이 항아리를 무지하게 아껴서, 연구자들은 녀석들이 미로를 정확하게 통과하면 항아리를 상으로 사용할 수 있을 정도였다. 하지만 우리가 알기로 칼리는 입때껏 항아리를 쓰지 않고 있었다. 칼리가 항아리 안에 숨는 모습을 본 적이 없었다. 우리가 뚜껑을 열면 칼리는 늘 통 꼭대기에 와 있었다. 그래서 빌은 항아리를 치워버렸다. 항아리는 기껏해야 자리만 차지할 뿐인 듯했다. 게다가 통 속 공간은 점점 줄어들고 있는 참이었다. 칼리가 이제는 옥타비아의 3분의 2 크기인 까닭이었다.

빌이 택할 방법은 제한되어 있었다. 칼리를 옥타비아와 함께 큰 수조에 넣을 수는 없었다. 문어는 거의 대부분 다른 문어를 죽이려 든다. "난 칼리를 새로운 방식으로 있게 하고 싶어요." 빌이 윌슨에게 말했다.

하지만 말처럼 쉬운 일이 아니었다. "모든 아귀가 딱 맞아떨어져야 해요." 윌슨이 나중에 내게 말하며 썼던 표현이다. "이 물고기를 옮기고 싶으면 다른 물고기를 먼저 옮겨야 하고, 그 전에 또 다른 물고기를 옮겨야 해요. 녀석들이 옮겨가면 저쪽에 있는 다른 동물들도 옮겨가야 하니까요." 그가 말했다. "무엇을 얻느냐와 언제 얻느냐의 문제가 늘 마음대로 되지만은 않죠." 날마다 아쿠아리움 동물들은 태어나고 죽으며, 수집 탐험이나 미국 어류 및 야생동물 보호청으로부터 도착하거나, 미국과 캐나다 전역의 다른 수족관들로 실려 가거나 그곳들로부터 실려 왔다.

유입과 유출은 번번이 까다로운 사건인 데다 왕왕 놀라움을 주기도 했다. 어느 날 아침 나는 빌이 매사추세츠 주 올리언스의 노셋비치 근해에서 잡힌 10킬로그램 가까이 되는 바닷가재 한 마리를 선물받은 모습을 보았다. 익명의 누군가가 캡틴 엘머 어시장에서 데이나파버 암 연구소를 후원하고자 열리는 한 복권행사에 참가했다가 당첨되어 보내온 선물이었다. 어느 날에는 담수 전시관에 아마존 가오리 18마리가 도착했는데 하나가 욕실 깔개만 했다. 하반신 불수가 된 한 남자 소유의 거대한 수조에서 살고 있던 녀석들인데, 1층에 위치한 남자의 아파트가 개조 중인 데다 녀석들이 너무 자라는 바람에 더 이상 키울 수가 없게 되었다.(그는 아쿠아리움에서 녀석들을 데려갈 수 있어서 고마워하더니, 막상 동물 운반차가 움직이기 시작하자 눈물을 흘렸다.)

이어 어느 수요일, 난 옥타비아를 본 뒤 에인절피시를 잡고 있는 스콧의 팀을 찾으러 위층으로 올라갔다.

에인절피시는 26마리가 있었다. 뿐만 아니라 플레코스토무스 16마리, 릴리스 1마리, 게오파구스 17마리, 실버아로와나 2마리를 비롯해 다른 종도 여럿 있었다. 에인절피시와 그 수조 친구들은 1년 전부터 세운 계획에 따라 아마존에서 도착한 이후 번식처로 삼은 전시장 뒤편에서 전면의 아마존 전시장으로 옮겨지고 있었다. 전시장 뒤편 커다란 원형 수조의 물은 대부분 배수한 상태라, 크리스타와 또 한 명의 자원봉사자인 콜린 마셜은 모두 잠수복 차림을 하고 무릎 높이로 빠진 물에서 서로 물고기들을 몰아가며 그물질을 할 수 있었다. 콜린과 크리스타는 그물 속 물고기를 스콧에게 한 마리씩 건넸다. 스콧 역시 잠수복 차림에 자기 그물을 들고 있었다. 물고기를 새 수조에 넣으면서 종 이름을 외쳤다. 그물마다 물고기가 대개 여러 마리인 까닭에 몇 마리씩 있는지 파악하기 위해서였다. 윌슨과 브렌던과 내가 지켜보며 방해하지 않으려 애쓰는 사이, 애나가 숫자를 기록했다.

물고기들을 옮기는 데는 한 시간이 걸렸다. 옮기자마자 우리는 일제히 새 집으로 이사한 녀석들의 모습을 보러 관람하는 자리로 몰려갔다. 스콧이 그토록 긴장한 모습은 여태 본 적이 없었다. 스콧은 지난밤 내내 걱정하느라 잠을 못 이루었다. "물고기들이 먹힐 수도 있어요. 스트레스로 죽을 수도 있고요." 스콧이 말했다. 하지만 수조 앞에 도착한 순간 스콧은 입을 다물었다. "스콧은 물고기 언어를 지켜보고 있는 거예요." 윌슨이 내게 속삭였다. 에인절피시의 줄무늬가 평소보다 한층 밝았다. 스트레스 징후였다. 하지만 다행히도 한 시간이 지나자 정상대로 짙은 색이 돌아왔다. 새 전시장에서 심지어 먹이도 먹고 있었다. 스콧이 안도의 한숨을 내쉬었다.

또 다른 수요일, 내가 도착하자 빌은 바위들을 모조리 재배치하고 보라성게와 큰도토리따개비, 물레고둥, 거대녹색말미잘, 남색꽃갯지렁이, 꽃말미잘들을 옥타비아 옆에 있는 서북태평양관으로 옮겼다. 빌은 재배치 환경이 훌륭해 보여 만족했지만, 그래도 자기 동물들을 불편하게 하는 건 질색이었다. "녀석들은 이곳에 나보다 더 오래 있었어요." 빌이 말했다. 보라성게는 30년 가까이 살 수 있고 남색꽃갯지렁이는 100년을 생존하며, 말미잘은 포식자가 괴롭히거나 질병에 걸리지 않는다면 이론적으로는 거의 영원히 살 수 있는데, 과학자들에 따르면 말미잘한테서는 노화의 징후가 안 보이는 듯하다고 한다.

하지만 이처럼 장수의 잠재력이 있는 동물들에겐 아주 세심한 주의가 필요할 수 있는데, 미묘한 생물인 말미잘은 특히 그렇다. 환경이 맞으면 꽃잎 같은 촉수들로 먹이를 포획해서 아름다운 꽃처럼 활짝 핀다. 불편한 환경이라면 작은 방울로 움츠러들어 아무도 알아차리지 못할 정도다. 이 동물들에게는 뇌가 없으며 신경체계도 극히 기본적이다. 그럼에도 녀석들의 행동을 보면 표현이 참 풍부하다. 신경과학자 안토니오 다마시오는 의식과 감정을 다룬 자신의 책 『느낌』에서 말미잘을 짧게 언급한다. 말미잘에게 의식이 있다고 주장하지는 않으나, 말미잘의 단순하며 생각 없는 행동에서 우리는 "기쁨과 슬픔, 접근과 회피, 취약과 안전의 정수"를 볼 수 있다고 적는다.

"내가 넣어준 장소가 말미잘들의 마음에 들지 않을 수도 있어요." 빌이 걱정스레 말한다. 꽃말미잘 네 마리는 어제 계속 촉수를 움츠리고 있었는데, 그 가운데 하나는 이날 활짝 열렸다. 한편 흰점박이장미말미잘은 아직 만족스럽지 못해 열리지 않은 채였다. "한번 성가시게 하고 나면 다들 회복하는 데 시간이 좀 걸려요." 빌이 설명했다.

하지만 이 아쿠아리움 역사상 최고로 성가신 변화가 일어날 참이었다. 아쿠아리움의 중추 격인 대양 수조가 샅샅이 개조될 예정이었다. 100종에 달하는 동물 455마리가 옮겨질 텐데, 그러면 아쿠아리움 동물 절반 이상이 움직이는 셈이었다. 이미 비좁아진 공간은 앞으로 더 귀해질 터였다. 다음 9개월 동안 모든 일은 익숙함과는 거리가 멀어질 게 분명했다. 이 작업으로 칼리를 위해 커다란 새 수조를 마련해주는 일은 엄청나게 복잡해질 참이었다.

"이번 작업은 아쿠아리움이 세워진 이래 가장 큰 규모입니다." 프로그램 및 전시부 부사장 빌리 스피처는 바로 지난 수요일 점심식사를 겸한 발표 자리에서, 직원과 자원봉사자를 향해 진지하게 말했다. 8월이었다. 부사장은 모종의 효과를 노린 듯 안전모와 주황색 안전조끼를 입고 있었다. "이번 작업은 심지어 이 아쿠아리움 건립 자체보다도 더 큰 일입니다. 작업이 진행되는 동안에도 아쿠아리움은 관객에게 개방될 테니까요."

 　　거북인 머틀과 그 동료들인 작은 암초어류 수백 마리를 비롯해 상어, 가오리는 얕은 수심의 펭귄 사육장으로 자리를 옮긴다. 펭귄들을 위해 섭씨 16도로 맞춰진 420리터 정도의 차가운 물은 열대어들을 위해 25도로 높여야 한다. 아프리카펭귄과 바위뛰기펭귄 80마리는 자리를 내주기 위해 지난주에 벌써 퀸시의 동물보호센터로 이송된 상태였다. 쇠푸른펭귄들은 1층에 있는 뉴밸런스 파운데이션 포유류센터로 옮겨질 계획이었다. 고래 뼈대는 천장에 새로운 조명을 설치할 수 있게 아래로 내려지게 되었다. 40년 이상 염수와 압력을 견뎌온 나선형 대양 수조의 유리판 67장은 이제 제거되어 유리보다 투명한 아크릴판으로 대체될 예정이었다. 다가올 9개월에서 1년, 대양 수조의 산호 조각 2000점 가운데 3분의 2는 한층 부드럽고 화려하며 청소하기도 쉬운 새 산호 조각 2000점으로 대체될 터였다. 그렇게 이 1600만 달러짜리 작업이 마침내 완료되면, 대양 수조는 머리부터 발끝까지 새로 태어나게 된다. 더욱 잘 보이게 되어 관람하기가 여러모로 한층 쉬워지는 것이다. 게다가 새 산호 조각 사이사이에는 물고기들이 숨을 장소가 많아서, 수조에는 예전보다 거의 두

　　　　　　　　　　　　　　　　　　　　　　　　　　　　문어의 영혼

배에 육박하는 동물이 살게 된다.

"이건 대단한 기회지만 스트레스도 클 거예요. 인정할 건 인정해야 죠." 일부 직원은 벌써 변화를 두고 애석해하고 있었다. '상실 심리'에 대해 이야기하는 직원들도 있었다. 앞으로 9개월 동안 건물에 들어설 때 직원이나 관객들을 반겨주는 펭귄은 한 마리도 없다. 다가올 1년의 대부분은 아쿠아리움의 중심축인 대양 수조 없이 지내야 하고 말이다. 직원들이 좋아하는 동물 가운데 일부는 다른 장소로 옮겨진다. 사람이든 동물이든, 안전모를 쓴 건설 인부들과 이들이 쓰는 막대한 양의 장비에 자리를 내주느라 비좁은 공간에서 바글거려야 한다. 한때 아름다웠던 곳이 본때 없어지고, 한때 조용했던 곳이 떠들썩해질 터였다. 이전과는 생판 다른 상황이 되는 셈이었다.

다음 화요일, 아쿠아리움은 변태를 시작한다. 부사장은 우리에게 말했다.

그리고 당시에는 몰랐지만, 나 역시 조만간 변태를 겪는다.

5장

변태

바다에서의 호흡

난 물에 빠져 죽고 있었다. 음, 아직 죽지는 않았고. 하지만 기도에는 물이 차 있고 수심 4미터가 넘는 물속에 있었으며, 심지어 물은 점점 더 쏟아져 들어오는 듯싶었다. 반백 년 넘게 잘 살아온 사람으로서 이런 사태에 직면한 나의 반응은 당연히 물 위로 고개를 내밀고 헐떡거리며 숨을 쉬는 것이었다. 하지만 스쿠버 강사는 질겁했다.

"안 돼요, 안 돼, 안 돼! 그렇게 빨리 수면으로 올라와선 안 돼요!" 불어 억양의 이 젊은 남자는 내가 생명줄인 대기 속으로 깐닥거리며 고개를 내미는 순간 호되게 꾸짖었다.

"죄송해요." 난 꿀꺽거리며 말했다. "조절기 안으로 물이 들어오고 있

문어의 영혼

었어요. 왜 그런 거죠?"

그날 이후 다른 강사에게 배운 바로, 내 문제는 배가 가라앉는 원인과 같았다. 말하자면 헐거워진 입술 탓이었다. 아랫입술로 조절기를 더 꽉 물어야 하는데 난 전혀 그러지 않고 있었다. 보기에도 분명하게, 난 물속에서 사실 '웃는' 데 정신이 팔려 있었던 까닭이다. MIT 수영장에서 난 양서류로 변태한다는 생각에 혹해서 정신을 못 차렸다. 머지않아 산호와 물고기, 상어와 가오리와 곰치, 그리고 무엇보다도 문어들 사이사이를 헤엄쳐 다니리라는 상상에 빠져 있었다. 나는 정신 나간 사람처럼 헤벌레 웃지 않을 수 없었다.

하지만 거의 빠져 죽게 생기면 얼굴에서 웃음 따윈 감쪽같이 사라진다. 프랑스 강사는 나를 호되게 나무랐다. "기초 단계에서부터 이러면 어떻게 해요!" 하지만 나에게는 스쿠버라는 개념 자체가 이제까지 알고 있던 온갖 지식과의 굉장한 괴리를 의미했다.

난 스콧의 제안에 따라 보스턴 외곽에서 스쿠버 집중 강좌를 듣고 있었다. 크리스타가 마지막 순간 수강을 취소해버리는 바람에, 세상에나 그것도 혼자. 친구가 그립기는 하지만 수업 듣는 걸 걱정하지는 않았다. 어쨌든 난 수중세계에서 살아온 셈이니까. 특별히 수영을 우아하게 하거나 잘하지는 못해도 몸을 사리며 수영하지는 않았다. 타이 만에서 아마존의 탁한 물에 이르기까지 난 늘 수영의 철칙만 잘 지키면 무탈하리라 확신해왔다. 곧, 물속에서 숨 쉬려 들지 마라.

지금 같은 상황을 제외하면 우리가 해야 하는 행동은 정확히 그랬다.

스쿠버는 모든 면에서 땅에서의 삶뿐 아니라 이제까지의 수영 경험과도 달랐다. 스쿠버 장비는 보기만 해도 주눅이 드는 데다 무겁기까지 했다. 장비로는, 거의 18킬로그램 나가는 공기통과 주머니에 납이 들어 있어 무게가 더해진 BCD라고도 줄여서 말하는 조끼처럼 생긴 부력조절장치, 맥없는 장어들처럼 사방에 늘어진 관들에 연결된 호스와 측정기와 마우스피스들이 있었는데, 이 장비를 완벽히 조립하는 데만도 일곱 가지 복잡한 단계가 필요했다. 일곱 단계 가운데 하나라도 망치면 큰 사달이 났다. 그런 데다가 나에게 장비 조립은 여전히 이해할 수 없는 신비로운 일이었다. 한 군데도 아니고 고등학교 두 군데나 자물쇠 번호도 완전히 익히지 못한 채 졸업했던 나 같은 사람에게는 말이다.

임대 장비가 내 몸에는 도무지 낯설게 느껴졌다. 무지막지한 오리발은 어릿광대 신발만 하고 마스크는 주변 시야를 가리며 입에 문 조절기를 통한 호흡은 다스 베이더 같은 소리를 내게 만들었다. BCD에는 떠오르거나 가라앉도록 몸을 부풀거나 오므라들게 할 수 있는 공기 주머니들이 있었다. 이런 식의 부침은 전에는 일절 해본 적 없는 방식이었다. 난 누군가 다른 사람이 그 위에 침을 뱉은(서린 김을 제거하려고 마스크에 침을 뱉는다) 임대 마스크를 쓰고, 누군가 다른 사람이 그 안에 소변을 본(다들 그런다고 하더라. 수영장에서는 말고 바다에서) 잠수복을 입고, 누군가 다른 사람이 그 안에 구토한 조절기를 물고 있었다. 게다가 이 장비를 입고서는 평소대로 수영해서는 안 되었다. 캥거루처럼 두 팔을 안으로 접은 채 오리발질로만 나아가야 했다.

사물은 죄다 이상하게 보였다. 수중에서 물체는 더 가까워 보이며 25퍼센트 더 크게 느껴진다. 소리도 죄다 이상하게 들렸다. 수중에서는 대기 중에서보다 음향이 4배 더 빠르게 이동하며 지향성은 왜곡된다. 느낌도 이상했다. 정말로 수영하고 있는 게 아니라서 몸은 데워지지 않고,

수중에서는 대기 중에서보다 체온을 25배 더 빨리 빼앗긴다. 수영장 수온은 27도며 잠수복까지 입고 있으나, 첫 강의가 끝날 때쯤이면 수강생들은 하나같이 추위로 입술이 파래졌다. 그렇지만 난 불가능한 일을 해내며 몹시 즐거운 시간을 보내고 있었다. 공황에 휩싸인 건 조절기에 물이 들어차기 시작할 때뿐이었다. 주말을 지내면서 차츰 나아지리라 확신했다. 하지만 내 생각은 틀렸다.

———————

스쿠버 강의 첫날을 보내고 다들 노그라졌다. 우리의 주± 강사로 스무 살쯤 돼 보이는 건강한 여성 자닌 우드버리는 자신 역시 녹초가 되었다고 인정했다. 게다가 귀도 아프다고 털어놓았다. 내 귀도 아팠다. 통증이 심해서 자꾸 수면을 방해하는 바람에 잠들기 전 수면제를 먹을 정도였다.(나중에 알게 되었는데 수면제를 복용하는 습관은 위험해서 내 심장이나 폐를 해칠 수도 있었다.) 하지만 청력으로 보자면 (평소보다 한층 더 약하게 들리기는 했어도) 내 젊은 강사가 자기 귀도 아프다고 인정한 덕분에 내 기분은 한결 나아졌다. 어쩌면 귀는 원래 아프게 마련인 건지도 몰라. 이 점에서 난 틀렸다.

통증은 줄어들지 않는데 놀랍게도 난 장비를 조립할 수가 있었다. 조절기를 청소하거나 BCD를 부풀리거나 오므리려면 어떻게 해야 하는지 두 번 생각하지 않아도 되었다. 난 기운이 나서, 동료의 비상 산소 공급기를 빌려 호흡하는 법을 포함해 새 기술을 습득할 준비가 된 기분이었다. 기쁘게도 이 비상 산소 공급기는 문어라 불렸다. 하지만 내 귀는 마치 조만간 터지기라도 할 듯한 느낌이었다.

　자닌은 실제 어느 수강생 고막이 터지는 광경을 목격한 적이 있었다. "물속에 잠긴 수강생 귀에서 뽀글뽀글 물방울이 나왔어요." 자닌은 말했다. "징그러웠어요." 게다가 엄청나게 아프다. 스쿠버로 인한 영구적 귀 손상이 드문 일이기를 바라지만, 불행히도 현실은 그렇지 못했다. 스콧은 더 이상 잠수를 하지 않는데, 유기암을 수집하러 매사추세츠 연안 30미터 정도 수심에서 진행한 비교적 일반적인 탐사 때 귀가 손상된 까닭이었다. 유기암이란 조류藻類와 해면들의 서식지가 된 죽은 산호 조각들을 말하는데, 수족관에 가져와서 수조에서 생물학적 여과기로 사용한다. 아무튼 물 밑에서 수면으로 올라오면서 스콧은 수압 변화로 인한 '역압박'을 겪으며 달팽이관이 극심하게 손상되는 바람에 의사가 다시는 잠수하지 말라고 했다.

　난 강사에게 물속에서 "귀를 뚫는 게 고역"이라는 몸짓을 했다. 그녀는 코를 막고 풀라고 몸짓했다. 발살바법이라고 불리는 방법으로 압력을 균등하게 하는 요령이었다. 열과 성을 다해 그렇게 했더니 머릿속에서 무지하게 큰 소리가 들렸다. "괜찮아요?" 그녀가 신호했다. 그런데 이제 더 아파왔다. "뭔가 잘못됐어요." 난 신호하며 내 귀를 가리키고는 다시 한번 코를 막고 풀었다.

　난 60센티미터쯤 상승해 발살바를 거듭 시도했다. 자기 머리보다 큰 무언가를 삼키려고 애쓰는 뱀처럼 턱을 이리저리 움직이며 이관耳管을 뚫는 방법인 프렌첼법도 시도했다. 효과가 없기는 마찬가지였다.

　"괜찮아요?" 자닌이 신호했다.

　아뇨, 난 손짓으로 답했다. 발살바를 다시 했다. 조금 가라앉아보았다. 어쩌면 이건 '역압박'일 수 있으니 이런 식으로 해결할 수 있을지 몰라. 하지만 아니었다. 증상을 더욱 악화시킬 따름이었다. 난 시종 코를 꼭 막은 채 풀며 천천히 다시 올라갔다.

"괜찮아요?"

하지만 난 안 괜찮았다. 무엇을 하든 귓속 압력은 극도로 고통스러웠다.

난 나와서 몸을 웅크린 채 눈을 감고 앉았다. 고통만이 힘든 건 아니었다. 이러다 실패하는 건 아닐지 불안했다. 난 옥타비아와 칼리의 세계에 들어갈 수 있기를 필사적으로 바랐다. 내 거추장스러운 뼈대와 공기를 갈구하는 폐에 방해받는 이상, 적어도 물속에서 숨 쉬는 법을 배우지 않고는 문어로 존재한다는 느낌이 어떨지 전혀 알아낼 수 없다. 알아내기는커녕 알아내려고 시작조차 할 수 없으리라. 진짜 바다에서 사는 문어를 만나고 싶었다. 샤워를 하면서 난 어부의 기도 첫 구절을 머릿속으로 되뇌기 시작했다. 존 F. 케네디가 백악관 자신의 책상에 간직했던 구절이기도 했다. "오, 신이시여, 당신의 바다는 너무나 너르고 저의 배는 이리도 작습니다……" 나는 그 작은 배에서 나와 한 번에 단 한 시간만이라도 물속에서 호흡하며 유영하는 바다 생물이 되어 창조주의 광활한 대양으로 들어가고 싶어 견딜 수가 없었다. 이런 일을 스쿠버 없이 어떻게 할 수 있겠는가?

이어 난 어지러움과 메스꺼움을 느꼈다. 스콧은 달팽이관이 손상되자 통증과 더불어 현기증이 동반되었다고 했다. 수면에 올라와서는 구토를 했었다.

하지만 난 다시 한번 시도해보기로 결심했다. 강사는 비행기 조종사들이 흔히 사용하는 비강 스프레이 아프린을 써보라고 제안했다. 난 약국까지 비틀거리며 걸어가 건강식 점심 도시락과 함께 아프린 몇 개를 샀다. 점심은 위에 진득하게 머물러 있지 못했다.

자닌은 내게 그만 가는 편이 어떻겠냐고 다정스레 제안했다. 난 내 청력을 잃고 싶지 않았다. 내게는 영리하고 쾌활한 청각장애 친구 두 명이 있는데, 이런 친구들조차도 비청각장애의 세상에서 어려움을 겪고 있었다. 그래서 난 그러겠노라고 했다. 집에 일찍 가는 바람에 강좌의 초반을 이수하지 못하고 말았다.

실패자가 되어 난 차까지 기다시피 걸어갔지만 너무 어지러워서 운전은 할 수 없었다.

난 뒷좌석 우리 보더콜리가 앉는 담요 위에 누웠다. 숲에서 함께 하이킹을 한 뒤 운전해 돌아올 때면, 보더콜리의 발과 배는 진흙 범벅이 되어 있곤 했다. 그녀의 냄새를 들이켜자 난 금세 평온해졌다. 내 귀는 여전히 끔찍하게 아팠지만 반시간 만에 어지러움은 집까지 두 시간 거리를 운전할 수 있을 만큼 가라앉았다.

———

그다음 수요일 아쿠아리움에 다시 오자 전부 달라져 있었다. 대양 수조의 꼭대기 층은 관객의 출입이 제한되었으며 커다란 수조는 이제 진행 중인 작업을 가리려고 하얀 천으로 덮여 있었다. 300리터가 넘는 플라스틱 관들이 물고기를 담을 준비를 한 채 여기저기 흩어져 있었다. 꼭대기 층에는 커다란 나무상자들이 어수선하게 흩어져 있었는데, 이 안에 암초의 큰 부분을 담아 실어갈 예정이었다.

옥타비아는 평소보다 굴 뒤편으로 훨씬 물러난 이상한 장소에 있어서 알 사슬이 적어도 15열은 보였는데, 일부는 23센티미터 가까이 길었다. 팔에 매달린 모습은 마치 해먹에 누워 있는 듯한 모양새인 데다가 이상하리만치 잠잠했다.

사실 분위기는 온통 가라앉아 있어서 부자연스럽게까지 보였다. 아쿠아리움에는 인적이 거의 끊겼다. 관람객들은 거의 없었다. 스콧은 투손에서 열리는 회의에 갔다. 빌은 플로리다에서 휴가를 보내고 있었다. 애나는 개학했다. 펭귄들은 가고 없으며 녀석들의 사육장은 머틀과 그녀의 동료 거북들만이 차지하고 있었다.

머틀은 바로 그 전날 옮겨왔다. 잠수부 한 명이 상추를 이용해서 손잡이에 부낭이 달려 있고 물이 드나들 수 있도록 구멍이 나 있는 바다거북 크기의 플라스틱 상자 쪽으로 그녀를 꾀었다. 머틀이 상추를 씹어 먹는 동안 다른 잠수부가 250킬로그램 가까이 나가는 이 파충류의 껍질을 잡고 몸통을 휙 돌려 상자 안쪽으로 부드럽게 밀었다. 머틀을 담은 상자는 이어 물 밖으로 들어올려져 바퀴 달린 수레로 승강기에 태워진 뒤 펭귄 사육장으로 옮겨졌다. 상자 안으로 물이 흘러들자마자 머틀의 다리들은 빙빙거리기 시작했고, 그녀의 방사를 돕는 네 명의 잠수부 가운데 한 명이 상자 끝을 기울이자, 이 차분한 노년의 거북은 자신의 새 집으로 의젓하게 헤엄쳐 나왔다. 분명 당황한 기색은 없어 보였다.

머틀의 이행은 나보다는 한층 성공적이었던 셈이다. 난 나의 스쿠버 주말에서 승리자가 되어 귀환하기를 바랐다. 다른 생물로 변해서 말이다. 하지만 크리스타와 윌슨이 물어보자 나는 대실패였다고 털어놓을 수밖에 없었다.

월슨은 한때 스쿠버를 시도해본 사람인지라 공감했다. "쉬운 스포츠는 아니에요." 월슨이 말했다. 월슨의 딸과 아들 모두 능숙한 잠수부라서 수십 건의 잠수 사례를 기록해두었는데, 그 가운데에는 감압증으로 죽은 동료 잠수부의 사례도 있었다.

함께 칼리를 방문하는 동안, 난 내 실패에 대해 자세히 이야기했다. 칼리는 뚜껑이 열리기도 전에 통 위쪽에 와 있었다. 몸은 짙은 적갈색이 되어 금빛 눈으로 우리를 쳐다보면서. 지난주와는 달리 상당히 활력이 넘쳐서, 팔들을 뻗어서 빨판으로 막 잡았다. "진정해, 자기야!" 월슨이 오징어 한 마리와 빙어 두 마리를 부리나케 먹여주며 타일렀다. 빨판들로 입까지 불과 수초 만에 먹이를 나르더니, 1분 만에 싹 먹어치웠다. 이어 주의를 돌려 우리를 쥐고 잡아당기며 장난을 쳤다. 빨판 하나하나는 우리를 끌어안으면서 동시에 뽀뽀도 했다. 난 위로받는 느낌이었다.

크리스타는 늘 쾌활한 성격에 걸맞게 내가 스쿠버다이빙에 실패했다는 소식에도 긍정적이었다. "언젠간 해낼 수 있을 거예요." 크리스타는 날 안심시켰다. 그리고 난 벌써 다음 계획에 착수한 상태였다. 아쿠아리움으로 오는 길 중간쯤인 뉴햄프셔 메리맥에는 아쿠아틱 스페셜티즈라는 잠수용품점이 있었는데, 난 개인교습을 신청해서 다음 주부터 시작할 예정이었다. 그러면 뉴잉글랜드 수온이 너무 차가워지거나 물살이 거칠어지기 전에 오픈워터 인증[1] 과정을 이수할 수 있다. 내 강사가 이 아쿠아리움의 자원봉사자라는 사실은 좋은 징조로 여겨졌다.

---

1   Open Water Diver Certification: 스쿠버다이빙 자격 인증 과정 가운데 입문 단계.

사실 이 아쿠아리움에서 목요일에 일하는 사람이라면 누구나 나의 새 강사를 알았다. 사람들은 그녀를 빅 D. 도리스 모리셋이라고 불렀는데, 쉰아홉 살 빨강머리에 짓궂은 유머의 소유자인 이 여인은 키가 150센티미터 정도밖에 안 되었으나 정신만큼은 거인이었다. 게다가 빅 D는 유달리 인내심이 강하며 유능한 강사인데, 다음과 같은 사실을 기꺼이 인정하는 까닭이었다. 당신이 실수할 수 있다면, 난 이미 실수해보았다고.

어릴 적 빅 D는 프랑스 해양 탐험가 자크 쿠스토와 TV 시리즈 「바다 사냥」에 홀딱 반해 있었다. 하지만 수영을 잘하는 데다 바다를 사랑하기는 했어도 자기 자신이 스쿠버다이빙을 할 수 있으리라는 생각은 쉰 살이 되어서야 생겼다. TV에 나오는 잠수부들은 죄다 남자였기 때문이다.

마침내 카리브 해에서 휴가를 보내는 동안 '스쿠버 도전하기'라는 약식 강좌를 수강했다. 교실에서 30분가량 수업을 들은 뒤 수강생들은 배를 타고 나가 잠수복을 입고 물속으로 뛰어들었다. "나만 빼고요." 빅 D는 말했다. "난 심지어 물속에 들어가지조차 않았고 정신도 차릴 수 없었어요. 그냥 할 수가 없더라고요." 개인 강사 두 명을 비롯해 몸을 튼튼하게 하려고 영양사까지 한 명 두고 수업을 받으며 다시 시도했고, 이듬해 자격증을 취득했다.

2010년 빅 D는 강사가 되어 있었다. 그 후 빅 D는 학생 수십 명을 가르치며 고맙다는 인사를 들었다. 빅 D는 뉴잉글랜드에서 주말 여름 잠수를 이끄는 등 전 세계를 돌아다니며 잠수한다. 나와 만났을 때는 오픈 워터 잠수를 37번 완수한 상태였으며, 이 아쿠아리움에서 자원봉사를 시작한 2009년 이래 대양 수조에서 180번이나 잠수했다.

아쿠아틱 스페셜티즈의 비교적 얕은 수영장에서 빅 D로부터 받은 두 번의 강의는 쉽고도 재미있었지만 가을이 깊어갈수록 불안감은 커져갔는데, 스쿠버다이빙 입문 과정을 끝내려면 오픈워터 잠수를 네 번 성공해야 하기 때문이었다. 빅 D는 파도가 강해서 대서양에서 계획된 마지막 잠수 두 번을 중단해야 했었다. 하지만 나를 위해 빅 D는 해결책을 준비했다. 말하자면 난 뉴햄프셔 더블린 호에서 나의 오픈워터 인증을 받을 수 있게 되었다. 게다가 우리 집에서 몇 분만 가면 되는 거리였다.

안타까운 건 그때쯤이면 10월이어서 이 용천호湧泉湖는 수온이 12도에 불과하다는 점이었다.

고대 스파르타인은 찬물이 머리카락을 포함해 모든 면에 좋다고 믿었다. 이 정도 수온이면 실제로 생리적 변화를 일으키는데, 그 가운데 하나는 저온 충격 반응이라 알려져 있다. "찬물에 입수해서 피부가 갑자기 차가워지면 바로 일어나는 일련의 반사 반응"을 일컫는다. 이런 반사 반응이 일어나는 동안에는 "혈압과 심박 수가 증가하고 심장에 부담이 커져서 심장 율동은 생명을 위협하는 수준에 이르기 쉬우며 심장마비에 걸릴 가능성도 높아진다. 이와 동시에 숨이 가빠지면서 빠르고 깊은 호흡이 이어진다. 이런 반사 반응들은 물을 들이켜 빠져 죽는 사고로 곧장 이어질 수 있다. 이처럼 빠른 데다 통제 불능으로 보이는 과호흡은 질식감을 유발해서 공황에 빠뜨리는 원인이 된다. 더불어 현기증과 착란, 방향감각 상실을 일으키며 의식 수준도 저하시킨다." 온라인 자료의 설명은 이랬다.

당시에는 이런 사실을 몰랐다는 사실이 기쁠 따름이다.

뉴잉글랜드의 차가운 물속에서 얼지 않으려고 스쿠버다이버는 상당

량의 네오프렌을 입는다. 나는 7밀리미터 두께의 전신 일체형 잠수복과 함께 그 위에 걸칠 7밀리미터 두께의 긴소매와 반바지로 된 '짧은' 잠수복을 빌리기로 했다. 전신 잠수복에 다리를 넣고 잡아당기며 입기란 생긴 것처럼 어려워서 끙끙거리며 잡아당기기 바빴지만, 빅 D는 그럴 만한 가치가 있다고 나를 납득시켰다. 입기 어려울수록 몸에 더 꼭 맞는다는 뜻이며, 몸에 더 꼭 맞을수록 내가 더 따스하기 때문이다. 하지만 상점에는 대여복이 그리 많지 않은 데다 여성 소비자는 남성에 비해 드물었던 까닭에, 난 남성복 작은 사이즈를 빌릴 수밖에 없었다. 주목할 점은 사타구니 부분의 헐렁한 공간이었는데, 이 때문에 난 팬티스타킹이 무릎으로 흘러내리고 있는 여자 꼴로 걸어야 했다.

장화와 장갑, 두건도 샀다. 두건을 쓰는 일은 머리에 수술용 장갑을 끼는 것과 비슷했다. 팔라펠을 두른 피타빵처럼 귀가 반으로 접히니 꼭 질식이라도 할 듯했다. 목은 너무 꽉 껴서 머리가 금방이라도 터질 듯했다. 일단 두건을 쓰면 얼굴 피부를 매끈하게 당겨줘서 마치 성형수술이라도 받은 듯 보기 좋은 모습을 만들어주리라 기대했건만, 그러기는커녕 뺨을 코 쪽으로 찌그리는 바람에, 닫히고 있는 승강기 문 사이에 머리가 끼인 듯했다.

덧입는 네오프렌의 또 다른 특징은 부력을 상승시킨다는 점인데, 그래서 잠수부는 더 많은 무게를 지닐 필요가 있었다. 따라서 나는 14킬로그램에 가까운 공기통과 수영장에서 잠수할 때 입고 있던 무게에 더해, 이제는 허리를 두른 띠에 납덩이마저 매달아야 했다. 그러면 내가 지닐 무게는 총 32킬로그램에 육박하니, 내 몸무게의 57퍼센트에 달하는 셈이었다.

이렇게 증가된 무게와 추위, 추가 장비, 탁한 물로 인한 좁은 시계 탓에 뉴잉글랜드에서의 오픈워터 스쿠버는 말 그대로 기술적 잠수를 요했다. 빅 D와 앞선 강사 자닌 둘 다 같은 말을 했다. "뉴잉글랜드에서 잠수할 수 있다면 거의 어디서든 잠수할 수 있어요."

빅 D와 난 우리 차에 장비를 싣고 메리맥에서 더블린으로 한 시간 운전해 갔다. 다시금 난 몸부림치며 남성용 상하복에 몸을 끼워 넣었다. 친구며 이웃들이 자주 지나다니는 분주한 101번 도로 옆에서 나의 네오프렌 잠수복 속으로 낑낑대며 들어가면서, 난 제발 아는 사람이 지나가며 바로 이 순간 내 꼴을 목격하는 일이 없기를 기도했다.

마침내 다 차려입고 난 생각했다. 좋아, 이만큼 불편하니 난 찬 물이 닿는 지조차 모를 거야. 나는 비틀거리며 바위에서 바위를 거쳐 진흙 바닥까지 걸어가 호수 안에 도착했다. 잠시나마 난 건조하며 따뜻했다. 이어 물이 스며들기 시작했다. 난 자닌이 우리에게 했던 말을 간절하게 기억해냈다. 세상에는 오직 두 종류의 잠수부가 있다. 잠수복 안에 소변을 보는 잠수부와 소변을 보고서도 거짓말하는 잠수부. 37도면 몹시 기분 좋은 온도일 테다. 오기 전에 물을 더 마시지 않은 것이 후회되었다.

첫날은 안개가 자욱하고 비가 왔으나 빅 D는 명랑했다. "물속에서 올려다보면 빗방울이 기막히게 멋져요." 그녀가 말했다. 난 수면 바로 아래, 가라앉고 위로 솟구치는 것 중간쯤에서 허우적거리며 잠수했을 뿐이었다. 다리는 추위로 경련을 일으켰다. 탁한 물속이라 강사가 나와 3미터만 멀어져도 시야에서 사라져버릴 지경이었다.

기적적으로 난 빅 D가 만족할 만하게 모든 스쿠버 기술을 수행할 수 있었다. 우리는 20분 뒤 수면으로 올라왔고 빅 D는 다음 잠수는 "순전

문어의 영혼

히 재미로" 하게 되리라 장담했다. 큰 배스를 찾으러 다닐 수도 있을 거라고. 뉴햄프셔 수렵부가 호수에 채워놓은 물고기였다. 육봉연어 또한 있었다. 물이 혼탁한 바람에 한 마리도 못 봤지만 말이다. 그래도 빅 D는 옳았다. 밑에서 올려다보니 빗방울은 **진짜** 기가 막히게 멋졌다.

이틀 뒤 마지막 잠수에서 나는 말 그대로 뒤로 입수했다. 이번에는 물고기를 찾아보지도 않았다. 그저 다음 잠수가 끝나기를 바랄 따름이었다.

하지만 그때, 15센티미터가 넘는 배스가 내 안면 마스크 **바로** 앞에서 헤엄을 쳤다.

지금껏 여러 야생동물과 마주쳤지만 이런 만남은 생전 처음이었다. 보통, 동물은 우선 멀찌감치 떨어져서 바라보게 된다. 운이 좋다면 녀석은 서서히 다가와 당신이 접근하도록 해줄 수도 있다. 동물이 당신 얼굴에서 몇 센티미터 거리에 느닷없이 나타나 당신을 쳐다보는 일은 없다. 이 배스도 역시 놀랐을지 모른다. 누군가는 말한다. 물고기의 얼굴은 사람 얼굴과 달리 움직임이 없어서 표정이 없다고. 하지만 틀렸다. 배스는 놀랐지만 재미있어하는 표정이었다. 마치 이렇게 말하는 듯한. "너 여기서 뭐하고 있니?"

우리는 수초 동안 서로의 눈을 빤히 쳐다보았다. 그러다가 둘 중 하나가 눈을 깜빡였다. 눈꺼풀이 있는 건 나밖에 없으니 눈을 깜빡인 것도 분명 나이리라. 배스는 쏜살같이 사라졌다.

하지만 이 물고기는 행복했어야 한다. 바로 그날 난 스쿠버 자격증을 취득했는데, 누구도 아닌 그런 나를 홀려버렸으니 말이다.

아쿠아리움으로 돌아오니 대양 수조에서 마지막 물고기가 퇴거된 상태였다. 아쿠아리움 기술자들은 10월 2일 오전 10시, 이 76만 리터가 넘는 수조의 가동을 멈추고 분당 2.5센티미터씩 배수했다. 마침내 잠수부들은 사다리를 타고 내려가 낮아진 수위에서 그물로 날쌘 타폰을 비롯해 퍼밋과 전갱이를 잡을 수 있을 터였다. 내가 더블린 호로 차를 몰고 가는 사이, 빌은 오후 3시에서 9시까지 일하는 인부들과 합류해 1.6미터 길이에 몸무게가 18킬로그램에 달하는 타폰 여덟 마리를 옮기며 주말을 보냈던 셈이다. "녀석들은 커요. 어렵기도 하고요." 빌이 말했다. "그래서 녀석들을 마지막까지 남겨둔 거죠."

매 순간마다 위험이 도사렸고 드라마 같은 상황이 펼쳐졌다. 9월에는 잠수부 4명과 수의사 3명, 물 양동이조 13명, 큐레이터 한 명, 자원봉사자 몇 명이 한 팀이 되어 1미터 길이의 검은코상어 암수 각각 한 마리씩을 대양 수조에서 꺼냈다.

몇 주에 걸쳐 잠수부들은 이 상어들을 그물에 가둔 채 물속에 풀어 동물들이 상어를 두려워하지 않게 조치해뒀었다. 팀은 그 전날 보닛헤드상어들을 옮기는 데는 성공했으나, 큐레이터 댄 로플린의 설명에 따르면 검은코상어들은 한층 민감해서 흥분할 수도 있었다. 겁먹은 상어는 잡기가 거의 불가능한데, 그래서 댄은 전원에게 계획 A뿐 아니라 A가 안 통할 경우를 대비해 계획 B와 C, D도 설명해두었다.(계획 B와 C에는 그물이나 칸막이를 써서 상어들이 주로 헤엄치는 공간을 좁혀가며 모는 방법이 포함되었으며, D는 수조 물이 거의 다 배수될 때까지 기다린다는 계획이었다.) 상어가 겁먹는 것보다 다치는 것이 더 안 좋은데, 상어가 산호 조각의 날카로운 모서리 근처에서 몸부림친다면 쉽게 발생할 수 있는 상황이었다. "잡으리라는 확신이 서기 전까지는 덮치지 마세요." 댄이 커다란 뜰채로 무장한 잠수부 두 명에게 경고했다.

계획은 간단했다. 일단 이 두 명의 그물 담당이 중앙에 깊은 골이 있는 산호 조각군의 각 반대편에서 서로 마주보고 서 있을 예정이다. 두 잠수부 가운데 한 명은 내가 알기로 머틀의 친구인 셰리 플로이드였으며, 다른 한 명은 퀸시 수족관 동물사육사인 모니카 슈머크였다. 세 번째 잠수부는 골의 물속에서 서성이며 막대기에 청어를 꿰어 상어를 유혹한다. 일단 미끼가 상어의 주목을 끌면 셋째 잠수부는 마련해둔 그물 쪽으로 막대기를 휘둘러서 모두의 바람대로 상어가 그 안으로 열심히 헤엄쳐 가도록 유도할 터였다.

처음에 상어들은 청어에 무관심한 기색이었다. 막대기 주위를 돌며 한 번 건드리더니 이어 또 한 번 건드렸다. 그다음 세 번째. 하지만 팀은 상어들이 배가 고프리라고 확신했다. 네 번째, 암컷 검은코가 셰리의 그물로 곧장 헤엄쳐 들어왔다. 셰리는 한 번의 매끈한 동작으로 뜰채를 위로 올려 마른 바닥에 있는 다른 직원에게 건넸고, 이 직원은 상어를 이미 승강기 안에서 대기하고 있던 수조로 날랐다. 수조는 물 양동이조가 달랑 펌프 하나의 도움으로 물을 채워둔 상태였다.

두 번째 상어는 다들 잡기가 더 힘들리라 생각했다. 하지만 미끼를 두 번 집적거리더니 모니카의 그물로 들어갔다. 녀석은 수컷으로 암컷보다 더 큰 데다 퍼덕거리며 뛰쳐나갈 만큼 강해서, 누군가 탈출을 막으려고 첫 번째 그물 위로 두 번째 그물을 확 덮기 전까지는 마음이 조마조마했다. 상어 두 마리는 잠수부들이 샤워장으로 들어가기도 전에 퀸시행 트럭에 올라 있었다.

안타깝게도 타폰 이송은 그처럼 쉽게 진행되지 못했다. 팀은 녀석들을 굼뜨게 하려고 물에 마취제를 녹여야 했다. 타폰 한 마리는 마취에서 깨어나지 못하고 죽었다.

빌에게는 가혹한 일이었다. 일전에 방문했을 때 나는 빌이 다소 늙은 관리 동물 가운데 하나인 대서양볼락을 다정하게 부여잡고 있는 사이 수의사들이 관을 통해 먹이를 먹이는 모습을 지켜보았다. "녀석은 내내 먹지 못했어요." 빌이 깊은 시름에 잠겨 내게 말했다. 대서양볼락의 문제는 흔한 것이었다. 녀석은 눈에 기포 하나가 생겨서 통증 때문에 식욕을 잃어버렸다. 기포를 처리하느라 스테로이드 안약으로 치료하고 있었지만, 회복하는 동안 체력을 유지시키는 일이 중요했다. 대서양볼락이 병세가 회복되어 전시장 뒤편 자기 수조로 돌아갈 때까지 빌은 긴장한 기색이 역력했다. 수조는 같은 대서양볼락 한 마리와 바위베도라치라고 알려진 갈색 장어 한 마리가 함께 쓰는데, 두 종 모두 근처 메인 주에서 흔한 어류였다.

동물을 거두는 기관들이라고 해서 관내 동물을 치료하는 방식이 서로 같지는 않았다. 내 친구 한 명은 1980년대 초 작은 동물원에서 일하고 있었는데 캥거루가 병에 걸렸다. 친구는 호주에 있는 한 동물원에 도움을 받으려고 전화를 걸었다. "그쪽 동물원에서는 캥거루가 아프면 어떻게 하나요?" 친구가 물었다. "총으로 쏴 죽이고 다른 놈을 잡아옵니다." 돌아온 대답이었다.

하지만 뉴잉글랜드 아쿠아리움에서는 흔한 어종이든 아니든 개체 하나하나를 애정을 갖고 전문적으로 보살폈다. 다들 이곳 동물들을 사랑했다. 동물들이 아프거나 죽기를 바라는 사람은 아무도 없었다. 빌의 망상어 가운데 하나는 외음 절개술을 받고 회복하는 중이었다. 망상어들은 알이 아닌 새끼를 낳는 태생어인데, 새끼들이 체내에 갇히는 바람에 배설강이 파열해 창자가 노출된 상태였다. 이곳 아쿠아리움에서 일하는, 소년의 매력이 있는 쾌활한 수의사 찰리 이니스가 그녀를 수술했다. 아쿠아리움에서는 심각한 멸종 위기에 있는 바다거북을 매년 수십 마리씩 구조하고 치료해서 방생하는데, 찰리는 녀석들의 생명을 구할 때와 매한가지로 절박하게 임했다.

10센티미터 정도 되는 이 망상어는 수술 후 회복하는 데 한 달이 걸렸다. 이날 빌은 그녀를 회복 수조에서 조심조심 떠내어 파란 양동이로 옮기고, 양동이에 들어가면 가운과 장갑을 갖춘 수의사 두 명이 실밥을 뽑을 수 있도록 마취하기로 했다. 한 명이 노란 스펀지 수건으로 잡고 있는 사이 다른 한 명은 봉합선을 싹둑싹둑 자른다. 이어 곧바로 전시장 뒤편 수조에 놓아주면 가시선인장 몇 마리를 비롯해 깃털 같은 부속지가 구식 깃펜을 닮은 아름다운 연산호와 함께 지낼 예정이다. 빌은 내게 수조를 보여주었다. 한때 도치과 물고기 럼피시가 살았고 그 후엔 오션파우트가 살았으며 지금은 하얀 말미잘들로 꽉 찬 수조 옆에 있었다. 하얀 말미잘은 서북태평양관에서 옮겨 온 지 얼마 되지 않았다. 망상어가 지낼 수조는 빌이 칼리를 옮겼으면 하는 수조이기도 했다.

그렇지만 언제? 이 작은 문어는 더 이상 그다지 작지 않았다. 찾아갈 때마다 칼리는 활발하며 다정해서 빨판은 우리 손과 팔에 빨간 뽀뽀 자국을 남겼지만, 가지고 놀 것도 숨을 곳도 볼 것도 없는 작고 지루한 통 안에서 행여나 우울해지지나 않을까 다들 걱정이었다. 대양 수조 개조로 말미암은 공간 부족 사태에 더해, 조만간 빌은 동물들을 더 데려 오려고 메인 만으로 아쿠아리움 연례 채집 탐사를 떠날 참이었다. 이로써 수조들을 조율하는 작업은 한층 복잡해질 터였다.

자기 통 안에 있는 칼리를 바라보고 있노라면 탁 트인 바다에서 문어를 만나고 싶은 갈망만 커질 뿐이었다. 어떻게 그런 일이 일어날지 아니면 언제 일어날지 나로선 전혀 알 길이 없었다. 불과 두 주 후면 난 다음 과제인 사막 영양을 조사해 기록하는 작업 때문에 니제르로 떠나야 했다. 모래의 바다라니, 물에 홀린 지금 나의 마음과 그보다 동떨어진 곳이 어디 있을까.

하지만 아쿠아리움에서의 하루를 끝내고 돌아오니 충격적인 소식이 기다리고 있었다. 아프리카 말리 근처의 알카에다 정보원들이 니제르까지 퍼져서 테러리스트들이 외국인 방문객들을 납치하고 있다는 소식이었다. 탐사는 취소되었다. 사하라 사막으로 사파리 여행을 떠나는 대신, 난 카리브 해에 있는 문어를 만나러 잠수하기로 했다.

메리맥 잠수용품점에서는 가을마다 세계에서 가장 멋진 스쿠버다이빙 장소 가운데 하나인 코수멜 섬으로 여행을 준비했다. 코수멜 산호 국립해상공원이라는 이름은 멕시코 유카탄 반도에서 19킬로미터 조금 넘는 거리에 있는 이 섬의 이름을 따서 지어졌다. 공원은 117제곱킬로미터가 넘는 면적에 걸쳐 있는 세계에서 두 번째로 큰 보초堡礁를 보호하고

문어의 영혼

있는데 면적 대부분은 수질이 아주 깨끗하며 일부는 대양에서 가장 깨끗한 물에 속한다. 공원은 26종이나 되는 산호와 500종이 넘는 어류를 자랑하며, 문어를 볼 기회를 제공하는 것 또한 자랑거리였다.

"문어를 보기란 보통 하늘의 별따기예요." 상점 주인인 바브 실베스터가 말했다. 지금껏 이야기해본 잠수부들도 대부분 같은 소리를 했다. 예를 들면, 내 단골 식료품점 상인은 25년 동안 세계를 돌아다니며 잠수를 했다는데 단 한 번 봤을 뿐이라고 했다. 그가 다가가니까 먹물을 쏘더란다. "하지만 코수멜 섬에서라면 야간 잠수 때 숱하게 본답니다!" 바브가 우쭐댔다. 진귀한 점박이종에게 "숱하게"란 불과 2~3마리에 불과할 테지만 그래도 그게 어딘가, 진짜 짜릿한 모험이 되리라.

———

11월 첫 토요일, 난 뉴햄프셔 맨체스터에 있는 공항에서 함께 갈 여행자들을 만났다. 올해는 여덟 명이 코수멜 섬에 간다. 여덟, 내 생각에 상서로운 숫자였다. 나와 빅 D, 바브와 바브의 남편 롭을 비롯해 우리 무리에는 잠수부 세 명과 잠수 안 하는 배우자 한 명이 있었다. 사기충천해 들떠 있는 우리였다지만, 멕시코 출입국관리소에 발목이 잡힌 뒤 마침내 스쿠버 클럽 코수멜에 도착해 점검 잠수를 준비하려고 할 때쯤엔 지쳐서 멍해졌다. 나에겐 진짜 바다에서의 첫 잠수인데 말이다. 게다가 날도 어두워져갔다.

어둑한 데서 보니 장비는 말도 못 하게 복잡하고 낯설었다. BCD를 공기통에 삐뚤게 묶었다. 빅 D는(얼마나 피곤했던지 자기도 잠수복을 뒤집어

입어놓고) 내 BCD 위치를 바로잡아주었다. 게다가 난 호스를 반대로 돌려 끼는 바람에 패킹용 고무를 손상시켰고(우주선 챌린저호가 폭파한 원인도 이 탓 아니었나?) 장비에선 산소가 샜다. 난 잠수용품점까지 공기통을 질질 끌고 가서 새것을 얻은 다음, 호스를 부착했다. 마스크를 쓰고 연녹색 오리발을 신고 검정과 분홍으로 된 새 잠수복을 입고 나서, 마침내 나는 부두까지 뒤뚱거리며 걸어가 작정하고 성큼성큼 걸음을 내디뎌 카리브 해로 뛰어들었다.

식겁할 양의 물이 코로 들이닥쳤다.

수면으로 고개를 내밀고 콜록거렸다. 물맛이 코피 같았다. 난 '진짜' 공기를 들이키려고 산소조절기를 빼고 숨을 헐떡거렸다. 빅 D는 내려오라며 엄지손가락을 아래로 가리켰다. 하지만 가라앉을 수가 없었다!

다른 잠수부들이 나를 돕겠다며 서둘러 몰려왔다. 한 명이 잠수용품점에서 추를 몇 개 더 가져왔다. 롭은 그것들을 내 BCD 주머니에 채워 넣었다. 염수는 담수보다 부력이 훨씬 더 크다. 이번과 같은 점검 잠수가 필요한 까닭이기도 했다. 추는 배에서 바다로 뛰어들기 직전에 넣어야 맞기 때문이다. 어쨌든 난 여전히 가라앉을 수가 없었다. 롭이 900그램 정도를 더하더니 1.8킬로그램을 더 집어넣었다.

이제 날은 완전히 어두워졌다. 눈에는 아무것도 안 보였다. 물은 코로 줄기차게 들이닥쳤다. 실수를 해버린 바람에 이럴 때는 어떻게 해야 하는지 하나도 기억해낼 수가 없었다. 만신창이가 된 기분이었다.

"당신에겐 첫 야간 잠수잖아요!" 빅 D가 용기를 북돋느라 애썼다. 누군가가 불을 밝혔다. 롭이 추를 추가로 5.5킬로그램 정도 더 갖춰주었다. 난 빅 D를 따라 바닷속으로 들어가 수중 아치 통로를 따라 날듯이 헤엄쳤다. 하지만 발판 계단을 올라 마침내 간신히 빠져나왔다는 데 감사할 따름이었다. 물론 혼자서는 오리발을 벗을 수도 없을 지경이었지만.

빅 D가 나를 도와주었다. 난 실제 바다에서 얼마나 오랫동안 잠수했는지 알아보려고 잠수 컴퓨터를 확인했다. 한 시간이었나? 45분이었나? 화면을 보니 3미터 깊이에서 딱 2분 잠수했다. 잠수로 기록될 만한 수준조차 아니었다. 나머지 시간엔 수면에서 고개를 내밀고 숨이 막혀 헐떡거리고 있었던 셈이다.

다음 날 아침 나는 맵시를 내는 여학생처럼 거울 앞에서 한 시간 반을 보냈다. 코에 바닷물이 차지 않기를 바라는 마음에 마스크를 만지작거리다가 말총머리 주위로 지난번과는 다르게 줄을 조여보았다. 우리는 오전 8시 30분 리프스타 호에 올라 출발하기로 했다. 리프스타 호는 17미터 길이의 바이킹식 선체로, 주문 생산한 미국 선박이며 시속 20노트로 항해할 수 있었다. 이날 첫 잠수는 조류 잠수라고 불리는데, 조류를 타고 떠다니는 방식이었다. 일단 배에서 내린 다음에는 우리를 태우러 다시 올 때까지 배를 못 보게 되어 있었다. 잔교로부터도 한참 떨어져 있었다.

"엘 파소 델 세드랄이라는 곳에서 잠수할 겁니다." 딱 벌어진 가슴의 카리스마 넘치는 잠수감독 프란시스코 마루포가 목적지에 도착하기 직전에 설명했다. 얕은 곳에 있는 모래판과 깊은 곳에 있는 모래판을 가르는 등성이를 따라 산호머리들이 솟아 있는 기다란 등뼈 같은 산호초였다. "산호 열을 따라 조류가 느린데, 이곳에서는 곰치를 볼 수도 있습니다. 이를 가는 노랗고 파란 어종인 프랑스벤자리가 수두룩하게 떼 지어 있을 수도 있고요. 빨간퉁돔을 여러 마리 볼 수도…… 그리고" 프란시스코는 나를 똑바로 쳐다보았다. "문어를 볼 수도 있지요." 앞서 프란시스코는 자신도 문어 찾기를 유달리 즐긴다고 이야기했다. "문어를 놀라게 하면 눈이 사람처럼 휘둥그레지죠." 프란시스코는 말했다. 문어는 네 종류가 있을 수도 있으나, 제가끔 모양과 크기, 색을 여러 가지로 바꿀 수 있는 까닭에 구분하기란 어려울 수 있었다.

선장이 엔진을 껐다. 난 BCD를 데꺽데꺽 입고 찍찍이 허리띠를 여미고 가슴 줄을 조정하고 마스크에 서린 김을 닦고 나서, 오리발을 신었다.

"됐어, 이제 갑시다!" 빅 D가 말했다. 마스크를 얼굴에 바짝 대고, 난 보트 밖으로 성큼성큼 걸어가 물속으로 그녀를 따라 들어갔다.

마스크에 물이 들어차지 않았다. 숨 쉬기가 괜찮았다. 조심스레 아래를 내려다보자 각양각색의 황홀한 그림이 환상의 세계처럼 펼쳐졌다. 이 빛깔과 모양들은 그러나 그림이 아니라 살아 있는 생물들이었다. 어류, 게, 산호, 고르고니언 산호, 해면, 새우 등. 산호들은 거인의 입술처럼 뽀로통한데, 무언가를 가리키는 앙상한 손가락들 같기도 했다. 부채뿔산호는 섬세하기 그지없는 레이스보다도 더 미묘하게 펄럭였다. 모래는 뉴햄프셔 백설이며, 물은 투명한 터키옥이요, 주변의 모든 야생동물은 마치 우리가 거기 없는 듯 옆을 헤엄쳐 지나갔다. 다른 행성으로 시간여행을 떠난 투명인간이 된 기분이었다. 하지만 이곳은 다름 아닌, 남극 대륙을 제외하고 모든 대륙을 방문해가며 내가 반백 년 이상을 살아온 바로 그 행성이었다. 그럼에도 이 행성의 대부분은 나에게 아득한 신비로 남

문어의 영혼

아 있었던 셈이다. 지금까지 말이다.

물고기가 도처에 널려 있으며 시야는 그야말로 무한했다. 두려움은 감쪽같이 사라지고 없었다.

거의 바로 옆에서 프란시스코가 바위 턱 아래로 숨고 있는 길이 1.5미터가 넘는 곰치 한 마리를 가리켰다. 벨벳 같은 이끼색으로 아름다운 리본 모양이었다. 입을 벌리자 녀석의 뾰족한 이가 보였다. 스콧이 내게 해준 이야기가 떠올랐다. 한때 아쿠아리움에 곰치 한 마리가 있었는데 턱을 유달리 쩍 벌리는 바람에 잠수부들이 녀석의 입속을 살살 긁어주곤 했으며 이 점잖은 물고기는 그렇게 해주는 걸 무척 좋아했다고. 난 마치 친구의 친구를 만나고 있는 기분이었다.

프란시스코는 일부 마야 사람이지만, 내 생각에 그의 일부는 또한 물고기이기도 했다. 그는 현지인답게 식은 죽 먹기로 미끈하게 헤엄치며 우리한테 자신의 이웃을 보여주었다. 난 프란시스코를 가까이서 따라가면서도 빅 D에게서 눈을 떼지 않았다. 우리는 멀리까지 헤엄쳐갔다. 내 잠수 컴퓨터에 따르면 수심 15미터가 넘는 지점에 있었는데도 내 귀는 괜찮았다. 이제 프란시스코가 우리에게 오라며 손짓했다. 거대한 뇌산호 옆에 난 구멍 하나를 가리켰다.

눈이 하나 보이더니 깔때기 모양의 수관이 보였다. 내가 손가락 여덟 개를 들어 보이자 프란시스코가 고개를 끄덕였다. 갈색으로 얼룩덜룩하며 흰 빨판들이 있었다. 바위에서 팔 하나를 떼어내며 문어가 나오는데 눈을 치켜뜨고 우리를 쳐다보고 있었다. 머리는 주먹 하나 크기에 불과했다. 돌연 붉은빛을 띠다가 하얘지더니 터키옥같이 윤기 흐르는 청록색을 선보였다. 눈을 제외하고는 다시 구멍 안으로 물러났다. 그러더니 엿보는 수준을 넘어 머리를 다시 내밀고 이어 외투를 드러냈다. 수관이 우리를 겨냥하더니 옆으로 방향을 틀었다. 아가미가 호흡할 때마다 하얀 속살이 드러났다.

문어가 숨 쉬는 모습을 지켜보는 것만으로도 여기 영원히 있을 수 있을 것 같았다. 하지만 누구나 문어를 볼 자격이 있기에, 난 옆으로 비켜나며 프란시스코에게 새로 개발한 신호를 보냈다. 손가락들을 살짝 포개고 손바닥은 내 가슴을 향한 채, 나의 쿵쾅거리는 심장으로 손을 가져왔다 다시 떨어뜨렸다. 하지만 프란시스코는 이미 알고 있었다. 내 얼굴에 서린 황홀감을 보았던 까닭이다. 아테나를 만나고 옥타비아를 알게 되고 이제는 칼리한테까지 이르도록 일 년 반이 넘게, 난 이 생물들을 우리 세계로 데려와 삶의 터전으로 내어준 수조에 다가갈 적마다 녀석들의 세계로 들어가고 싶어 애를 태웠다. 마침내 바다의 따스한 가슴에 안겨 물속에서 호흡하며 문어의 수중세계에 둘러싸여 있으니, 은빛 거품을 뿜어올리는 나의 호흡이 마치 찬송가 같았다. 여기 제가 왔습니다.

경이가 줄지어 잇따랐다. 산호두꺼비고기 한 마리가 바위 아래 숨어 있었다. 한때는 코수멜 섬에만 살고 있다고 여겨지던 종인데, 빈대떡처럼 납작한 생김새에 얇은 물결무늬의 파랗고 하얀 선들과 형광성 노랑의 지느러미가 있고 구레나룻 같은 촉수가 여럿 돋아 있었다. 1.2미터가량의 너스상어 하나는 선반 모양의 산호 아래 숨어 있었는데, 마치 기도하는 사람처럼 평온해 보였다. 트럼펫피시도 한 마리 보였다. 노란색에 검정 줄무늬가 있었는데, 긴 관처럼 생긴 주둥이를 아래로 한 채 가지형산호와 어우러지느라 애쓰는 중이었다. 빅 D는 즉석에서 손 신호 하나를 만들어냈다. 주먹 하나로 다른 손 엄지손가락을 잡은 채 입에 갖다 대고 다른 손 나머지 손가락은 치켜 올려 꼼지락거리는 신호인데, 마치 관악기를 연주하는 모양새였다. 분홍과 노랑이지만 보는 각도에 따라 여러 색을 띠는 물고기들이 우리 마스크에서 바로 10여 센티미터 앞을 스쳐지나가더니, 하늘의 새들처럼 일제히 선회했다.

자연 상태에서 이보다 더 꿈 같은 광경은 본 적이 없었다. 난 기쁨이 극에 달해 황홀의 경지에 이르며 묘한 느낌을 경험했다. 숨을 쉴 때마다 머릿속이 울리고 아득한 소리들이 가슴을 울리며 사물들은 실제보다 더 가깝고 크게 보였다. 꿈에서처럼, 불가능한 일들이 눈앞에 펼쳐지지만 난 그것들을 당연하게 받아들였다. 물속에서 난 변성의식을 경험했는데, 변성의식 상태에서는 인식의 초점과 범위, 명료성은 극적으로 변화한다. 칼리와 옥타비아는 늘 이런 상태에 빠져 있는 걸까?

나에게 대양은 티머시 리리[2]에게 있어서의 LSD와 같았다. 티머시는 환각제와 현실의 관계는 현미경과 생물학의 관계와 같다고 주장했다. 환각제가 현실에 대한 인식을 이전에는 접근할 수 없었던 수준까지 끌어올리는 까닭이라고 했다. 주술사와 구도자들은 평상시에는 경험할 수 없는 세계에 들어가려고 버섯을 먹고 묘약을 마시며 두꺼비를 핥고 연기를 들이마시며 코담배를 피운다.(인간만 이런 시도를 하는 것은 아니다. 코끼리에서 원숭이에 이르기까지 다양한 종들이 취하겠다고 발효 과일을 먹으며, 최근 밝혀진 바로, 돌고래들은 사람들이 마리화나 담배를 나눠 피듯이 주둥이에서 저 주둥이로 건네 가며 특정 종류의 독성 복어를 나눠 먹는데, 그런 후에는

---

2   Timothy Leary(1920~1996): 미국 심리학자이자 저술가로 환각제 사용을 적극적으로 옹호했다. 1960년대와 1970년대 체포되기를 거듭해 전 세계에 걸쳐 수감된 감옥이 29군데에 이른다.

일종의 최면 상태에 빠져드는 듯 보인다.)

　정상적이며 일상적인 의식을 바꾸고 싶은 욕망이 모든 사람을 사로잡는 것은 아니지만, 인간 문화에서 끈질기게 유지되어온 주제다. 정신이 자아를 초월해 확장하면, 융이 이야기한 보편의식, 곧 모든 정신이 공유하고 있는 원초적이며 대대로 유전되어온 형태와 연결되어 외로움으로부터 해방되며, 플라톤이 우주혼이라 부른 대상, 곧 모든 생명이 공유하는 포괄적 세계의 영혼과 결합하게 된다. 특정 문화에서는 동물의 혼과 소통하려고 명상이나 약물, 육체적 시련을 통해 변성 상태에 이르고자 애쓰는데, 동물의 지혜는 평범한 삶으로는 파악할 수 없다고 보는 까닭인 듯하다. 스쿠버다이빙 동안 일어난 변성 상태는 내가 약물에 취해서 생긴 현상이 아니었다. 정신이 멀쩡한 상태로 황홀경에 빠져서 자발적으로, 대양 자체가 꾸는 꿈 같다고 느껴지는 무언가의 일부가 된 셈이었다.

　꿈이 실제가 아니라고 누가 장담할 수 있는가? 힌두 신화에 따르면 나라다[3]가 비슈누[4]의 은혜를 입어 비슈누와 함께 걷는 영광을 얻었다고 한다. 갈증을 느끼자 비슈누가 나라다에게 물을 좀 가져오라고 시켰다. 나라다는 어느 집에 갔고 한 여인을 만났는데 여인이 너무 아름다운 나머지 왜 왔는지 잊어버렸다. 나라다는 이 여인과 결혼했고 함께 땅을 일구고 가축을 기르며 세 자녀를 낳았다. 그러던 중 지독한 우기가 찾아왔다. 홍수로 마을의 집이며 가축, 주민들이 다 떠내려갈 위험에 처했다. 나라다는 아내의 손을 잡고 아이들도 챙겼다. 하지만 물살이 몹시 거센

3　Narada: 힌두교 신화 3대 신의 하나인 창조신 브라흐마가 창조한 인간의 조상 11명 가운데 하나.
4　Vishnu: 힌두교 신화 3대 신의 하나로 평화의 신.

바람에 모두 흩어졌다. 나라다는 파도 아래로 휩쓸려 내려갔다. 바다 기슭으로 떠밀려 와서 눈을 떠보니, 거기에는 비슈누가 그가 물을 가져오기를 여태 기다리고 있었다. 이 신은 종종 깊이를 헤아릴 수 없는 대양 위에 잠들어 있는 모습으로 그려지는데, 신이 꿈을 꾸는 동안 보글보글 포말이 일며 우주를 창조한다.

리프스타 호로 돌아오자, 나는 마스크를 벗고 기쁨에 겨워 울고 말았다.

―――――――

매일 나는 기묘한 장관에 취해 있었다. 8센티미터가량의 복해마에는 주머니쥐의 꼬리처럼 물건을 잡을 수 있는 꼬리가 달려 있었다. 에인절피시 여섯 종은 등에 지느러미가 달려 있는데 신혼 열차 장식처럼 나부꼈다. 노란 입술의 물고기, 자주색 꼬리의 물고기, 앵무새처럼 화사한 물고기, 원판 모양의 물고기, 쇠사슬 갑옷이나 호랑이 줄무늬가 간간이 섞인 표범 반점 같은 정교한 문양의 물고기, 가령 서전트메이저 즉 상사ᅟᅩᅭ줄자돔처럼 특정 대상을 연상시키는 이름이 붙여진 물고기들도 있었다. 반짝반짝 크롬을 연상시키는 블루크로미스 곧 파랑자리돔, 광대라는 뜻의 할리퀸배스, 요정물고기라고도 불리는 로열그라마, 미끈거리는 거시기라는 뜻의 슬리퍼리딕도 마찬가지다.

어느 날 밤에는 해안가에서 잠수해 들어갔다. 들어가기가 무섭게 난 어둠 속에서 무리를 잃고 실수로 다른 무리에 섞였다. 그렇게 혼란에 빠져 방향 감각을 잃고 헤매다 잠수를 중단해야 한다는 데 실망하며 부두로 헤엄쳐 돌아왔다. 하지만 롭과 빅 D가 되돌아오더니 롭이 말했다. "문어를 찾으러 갑시다!" 롭이 내 손을 잡고 가시복 한 마리에게 불빛을 비추었다. 성가신 일을 당하면 풍선처럼 부풀 수 있는 물고기였다. 한편 뿔복은 수소처럼 머리에 뿔이 나 있고, 납작하고 유령같이 생긴 남방가오리는 모래 위에 잠자코 있었다. 이어 롭은 내 손을 꼭 쥐고 바닥 위에 있는 다른 무언가에 불빛을 비춘다. 처음에 난 주황색의 통통한 불가사리를 보여주는 줄 알았다. 하지만 바로 그 옆, 죽은 산호 사이에 난 틈에서 적갈색의 무언가가 흘러나왔다. 문어는 동그랗게 말려 있던 팔들을 펼쳐서 하얀 빨판들을 드러냈다. 눈은 높이 치켜뜨고 있었다. 불빛이 거슬렸는지 선홍색으로 변해서 구멍으로 쏟아져 들어가 사라지는데, 마치 배수구 속으로 빠지는 물 같았다.

11월 7일 화요일. 프란시스코는 잠수 설명회에서 우리를 향해 말했다. "오늘은 콜롬비아에서 잠수할 예정입니다. 콜롬비아 브릭스[5]라고 불리는 곳이죠." 난 안내 책자에서 섬 남쪽 끝 절벽 기슭에 위치한 이 산호초에 대해 읽은 적이 있었다. "백사장 너머로 거대한 산호 기둥들이 어렴풋이 나타나 바다 쪽으로 경사져 내려가 다랑이처럼 생긴 지형을 따라 아래로 이어진다……" 이곳은 거대 판산호, 부채뿔산호, 거대 해면, 거대

---

5   팔랑카 브릭스Palancar Bricks라고도 한다. 브릭스는 벽돌밭이라는 의미로, 해저에 19세기 후반 남미에서 북쪽으로 가던 화물선이 난파되고 남은 벽돌들이 있어서 붙여진 이름이다. 커다란 닻도 있다.

말미잘로 유명했다.

"우리가 잠수를 시작할 바로 이곳에는 벽돌들이 수두룩하고 닻도 하나 있습니다." 프란시스코가 말을 이었다. "서로 바닥에서 만난 뒤, 선반 지형을 가로지르며 헤엄쳐 절벽으로 갈 겁니다. 거기에는 여기저기 돌출된 뾰족 바위들이 있을 거고, 이어 벽 쪽으로 진행할 겁니다. 바다거북을 볼 수도 있을 거예요. 지난주에는 커다란 돌고래 25마리가 우리 뒤에서 다가왔어요. 이곳 한가운데로 지나가려던 참이었죠. 상어와 매가오리도 볼 테고, 간혹 한곳에 바닷가재 수십 마리가 있기도 합니다."

"24미터 넘는 깊이로 잠수하게 될 겁니다. 물살이 빠르면 산호초 근처에 머물러 있으세요. 그리고 거기서 떠오르면 계속 떠다니는 겁니다."

빅 D는 성큼성큼 걸어가 맨 처음으로 물속에 뛰어들고 난 그 뒤를 따랐다. 하지만 무언가가 잘못되었다. 3미터 정도 내려가니 귀가 아팠다. 난 조금 위로 떠올라서 코를 잡고 풀며 귀를 뚫으려 애썼다. 통하지 않았다. 바닥에 있는 다른 잠수부들을 보았다. 내려가려 애썼지만 통증이 너무 심했다. 빅 D에게 "귀 압력에 문제가 생겼어요"라고 신호를 보낸 다음 똑같은 신호를 롭에게도 보냈다.

롭은 내게 몇 가지 묘안을 보여주었다. 머리를 한쪽으로 기울인 다음 다시 다른 쪽으로 기울여라. 코를 막지 말고 풀어봐라. 아주 조금만 더 올라가서 다시 시도해봐라. 하지만 아무것도 통하지 않았고, 그제야 난 이상해할 일도 아니라고 생각했다. 나는 어제 잠수를 세 번 했고 그 가운데에 한 번은 내 생에 가장 깊은 수심인 25미터 남짓까지 내려갔는데, 오늘 아침에는 그만 평소 쓰던 비강 스프레이를 뿌리는 걸 잊었기 때문이다.

롭과 나는 수면으로 올라왔다. "귀가 얼마나 아프게 될까요? 잠수를 계속할 수 있을까요?" 나는 물었다. "위험을 감수하지 않는 편이 나아요." 롭이 충고했다. 난 생각했다. 내일은 야간 선상 잠수다. 이번 주에 문어를 볼 수 있는 호기 중의 호기다.

선원들이 배에 기어오르도록 도와줬고 나는 손으로 머리와 그놈의 비협조적인 귀들을 감싼 채 비참한 심정으로 벤치에 앉았다. 다음 잠수까지 남은 한 시간 반 안에 귀를 뚫어주기를 바라며 혈관수축제 한 알을 삼켰다.

시간이 느리게 흘러가기를 바랐지만 빨리도 흘러갔다. 바다에서는 어쩌면 시간이 물의 무게와 점도에 따라 느려지는 건지도 모르겠다. 칼리나 옥타비아의 수조에 손을 집어넣는 것만으로도 시간은 다른 속도로 흘렀다. 어쩌면, 난 생각에 잠겼다. 옥타비아 수조에서 느끼는 속도가 바로 창조주가 사고하는 속도일지 모른다. 묵직하고 우아하게 물 흐르듯 말이다. 시냅스에서 불꽃 튀듯 신호가 전달되는 속도가 아닌 혈액이 흐르는 속도처럼. 물 밖에 있으면 우리는 이리저리 꼼지락거리며 가만히 못 있는 아이들처럼, 아니면 컴퓨터 폰에다 대고 온갖 표정으로 이야기하면서 동시에 다른 오만 가지 일을 한다고 하지만 어느 것 하나에도 집중하지는 못하는 십 대들처럼 행동하고 생각한다. 하지만 대양에서는 한층 느리게, 한층 유의미하게, 그러면서도 나긋나긋하게 움직일 수밖에 없다. 대양에 들어간다는 것은 곧 대기 중에서는 경험하지 못하는 미덕과 힘 속에 몸을 담근다는 의미다. 수면 아래로 잠수하는 건 마치 꿈꾸는 지구의 광활한 잠재의식 속에 들어가는 기분이다. 대양의 깊이와, 흐름, 압력에 복종함으로써 겸손해지면서 동시에 자유로워진다.

30분 뒤 친구들이 수면 위로 모습을 드러냈지만 귀에는 차도가 없었다. 알고 보니 우리 잠수부 가운데 한 명인 마이크도 귀에 문제가 생겼지만 나와는 달리 잠수를 마쳤다. 이제 마이크는 코피까지 흘리는 바람에 다음 잠수 때는 빠져야 해 역시 실망하고 있었다.

프란시스코는 마이크와 내가 빠질 잠수에 대해 설명을 시작했다. 장소는 찬카납 공원이 될 텐데, 바닷가재와 두꺼비고기로 유명한 곳이었다. "이 두 번째 장소가 제가 생각하기엔 최고입니다. 바다거북을 볼 가능성이 있는 까닭이죠. 만약 본다면 푸른바다거북이 될 겁니다."

"머틀하고 같은 거예요!" 빅 D가 내게 말했다. 빅 D는 평소 같으면 이날 아쿠아리움에서 자원봉사를 하고 있으리라는 사실을 떠올렸다. "머틀이 오늘 나를 그리워하고 있을까요?"

"최대 수심은 약 15미터입니다." 프란시스코가 말했다. "조심하세요. 모래가 분말 같아서 날리기 십상이니까요."

그리고 나서 마이크와 난 친구들이 터키옥 같은 청록의 물에 풍덩풍덩 빠져 들어가는 모습을 지켜보았다. 우리만 빼놓고 말이다.

이번만큼은 변태를 지켜볼 수 있었다. 지금까지는 너무 내 채비를 하기에만 정신없었다. 우리는 배에서 바다까지 걸어서 입수했다. 배 끝까지 커다란 오리발을 질질 끌며 가는데, '거인 걸음'이라 불리는 입수법이었다. 듣기에는 위풍당당하며 능란해 보이지만 이렇게 걸으면 자크 쿠스토조차 몬티 파이선의 촌극 「우스꽝스러운 걸음부」[6]에서 갓 걸어 나온 듯

---

6   우스꽝스러운 걸음부The Ministry of Silly Walks: 영국의 유명 희극집단인 몬티 파이선의 텔레비전 쇼 「몬티 파이선의 날아다니는 곡예단Mnoty Python's Flying Circus」의 한 촌극. 이 부처에서는 우스꽝스러운 걸음을 개발하는 책임을 맡고 있다.

보였다. 노련하며 우아한 잠수부들인 내 친구들이 저렇게 측은하리만치 어색하고 속수무책이며 저렇게 적극적이면서도 취약한 모습인 것을 보고 있자니, 한마디로 충격이었다. 생각할 겨를도 없이 다른 세계에 삼켜진 잠수부는 새로이 거듭나, 어물어물하는 괴물에서 무중력 상태의 우아한 존재로 변태했다. 영혼이 죽음을 맞아 하늘로 날아올라갈 때도 이런 일이 일어나는 걸까?

　수요일 동이 트면 나는 칼리와 옥타비아를 보러 가곤 했다. 이번 수요일은 선상 야간 잠수를 하는 날이자 이번 여행에서 야생 문어를 볼 수 있는 절호의 기회였다. 내 귀를 놓고 의견이 분분했다. 마이크와 롭은 별탈 없으리라고 했지만 빅 D와 바브는 아침 첫 잠수는 피해야 한다고 생각했다. 이날의 가장 깊은 잠수로 수심 21미터 넘게 내려가는 까닭이었다. 그다음 오후 잠수가 있었다. 그리고 그다음 야간 잠수 전에, 해거름 잠수가 있었다.

　그래서 난 일행과 함께 보트에 오르기는 했어도 첫 잠수는 건너뛰었다. 프란시스코가 이곳에 있다고 했던 초록곰치와 바다거북, 상어들을 놓치게 된다니 슬펐다. 그날은 바람이 강해서 물살이 세찼다. 다들 큰 파도 아래로 들어가고 싶어 안달이 나는 통에 배에서 뛰어내리느라 바빴다. 하지만 빅 D의 장비에 무언가 문제가 있었다. BCD의 팽창 호스가

7　Pit crew: 자동차 경주에서 출전한 자동차의 급유 및 정비 담당자.

제대로 부착되지 않았다. 선원 두 명이 피트 크루7처럼 재빨리 문제를 바로잡게 도와주지만, 빅 D를 제외하고 다들 이미 잠수해버렸다. 빅 D가 성큼성큼 물속으로 걸어 들어가자, 난 다른 일원들과 합류했는지 걱정스레 살폈다. 하지만 파도 탓에 아무것도 보이지 않았다. 호흡하며 내뿜는 기포조차 보이지 않아서, 내 사랑하는 강사가 어딘가 존재한다는 증거도, 사라진 친구들과 합류했다는 증거도 찾을 수 없었다. 배는 다른 무리를 내려주려고 현장을 떠났다. 빅 D는 앞가림을 잘하리라 생각하면서도 여전히 걱정되었다.

선장도 마찬가지로 걱정해주었다. 다른 무리를 내려준 뒤 선장은 다시 그 자리로 돌아갔다. 하지만 바다는 배며 잠수부들로 꽉 차 있었다. 우리 무리는 어디 있지? 느닷없이, 길고 홀쭉한 주황색 공기 주입식 고무보트가 눈에 띄었다. 이건 "안전 소시지"라고 불리는데, 그 안에 빅 D가 있는 것이 아닌가! 다친 걸까?

빅 D는 무사했지만 무리를 잃고 헤매고 있었다. "이리저리 찾아 헤매는데 이런 생각이 들더라고요, 무리를 못 찾겠구나!" 빅 D는 덤덤하게 사실을 말했다. 물에서 간신히 몸을 끌어내 갑판 위로 올라오는 모습을 보니 원래처럼 쾌활했다. "난 이 안전 소시지를 4년 동안 가지고 있었는데 사용할 일이 없었어요!"

선원들이 파도 위에서 뽀글뽀글 거품이 올라오는 곳이 있나 샅샅이 살폈다. 우리 무리에게서 나오는 기포를 찾는 중이었다. 마침내 무리가 있는 곳을 파악하자 나의 배짱 좋은 강사는 태연자약하게 다시 내려갔다.

다른 잠수부들은 그러나 그리 침착하지 못하다. 강한 바람과 거센 물살 탓에 빅 D와 같은 문제를 겪은 잠수부들이 수두룩했다. 두 번째 잠수에도 난 참가하지 못했고 물에는 독일 정육점보다 소시지가 더 많이 들어찼다. 우리는 무리를 잃고 떠다니는 잠수부 가운데 한 명을 구조했다. 노년의 신사였는데 예상치 못한 경험으로 몹시 떨고 있었다. "보통 수면으로 떠오르면 우리 보트가 기다리고 있었는데 말입니다!" 노신사는 식식거리며 말했다. 하지만 그는 자신의 배 이름도 잠수감독 이름도 기억할 수 없었다. 우리 배에는 노신사가 머물 만한 공간이 있었는데, 우리가 토쟁이 사내라고 명명한 어느 운 나쁜 일행을 잃어버린 까닭이었다. 사내가 토하고 나서였다. 난간 너머로 토해야 당연하건만 갑판에 토하는 바람에 다른 일행들마저 토하느라 난리였다. 나중에 보니, 사내는 다른 보트에 있었고 실수로 올라탔노라고 했다. 우리는 결국 길 잃은 신사의 배를 찾았고 이 토쟁이 사내를 되찾아왔지만, 그는 실수로 탔던 배에 어처구니없게도 웨이트벨트를 놔두고 왔다.

대낮에 잠수부들을 너무 많이 잃어버리고 나자 슬슬 걱정되었다. 야간 잠수 때는 무슨 일이 벌어지려고 그러나?

───────

해거름 잠수를 위해 부두에 모인 시각은 3시였다. 잠수 장소에 도착하려면 배를 타고 한 시간은 가야 했다. "이곳은 델릴라라고 불린답니다." 프란시스코가 설명했다. "18미터 이상 내려갈 이유는 없어요. 아직 이르니 아주 컴컴해지지는 않을 거예요. 하지만 작은 전등은 하나씩 챙겨 가세요. 분화구 안쪽을 잘 살펴보세요. 하루 중 이 시간쯤이면 잠잘 곳을 물색하느라 남쪽으로 이동하는 바다거북과 너스상어들을 보게 됩니다.

문어의 영혼

파랑비늘돔도 보이고요. 물살이 세지면 산호초 근처에 붙어 있으세요, 아셨죠?"

난 내 귀가 버텨주기를 기도했다.

빅 D가 지켜보는 가운데 반복적으로 귀 압력을 조절하며 물속으로 아주 천천히 내려갔다. 바닥에 도착해서 그녀에게 "나 괜찮아요"라고 신호하고 보니, 다른 일행들도 모두 내가 괜찮은지 확인하느라 지켜보고 있었다. 40분쯤 유영한 데다 잠수 컴퓨터는 내가 27미터 아래로까지 잠수했다고 기록했지만 아무런 통증도 없고 즐겁기만 했다. 눈 밑이 파란 물고기인 커다란 머튼스내퍼가 줄곧 나를 따라다녔다. 물이 점점 어두워지면서 자신감도 늘어갔다. 난 할 수 있어. 이제 문어만 협조해주면 된다.

———

어둡고 추워지고 있었다. 상갑판에서 혈액에 쌓인 질소가 배출되기를 기다리면서 빅 D와 난 수건 한 장을 함께 덮고 옹송그려 있었다. 오들오들 떨면서도 연신 키득거리며. 이제야 난 긴장했다. 그리고 생각했다. 내 귀, 이 어둠, 밤이고 이곳은 대양이다.

프란시스코가 잠수 설명을 한다며 사람들을 모았다. "이제 거의 다 왔습니다. 낙원. 이곳은 파라디소라고 불리죠. 코수멜에 있는 장소 가운데 야간 잠수를 위한 곳입니다. 우리는 문어와 상어를 보게 되리라 생각하고 있습니다. 하지만 야간 잠수 때마다 보는 건 다종다양합니다. 어느 밤에는 문어가 수두룩하기도 하죠. 보름달이 뜨면 문어가 나오는데, 포식자인 문어에게 달은 섬광등이 되어주기 때문이죠. 하지만 바닷가재는 자기네 굴에 꼼짝 않고 있습니다. 거대한 게를 볼 수도 있습니다. 커다란 오징어도 보게 될지 모르고요. 장어, 특히 점박이장어[8]는 뱀처럼 생겼습니다. 녀석은 암초 옆에서 발견하게 되죠."

"우리는 일단 고물 쪽 수면에서 만나 함께 잠수할 겁니다. 각자 전등을 챙기세요. 수신호를 사용할 때는 전등으로 손을 비추세요. 그리고 수면으로 올라오면 머리를 비추시고요. 그래야 배가 당신을 찾을 수 있으니까요."

"난 밝은 갈색 등과 녹색 등이 있어요. 이 불빛이 보이면 그게 나라고 알면 됩니다. 좋아요, 갑시다!"

우리는 저마다 전등이 두 개씩이었다. 손전등과 등에 부착한 형광봉. 난 롭을 뒤따라 성큼성큼 걸어 들어갔다. 내가 해안가 야간 잠수 때 길을 잃었던 기억이 있어 롭은 잠수 내내 내 오른손을 잡고 있기로 했다. 둘은 함께 천천히 내려갔다. 1미터쯤 아래서 수압에 적응하기 시작하는데, 꽉 눌리는 듯한 기분이었다. 연거푸 코를 풀어가며 조금 더 내려갔다. 3미터쯤 내려가서 난 롭에게 신호했다. "귀가 아파요." 우리는 함께 몇 십 센티미터쯤 올라왔다. 난 프렌첼법을 하고 발살바법도 했다. 머리를 한쪽 어깨로 젖힌 다음 다시 다른 쪽 어깨로 젖혔다. 조금 나아졌다. 난 전등으로 왼쪽 손을 비추며, "괜찮아졌어요"라고 신호했다. 한 걸음, 두 걸음, 세 걸음 차곡차곡 내려갔다. 귀에서 끽끽거리는 소리가 났다. 하지만 귀가 망가지지만 않는다면 난 멈추지 않을 작정이었다.

---

8   Sharptail eel, sharptail snake eel, Myrichthys breviceps: 점무늬가 있으며, 꼬리로 모래를 파고 들어갈 수 있다.

마침내 롭과 난 다른 일행과 함께 바닥에 닿았다. 다 같이 어둠 속에서 암초를 따라 진행했다. 부력을 조절하고, 수심계를 보느라 손전등을 사용하고, 귀를 뚫으며 간간이 마스크도 닦고, 손전등에서 나오는 작은 원판 같은 불빛으로 동물들을 찾는 일은 하나하나만도 하기 힘들건만 죄다 동시에 하느라 어려움이 이만저만 아니던 차에 롭이 내 손을 잡고 있어서 난 무척 기뻤다. 마치 작은 캡슐을 타고 우주를 여행하는 기분이었다. 주위는 온통 어둠이 무겁게 둘러싸고 있었다. 내 감각은 오그라들어 이 작은 불빛 동그라미에 집중하는 데만 쏠려 있었다. 그러는데 거대한 게 한 마리가 나타났다. 높은 탑을 이룬 자줏빛 산호랑 파란빛 에인절피시도 한 마리 보였다! 어느 산호 아래로는 퉁돔이 대량으로 떼를 이루고 있었다. 닭새우가 더듬이를 흔들었다. 앞에는 친구들 사진기에서 나오는 불빛이 마른번개처럼 번쩍거리고, BCD들에서는 불빛이 비행운처럼 꼬리를 늘어뜨렸다. 그리고 드디어, 문어다! 난 롭의 손을 꼭 쥐었지만 롭은 이미 문어를 보았다. 자기 굴에서 줄줄 흘러나오고 있는 모양새의. 녀석은 갈색 바탕에 흰 줄무늬가 있었는데, 굴 밖으로 팔들을 뻗어내는 사이 점점 밝은 빛을 띠어갔다. 팔 셋으로 앞으로 걸어 나와 머리를 돌려 눈으로 우리 얼굴을 똑바로 쳐다보더니 녹색으로 변했다가 다시 갈색으로 변해서 사라졌다.

노란색 산호들이 사냥 촉수를 뻗고 있었다. 자줏빛과 주황빛 해면들이 시야에 들어왔다. 두 번째 문어다! 눈이 불쑥 나타나더니 들어갔다. 눈가가 노랗게 보이며 동공은 째졌다. 마치 밤하늘을 메운 별들처럼 피부에 대뜸 작은 반점들을 내비치더니 굴 안으로 쏟아져 들어갔다.

앞을 보니 내 손전등 불빛에 프란시스코가 복어랑 장난치는 모습이 보였다. 웬일인지 복어는 프란시스코가 자기 배를 쓰다듬도록 놔두었다. 그런데 롭이 전등을 빙빙 돌려서 내 주의를 끌었다. 우리 바로 아래세 번째 문어가 있었다. 나는 다리를 위로 하고 머리를 거꾸러뜨려 녀석을 살펴보았다. 이번 문어는 앞선 두 문어보다 크며 놀란 기색도 없었다. 수관은 나한테서 멀찍이 돌린 채 가까이 기어왔다. 줄무늬를 내비치더니 점무늬가 그 뒤를 이었다. 기분에 녀석은 나를 시험하고 있는 듯했다. 마치 실험을 진행하고 있는 과학자처럼 내가 무슨 일을 할지 알아보려는 눈치였다. 하지만 나는 조류에 떠밀리고 있었고 떠밀리기는 롭도 마찬가지였다. 이 어둠 속에서 서로가 떨어지게 해서는 안 되는 임무를 맡은 사람인 롭도. 동명의 영화 마지막에서 닥터 지바고는 분주한 도시 한복판에서 오랫동안 헤어져 있던 라라를 발견하는데, 내가 꼭그 기분이었다. 하지만 내 몸은 바다의 손아귀에 있으며 조류는 나를앞으로 밀어냈다.

돌연 내 전등의 동그란 불빛에 경이로운 모습들이 포착되었다. 점박이 장어의 노처럼 납작하게 생긴 꼬리는 끝이 뾰족했다. 이빨을 갈며 내는소리가 꿀꿀거린다고 해서 꿀꿀이물고기라고 불리는 줄무늬벤자리들이있었다. 파란빛 에인절피시도 한 마리 있었다. 거대한 게도 한 마리 있었다. 하지만 귀의 압력이 높아지고 있었다. 주의를 집중하기가 어려웠다. 줄기차게 코를 풀며 압력을 조절하려 애썼지만, 압력이 조절되기는커녕 머리에 이상한 수중 소음만 울리게 할 뿐이었다. 산소조절기에서는 다스 베이더의 쉭쉭거리는 소리와 더불어 무언가 끽끽거리고 보글보글 끓는 소리만 들렸다. 나를 붙들어주는 롭의 손이 아니라면 완전히 방향감각을 잃을 지경이었다.

문어의 영혼

그러고 있는데 네 번째 문어가 보였다. 이번에는 산호초 벽에 있다! 이 녀석은 꽤 작은 데다 수줍은 성격이어서 내게 보이는 거라곤 산호초의 굴에서 유심히 내다보는 눈과 빨판들뿐이었다. 이제 수면으로 올라갈 때라며 롭이 수신호를 주는 사이 내 귀는 비명을 지르고 있었다. 롭과 천천히 위로 올라갔다. 마치 죽어가며 자기 몸을 떠나기 싫어 머뭇거리는 영혼 같았다. 그러며 우리는 기포들이 위로 솟으며 만들어내는 은빛 자취를 지켜보았다. 마치 별똥별 같았다.

6장

출구

자유, 욕망, 탈출

돌아와보니 옥타비아는 여전히 튼튼해지고 있었다. 빨판들을 휘돌리며 입을 유리 쪽으로 향하는 모습이 무척 활발해 보였다. 이어 뒤로 홱 뒤집어져서는 머리 아래에 몸이 매달려 있는 꼴이 되었다. 그러며 아이바 eyebar 문양을 하나 만들다가 반점들을 내비치더니 이어 팔 셋으로 이마를 가로질렀다. 그리고 항아리처럼 아가미를 떡 벌리고 팔 하나를 그 속에 넣는가 싶더니 팔 끝을 수관 밖으로 쑥 내밀어 흔드는데 마치 택시를 부르는 사람 같았다. 이어 팔을 밖으로 빼고는 다른 팔을 찔러 넣었다. 이제 옥타비아는 점점 창백해지며 숨을 들이쉴 때마다 크게 부풀어 오르다가 수관을 통해 힘차게 숨을 내쉬었다. 동공은 통통한 봉 모양으로 강한 인상을 내뿜었다. 그러다 수관을 돌리는데 유연하기로는 혀 저리가라였다. 수관은 그렇게 내 시야에서 사라졌다. 그러면서 끊임없이 몸색깔을 바꾸었다. 아이바는 사라지고 이제는 별이 빛나는 모양을 만들었다. 팔 하나를 이용해 굴 뒤쪽으로 알들을 보풀리듯 밀어 넣으면서 반점 무늬를 만들어내는데 호화롭고 다채롭기가 고급스러운 페르시아 카펫 같았다. 옥타비아가 돌아서자 보이는 알들은 뒤편으로 60센티미터쯤 뻗어 있었다. 알은 수천 개를 넘어 수만 개였다. 아이 둘하고 엄마에게 이 광경을 가리켜 보여주니 다들 놀라서 혀를 내둘렀다.

반계단 위에서는 윌슨이 수조 뚜껑을 열어 기다란 집게로 옥타비아에게 오징어 한 마리를 건네고 이어 또 한 마리를 건넸다. 층계 아래로는 놀라서 얼어붙은 아이들이 보였다. 문어가 오징어를 허겁지겁 먹어치우는 사이, 해바라기불가사리가 윌슨 쪽으로 팔 끝에 있는 관족을 뻗었다. "물고기 달라고 애걸하는 거란다." 난 아이들에게 설명했다. "녀석에겐 뇌가 없지만 멍청하지는 않아. 보렴!" 윌슨이 고분고분 빙어 한 마리를 건네주니 불가사리는 아이들 눈높이 유리에 배 옆으로 딱 달라붙어서는 가는 줄기 같은 다리들을 차례차례 거쳐 가며 먹이를 입으로 가져가기 시작한다. 이어 입 밖으로 위장을 밀어낸다. "녀석은 먹이를 녹이려고 위장에서 바로 산을 배출할 수 있어!" 난 아이들에게 설명했다. 아이들은 사람 입에 들어간 알약 사탕처럼 물고기가 녹아 없어지는 모습을 보고 신나서 꺅꺅 소리를 지른다.

칼리는 이제 옥타비아만큼 자라서 그녀를 둘 곳을 찾는 일이 시급한 문제였다. 크리스타와 윌슨이 내게 말하길, 지난주 칼리에게 먹이를 주는데 팔들이 통에서 미친 듯이 솟구쳐 나오는 바람에 제때 탈출을 막으려고 빨판을 떼어내느라 진땀을 뺐다고 했다. "나오려고 필사적으로 발버둥치는 듯했어요." 크리스타가 내게 말했다. 오늘 칼리는 들썩거리기는커녕 다정하고 차분했다. 차갑고 축축한 포옹은 따스한 환영처럼 느껴졌다.

어쩌면 지난주 피운 난리는 새로운 이웃들 탓일지 몰랐다. 이곳 웅덩이 물을 나눠 쓰는 망상어 한 마리는 병에 걸려서 프라지콴텔이라는 구충제로 치료받고 있었다. 그런데 이 약이 문어한테 미치는 영향은 아직 밝혀지지 않아서, 빌은 칼리의 통을 이곳에서 몇 미터 떨어져 있으며 수원도 다른 개방형 수조로 옮겼다. 칼리의 통이 떠다니는 이 개방형 수조에는 빌이 메인 만에서 채집한 동물들이 있었다. 말미잘, 총천연색 피클 같이 생긴 주홍발해삼, 생강 뿌리처럼 생긴 피낭류인 멍게, 옅은 잿빛으로 토실토실 흥미롭게 생긴 데다 입 모양은 놀라 벌어진 듯 노상 O 모양을 하고 있는 럼피시. 럼피시는 파도를 타게 적응되어 있는 데다 배에는 빨판이 하나 있어서 마치 창문 장식처럼 어느 표면에든 달라붙을 수 있다. 게다가 럼피시는 똑똑하기까지 하다. 2009년 비디오 자료에는 블론디라는 이름의 럼피시가 부리는 묘기가 기록되어 있는데, 블론디는 이곳 아쿠아리움에서 해양 포유류 조련사 가운데 한 명으로부터 훈련받으며 고리를 통과해 헤엄치고 명령에 따라 뽀글뽀글 기포를 내뿜고 수의사가 피부 박리 검사를 하는 동안 가만히 있으며 수면에서 급선회하며 헤엄치는 법을 배웠다. 언젠가 훈련소 수업에 우리 집 개 샐리를 데리고 참가한 적이 있는데, 이 급선회 행동을 하라는 명령어는 "돌아"였다. 보더콜리라면 똑똑하기로 이름난 품종인데도 이 묘기를 샐리에게 가르치는 데는 실패했다.

새로 온 럼피시 가운데 하나는 칼리에게 호기심이 든 모양이었다. 빌이 그러는데, 어제 빌이 칼리에게 먹이를 주는 동안 이 럼피시가 칼리 팔끝을 살펴보러 왔다고 했다.

"어쩌면 이런 일로 칼리가 사물에 더 흥미를 느끼게 되었는지 모르겠어요." 크리스타의 의견이었다. "그랬으면 좋겠어요. 칼리가 재미를 좀 찾았으면 좋겠네요." 윌슨이 말했다.

직접 만지지 않고서도 칼리는 이웃들의 맛을 볼 수 있었다. 칼리의 화학수용체는 30미터 떨어진 곳에서도 화학 정보를 얻을 수 있었다. 연구자 한 명은 문어 빨판은 해수에 용해된 화학성분을 무척 민감하게 느낄 수 있는데, 증류수에 용해된 맛을 느끼는 인간의 혀보다 100배는 더 민감하다는 사실을 밝혔다. 그러니 칼리는 수조 친구들의 종류와 성별, 건강 상태를 꿰뚫고 있을지 모를 일이었다.

문어는 일반적으로 자기네끼리는 어울리지 않는데 다른 종 동물과 어떻게 지내는지는 알려진 바가 거의 없다. 물론 사냥을 하거나 포식자에게서 숨는 경우는 제외하고. 두족류 가정 사육 분야 전문가는 애호가들에게 다른 동물과 문어를 함께 두지 말라고 충고한다. 문어가 다른 동물을 죽이거나 잡아먹을 수도 있는 까닭이다. 하지만 수조에서 이루어지는 모든 관계가 다 적대적이지만은 않다. 밴쿠버 아쿠아리움에 있는 브리티시컬럼비아관에서 일하는 큐레이터 대니 켄트가 밝힌 바에 따르면, "어떤 개체들은 볼락 떼하고 수년 동안 살면서도 잡아먹지 않을 수 있는 반면, 어떤 개체들은 동거 동물들을 죄다 냉큼 먹어치우기도 한다." 이곳 아쿠아리움의 24만6000리터급 수조인 조지아해협관에 살던 문어하나는 바윗덩어리 측면을 기어올라 수면 근처까지 가서 물기둥 속에 팔 하나를 집어넣고 질질 끌기를 즐겼다. 켄트는 이 문어가 자기 팔을 낚싯대처럼 사용하면서 청어랑 마주치기를 기다리고 있다가 결국 청어를 잡아먹곤 한다는 사실을 발견했다.

수조에서 동거하는 동물들과의 관계란 복잡할 수도 있다. 2000년 시애틀 아쿠아리움에서는 위험한 결정을 내렸다. 150만 리터급 수조에 태평양거대문어 한 마리와 1~1.5미터 되는 곱상어 몇 마리를 함께 살게 하기로 했는데, 문어가 위협을 받으면 숨을 수 있다고 믿었던 까닭이다. 하지만 틀렸다. 놀랍게도(결정한 사람들도 놀랐지만 이 사건을 재현한 비디오가 2007년 공개되어 전파되자 이를 본 290만 명의 사람들도 마찬가지였다), 문어는 숨기는커녕 상어들을 차근차근 죽이기 시작했다. 상어들이 실종된 줄 알았으나 수조 안에서 죽은 채 잡아먹힌 모습으로 발견되었다. 이건 포식도 아니었고 직접적 위협에 맞선 즉각적 대응도 아니었다. 최초 보도와 비디오에 나온 설명에 따르면 이번 상어 학살은 일련의 선제공격으로 자행되었는데, 상어들이 위협할 틈도 없이 문어는 이 잠재적 포식자들을 죽인 셈이었다.

코수멜 섬에서 나는 서로 다른 종 간의 관계를 증명할 수도 있는 기이한 장면을 목격했다. 내가 알기로 이런 장면은 보고된 바 없었다. 여행 마지막 잠수 때, 우리는 큰 산호머리와 선반같이 생긴 긴 돌출부가 비교적 적은 열상列狀 산호초를 찾아갔다. 반시간 정도 잠수해서 9미터 깊이에 도달하자 돌출암 아래 흰 모래 위에 카리브암초문어 한 마리가 보였다. 난 2미터 정도 거리까지 다가갔고 놀라운 장면을 목격했다. 어떤 건 불그스름하고 어떤 건 푸르스름해서 껍질 길이가 반뼘쯤 되는 게 12마리가 문어 앞으로 불과 몇 센티미터 떨어져서 옹기종기 모여 있었다. 처한 위험을 생각한다면 게들은 기막힐 정도로 차분해 보였다. 일부는 천천히 기어다니고 있었지만 한 마리가 문어에게서 너무 멀리까지 기어가는 듯하자 문어는 팔 하나를 뻗어(내 생각에는 오히려 다정하게) 녀석을 가까운 위치로 다시 쓸어오곤 했다.

이 장면에선 죄다 야릇했다. 문어는 흥분해서 선홍색을 띤 상태가 아니었다. 좋아하는 먹잇감이 생생하게 살아 있는 뷔페에 둘러싸여 있다면 응당 흥분하리라 생각되는데 말이다. 그 대신 문어는 움직임마다 무지갯빛으로 광채를 내는 청록빛을 띤 하얀색이었다. 문어는 자기 주위에서 멀어지는 게들을 되돌리는 데 빨판을 쓰는 것 같지 않았다. 그 대신 팔을 써서 자기 쪽으로 쓸어오고 있었다. 게들은 이상하게도 허둥대지 않았다. 게다가 난 게 껍질이나 잔해를 보지 못했는데, 문어 굴 밖에서라면 으레 보이는 것들이다. 하지만 어쩌면 이곳은 굴이 아닐지도 몰랐다. 그렇더라도 게가 너무 많은 데다 게들이 전에 있던 게들 껍질 위에 서 있는 바람에 못 봤을 수도 있다. 문어는 나를 잠깐 보더니 이내 와글거리는 게들에게 주의를 돌렸다. 다가가도 물러서지 않는데, 몇 십 센티미터 앞까지 다가가도 마찬가지였다.

난 거기 더 머물고 싶었으나 조류가 세찼던 데다 이건 조류 잠수였다. 아쿠아리움 친구들한테 물었다. 그 게들은 다 거기서 뭘 하고 있었던 걸까요? 왜 다들 도망치지 않았을까요? 문어는 이 게들하고 뭘 할 셈이었던 걸까요? 게 목장이라도 차리고 있었던 걸까요? 반쯤은 농담이었다. 다른 생각도 던졌다. 문어가 먹물로 게들을 중독시킨 건 아닐까요?

미국 해양동물학자들인 G. E.와 네티 맥기니티는 이따금 개펄문어 한 마리가 있는 수조에 곰치 한 마리를 집어넣었다. 곰치는 문어를 찾기 시작했는데 곰치가 자기한테 너무 가까이 다가오자 문어는 먹물을 뿜었다. 곰치는 사냥을 계속하기는 해도 문어를 공격하려고 들지는 않았다. 곰치가 문어와 실제 닿아도 문어를 공격하거나 먹는 데 흥미를 보이지는 않았다. 이와 같은 일이 매번 발생했다.

문어 먹물에는 멜라닌 색소 외에도 생물학적으로 중요한 물질이 여럿 포함되어 있다. 하나는 티로시나아제라는 효소로 눈을 자극하고 아가미를 막는다. 하지만 이 효소에는 다른 효과들 또한 있을 수 있다. 1962년 『영국 약리학 저널』에 실린 한 논문에서는 포유류에 대한 실험 결과 이 효소가 옥시토신(포옹 호르몬)과 바소프레신(순환에 영향을 미치는 항이뇨 호르몬)의 활동을 가로막았다고 보고한다. 어류와 조류, 파충류를 비롯해 문어를 포함한 무척추동물에게는 이 두 가지 호르몬과 비슷한 호르몬이 있다. 게다가 어류에 대한 실험 결과 옥시토신은 포유류에서와 마찬가지로 어류의 사회적 상호작용에도 영향을 미친다고 밝혀졌다. 그러면 체내에서 옥시토신의 자연스러운 수치가 바뀌는 경우, 보통 고독하게 사는 게와 같은 생물도 여럿이 모여 있는 상황을 편안하게 느낄 수도 있을까? 그 무리에 포식자가 포함되어 있다 해도 말이다.

문어 먹물 속에 있는 성분 중 도파민이라는 신경전달물질은 '보상 호르몬'으로 알려져 있다. 난 최근 좋아하는 문어 블로그 가운데 하나인 '두족류사랑'에서 도파민에 관한 포스팅을 본 적이 있었다. 두족류의 심리와 생리를 다룬 연구 블로그로 2010년 당시 버펄로대 심리학 전공 학생이던 마이크 리지스키가 시작한 블로그였다. 메리 루세로와 W. F. 길리, H. 패링턴이 진행한 오징어 먹물에 관한 연구논문들을 인용하면서, 리지스키는 다음과 같이 추정했다. "오징어 먹물은 포식자를 속여서 자기가 이미 오징어를 잡아서 먹고 있다고 '생각하도록' 만든다……. 포식자가 입안 가득 먹물을 머금고 있으면 아미노산을 느낄 수 있는데 아미노산은 일반적으로 고기를 먹고 있다고 느끼게 하므로 마치 자기가 이미 먹잇감을 잡거나 잡아서 먹은 듯 행동하며 사냥을 그만둘 수도 있다." 내 생각에 어쩌면 그 게들은 먹물에 취하는 바람에 행복하고 만족스런 기분을 느껴서 차분하게 주변에 머물 수 있었는지 모른다.

"난 당신이 그쪽에 심취해서 너무 많은 자료를 읽고 있지 않나 싶네요." 윌슨이 경고했다.

"뭐라고요? 그러면 당신은 문어들이 게 목장이라도 꾸리고 있었다고 생각하는 건가요? 게 떼를 먹물로 중독시켜서 끌어모은다는 생각은 말도 안 되고요?" 난 대꾸했다. "그러면 이걸 들어보세요."

난 대화에 철학자 피터 고드프리스미스를 끌어왔다. 피터는 여름마다 시드니하버 근처에서 거대 오징어와 문어 사이를 오가며 잠수로 시간을 보냈다. 그는 녀석들과의 만남을 "똑똑한 외계인과 만나는 기분"이라고 묘사했다.

인간과 마찬가지로 피터가 만난 두족류들은 지능과 의식이 있었다. "하지만 두족류 팔에 온통 퍼져 있는 신경세포들을 보라." 피터는 말했다. "두족류는 우리와는 생판 다른 정신 조직으로 구성되어 있을 수도 있다. 어쩌면 우리가 문어에게서 확인하는 지능에는 하나로 집중된 자아가 없을 수도 있다." 그리고 물었다. "만약 당신이 문어의 설계도를 보고 있다면, 거기에 자아감이 조금이라도 있겠는가, 경험의 중심이 있겠는가? 만약 없다면, 그건 우리와 아주 다른 무언가를 상상해야 한다는 뜻이며 그 다른 무언가는 우리가 생각해볼 수조차 없는 무언가일 수도 있다."

만약 중심 의식이 없다면, 피터가 주장하는 대로 문어에게는 "하나의 공동체가 되도록 협조하지만 분산된 정신"이 있다는 말인가? 다중 자아감이 있다는 말인가? 팔 하나하나에 말 그대로 그 자체의 정신이 있다는 말인가?

문어 팔들 가운데 어떤 건 소심하고 어떤 건 대담할 가능성마저 있다. 비엔나대 연구자 루스 번은 자신이 잡은 문어들에게는 늘 좋아하는 팔이 따로 있어서 그 팔로 새로운 사물이나 미로를 탐구한다고 보고했다. 팔들을 죄다 똑같이 능숙하게 움직일 수 있더라도 말이다. 루스는 문어 여덟 마리를 관찰했는데 하나같이 팔들을 모조리 써서 먹이에 달려들고 어떤 먹이를 찾든 팔 사이의 막과 팔을 모두 말아서 먹이를 감싸곤 했다. 하지만 사물을 조작할 땐 좋아하는 팔 하나 아니면 둘 또는 셋을 조합해서 쓰기는 매한가지였다. 루스의 연구 팀이 계산한 결과 이 문어들은 사물을 조작하는 데 쓰는 팔이 하나 아니면 둘 혹은 셋이어서 그 조합은 49가지였으며, 팔 여덟 개를 다 포함했을 경우 가능한 조합은 448가지였다.

이로써 문어가 어느 손잡이인지는 확실히 알 수 있었다. 적어도 수조에 갇혀 사는 문어들에게는 주로 쓰는 눈이 있다고 알려져 있는데 버튼은 이러한 성향이 선호하는 눈에 가까운 팔로 전이되지 않았을까 생각했다.

하지만 소심한 팔과 대담한 팔이라는 문제는 무척 다른 무언가다. 팔에는 저마다 특별한 용도가 정해져 있을 수 있는데, 가령 사람이 왼손으로는 못을 잡고 오른손으로는 망치를 휘두르는 이치와 같다. 하지만 문어 팔 하나하나는 저 나름의 성격이 있어서 거의 별개 생물과 마찬가지다. 연구자들이 거듭해 관찰한 결과, 한복판에 먹이가 놓인 낯선 수조에 문어를 집어넣으면 먹이 쪽으로 나아가는 팔이 있는 반면 안전한 장소를 찾아 구석에 웅크리고 있는 듯 보이는 팔도 있을 수 있다.

문어의 팔 하나하나는 대단히 자주적으로 움직인다. 실험에서 어느 연구자는 문어의 팔과 두뇌를 연결하는 신경을 끊고 신경이 끊긴 팔의 피부를 자극했다. 팔의 행동은 멀쩡하기 짝이 없었으며 심지어 뻗어나가 먹이를 쥐기도 했다. 한 동료가 내셔널지오그래픽 뉴스에 말한 바와 같이 이 실험은 "팔에서 수없이 많은 정보 처리가 이뤄지며 이 과정에 두뇌의 도움은 받지 않는다"는 사실을 증명했다. 과학 저술가 캐서린 하먼 커리지가 말한 바와 같이, 문어는 "(바깥세상에서 얻은) 정보 분석의 상당 부분을 신체 각 부분에 위탁"할 수 있을지 모른다. 더 나아가 "팔들이 서로 연락을 취하는 데 뇌 중심을 거칠 필요는 없어" 보인다.

"문어는 정말 서로 제각각인 생명체들의 집합인 듯해요." 스콧이 동의했다. 문어는 필요하면 새 팔을 자라게 할 수 있을 뿐 아니라 경우에 따라서는 포식자가 없을 때조차 자기 팔을 몸에서 떼어버리기도 한다.(독거미 타란툴라 역시 이런 행동을 하는데 다리를 다치면 몸에서 뜯어내 먹어버린다.)

"어느 팔이 다른 팔의 행동거지가 못마땅하다고 뽑아버리기도 할까요?" 윌슨이 웃으며 물었다.

샴쌍둥이가 서로 싸울 때와 비슷한 경우일까?

윌슨이 말했다. "동물들이 살아가는 방식에 대해 우리가 알고 있는 게 얼마나 적은지 놀라울 따름이에요. 알면 알수록 더 기묘해지기만 하죠. 이런 대화를 나누는 것도 불과 20년밖이 안 되었으니까요. 이제 겨우 동물을 이해하기 시작한 셈이죠."

"저 원하던 일자리를 얻었어요!"

크리스타가 그다음 주 나를 반기며 말했다. 크리스타는 새 제복으로
이곳 아쿠아리움의 상징인 물고기 의장이 달린 남색 폴로셔츠를 입고
있었다. 방문객들에게 대양 수조 재건축이 빚은 소음과 혼란을 보상하
려고 아쿠아리움에서는 교육자 열 명을 새로 채용했다. 전시에 대해 훨
씬 깊게 설명하고 관객들 개개인이 좀더 자신에 맞는 경험을 하게 해주
고 싶어서였다. "대양 수조가 완성될 때까지만 임시로 하는 일이지만요."
크리스타는 설명했다. "게다가 정규직도 아니에요. 그래도 꿈이 실현된
것만 같아요!" 제복 말고도 자기한테 맞는 잠수복도 발급받았는데 어제
부터 시작한 새 일자리의 첫 번째 일은 불룩한 거북 머틀이 펭귄 사육장
웅덩이 주변을 걷도록 훈련하면서 관객과 이야기하는 것이었다.

아니 적어도 그녀는 그것이 자기가 할 일이라 여겼었다. 그녀가 잠수복
을 입고 있는데, 다른 잠수부들 가운데 한 명인 빨간 머리의 자그마한 여
인이 돌아서서 물었다. "스쿠버 자격증은 있으세요?"

"어…… 아뇨." 크리스타는 조마조마하며 실토했다. 머틀과 걷는 일을
내내 기대해왔건만 결국에는 허락받지 못할까봐 걱정이었다.

"자격증이 없으면 이 일을 할 수 없어요." 빨강머리 잠수부가 딱 부러
지게 말했다. 그러고 나서 잠시 말을 멈추더니 만면에 유쾌한 미소를 띠
었다. "농담이었어요. 할 수 있다 뿐이겠어요, 재미가 넘쳐서 탈이죠!"

문어의 영혼

이 얄궂은 잠수부는 알고 보니 빅 D였는데, 빅 D는 이어 크리스타에게 양상추 조금으로 머틀을 꾀어서 펭귄 사육장을 빨빨거리고 돌아다니게 하는 법을 보여주었다. 머틀은 사육장 곳곳을 제멋대로 활보하게 놔둬서는 안 되며 꼭 감독이 필요하다고 크리스타는 설명했다. 머틀은 엄청 커서 바위들 중간 중간에 끼일 수 있는 까닭이었다. "머틀은 여기기 근처에 있는 수관과 벽 사이 공간을 아주 좋아해요." 크리스타는 말했다. 그리고 머틀이 걸어가는 사이 직원들은 이 250킬로그램 나가는 거북이 거기에 끼이지 않는지 잘 지켜봐야 했다.

머틀의 훈련은 두 시간 동안 계속되었다. 바다거북 네 마리는 훈련 동안 저마다 수행을 받는데 각자 신경 써줘야 하는 일이 달랐다. 붉은바다거북 두 마리 가운데 하나는 눈이 안 보였다. 1987년 가을 코드 곶에서 구조되었는데 극심한 저체온증에 시달리고 있어서 다들 그녀가 죽은 줄 알았다. 일꾼 한 명이 들어서 치우던 차에 누군가 거북이 실룩거린다는 사실을 알아차려서 이곳 아쿠아리움에 재활을 위해 서둘러 옮겨졌다. "그래서 사람들이 그녀를 재생녀라고 부르는 거예요." 크리스타가 설명했다. 동상 탓에 눈이 먼 바람에 "그녀가 당신 쪽으로 헤엄쳐 오면 당신이 길을 비켜줘야 해요. 최대 속도로 움직이면 당신을 거꾸러뜨릴 테니까. 가장 우아한 거북이라고는 할 수 없죠." 다른 거북인 아리는 켐프각시바다거북인데 잠수부들이 몸을 구부려서 물속에서 자기를 들어올려주는 걸 좋아했다. 고개를 아주 높이 치켜들면 그렇게 해달라는 의미였다. 이곳 잠수부들은 너나없이 그녀가 뭘 원하는지 알아서 요청하면 신이 나서 달려왔다. "고 작은 손가락 하나를 까딱해서 우리를 맘대로 부리는 셈이라니까요!" 크리스타가 말했다. "아니 손가락이 아니라 앞 지느러미발 끝에 있는 발톱 하나겠죠."

———————

　새 일자리를 구했어도 크리스타는 여전히 밤마다 4시간씩 술집에서 일하는데, 그렇더라도 수요일마다 우리와 함께 칼리를 찾아가는 일을 빠뜨리는 법은 없었다. 망상어가 다 나아서 빌은 칼리의 통을 원래 웅덩이로 옮겼다.

　18개월 정도 되었지만 칼리는 이제 옥타비아만큼 커 보였다. 옥타비아가 눈에 띄게 줄어들어서 그런 까닭도 있었다. 참 역설적이었다. 나이 들어 줄어들어가는 옥타비아는 2000리터급 수조에 있으면서도 자기 굴의 좁은 구석에서 알들과 안전하게 있는 거 외에는 아무것도 바라지 않았다. 점점 성장하는 활기찬 칼리는 200리터짜리 통에 갇혀서 더 넓은 세계를 탐험하고 싶어 안달이었다.

　윌슨은 칼리와 옥타비아가 장소를 바꿀 수 있기를 바랐다. 하지만 옥타비아를 알들과 같이 옮길 길이 없는 데다 그녀를 자기가 그토록 정성 들여 보살피는 알들과 분리한다는 건 상상할 수도 없었다.

　"그렇게 하면 옥타비아는 완전히 무너질 거예요." 크리스타는 말했다.

　"그리고 이제 알들은 관객들에게 좋은 볼거리이기도 하고요." 윌슨은 인정했다.

　하루는 옥타비아가 일찍이 본 적 없는 볼거리를 선사했다. 크리스타가 제일 먼저 발견했는데 어느 월요일 오후 쉬는 시간이었다. 해바라기불가사리는 주로 수조 안에서 반대편에 머무는데 그날따라 수조 뒤편을 따라 꼭대기 근처로 느릿느릿 움직이기 시작했다. 옥타비아가 있는 방향이었다. 녀석이 수조 폭의 3분의 2를 움직이자 옥타비아가 알들을 냉큼 떠나더니 녀석에게 곧장 다가갔다. 머리가 먼저 가고 꼬불거리는 팔들이 뒤따랐는데 움직이는 모양새가 마치 권투선수 같았다. "알을 떠난 시간은 불과 2~3초에 불과했어요." 크리스타가 말했다. 하지만 불가사리한테 강한 인상을 남기기에는 충분했다. 녀석이 천천히 뒤로 물러나자 옥타비아는 알들에게 되돌아와 자리 잡았다.

나중에 옥타비아는 또 이런 행동을 했다. 자기 팔로 해먹을 만들어 매달려 있으면서 옥타비아는 윌슨의 집게에서 색줄멸 한 마리를 받아먹은 참이었다. 두 번째 물고기는 떨어뜨렸다. 이어 윌슨은 해바라기불가사리에게 물고기 한 마리를 주었다. 불가사리는 수조 한복판쯤에 있으면서 입은 관객 쪽으로 향하고 있었다. 녀석은 물고기 한 마리를 받더니 관족을 써서 입으로 옮기기 시작했고, 윌슨이 또 한 마리를 건네자 역시 받아 챙겼다. 물고기 두 마리가 관족이 제공하는 에스컬레이터를 타고 입으로 슬슬 옮겨가기 시작하는 동안, 불가사리는 줄곧 유리를 가로질러 옥타비아가 있는 쪽으로 진행했다. 녀석이 접근해올수록 옥타비아는 더 활발해져서 팔을 이리저리 휘두르며 빨판을 활짝 내보이는가 싶더니 동공마저 커질 대로 커졌다. 그녀는 우선 수조를 가로질러 긴 팔 하나를 내뻗었는데, 길이가 1미터는 족히 넘었다. 이어 알에서 떨어져 자세를 낮추는 바람에 진주색 알 사슬 수백 줄이 모습을 드러냈다. 비록 팔 두 개의 몇 안 되는 빨판으로 굴 천장에 붙어 있기는 했지만, 몸은 알에서 싹 떨어져 있었다. 이어 그녀는 수관으로 강력한 물줄기를 날렸고 그 바람에 알 사슬들은 산들바람 속 커튼처럼 흔들렸다. 그녀는 빨판을 활짝 드러내고 팔 끝은 돌돌 만 채 팔들을 격하게 움직였다. 이런 광경이 아마 15분쯤 지속된 듯했다. 마침내 불가사리는 그녀 쪽으로 움직이기를 멈추고 방향을 돌렸다. 정보를 처리할 뇌는 없어도 불가사리는 옥타비아의 행동이 뭘 의미하는지 이해한 눈치였다. 옥타비아는 자기 알들에게로 돌아가 다시 자리를 잡았다. 팔들의 움직임은 느리고 차분해졌다. 이제야 비로소 진정하는 듯했다.

"옥타비아가 처음에는 해바라기불가사리 탓에 혼란스러웠다고 생각해요." 윌슨이 우리 곁에서 함께 그녀를 지켜보겠다고 계단을 내려와서는 말했다. "그다음엔 녀석이 단지 자기 물고기를 먹고 있을 뿐이라는 사실을 알아차렸죠. 그래도 해바라기불가사리가 조금이라도 더 가까이 다가왔다면 무슨 일을 벌였을지 알 길은 없죠." 야생에서 해바라기불가사리는 문어 알의 포식자로 알려져 있다.

"옥타비아는 올해의 어머니 상을 받아 마땅해요!" 크리스타가 말했다.

하지만 옥타비아가 아무리 꼼꼼하게 보살펴도 알들은 줄어들고 있었다. 수십 개는 이미 모래 바닥에 떨어진 상태였다. 윌슨은 알들이 결국 허물어지는 건 아닐까 궁금했다. 그로서는 알만 사라진다면 옥타비아가 칼리의 통에 살아도 괜찮겠지 싶었다. 그리고 실제 다음 주 윌슨은 아쿠아리움에서 이 두 문어의 자리를 바꿀 의향이 있는지 빌에게 물었다. 하지만 아무도 그렇게 하기를 바라지 않았다. "알은 전시에 더없이 좋거든요." 윌슨이 내게 말했다.

———

어떤 날엔 칼리는 들썽거리며 탐욕스럽게 굴었다. 20분 동안 지치지도 않고 내리 놀 때도 있었다. 그런 때면 물고기를 줘도 바로 안 먹을 수 있었다. 그보다는 우리 팔을 휘감아 기어오르고 잡아당기며 피부를 빨아댔다. 어떤 때는 떠올랐다가 후다닥 가라앉으며 아귀힘을 늦추기도 했는데, 그러다 일단 우리가 다 마음 놓고 있으면 우리 가운데 한 명을 난데없이 힘껏 잡아당기는 바람에 모두를 웃게 만들기도 했다. 문어식 조크인 셈이었다.

놀이 시간이 지나면 우리는 대개 함께 쉬었다. 칼리는 통 꼭대기에 매달려서 빨판들로 우리를 부드럽게 잡으며 시간을 끌었다. 이따금 피부에 나타나는 빛깔의 향연을 지켜보고 있노라면 마치 그녀의 마음을 스치고 지나가는 생각을 지켜보는 기분이었다. 무얼 생각하고 있을까? 우리 피부 아래로 흐르는 혈액의 순간적인 맛을 느끼며 칼리도 우리에 대해 비슷한 의문을 품을까? 우리의 애정, 평온, 희열을 맛으로 느낄까?

하지만 활발하지 않을 때도 있었는데 특히 최근에는 칼리의 기분이 까라져 보였다. 우리를 만져도 머무적거리고 피부색은 창백했다. 우리를 반긴다며 위로 올라오기도 했지만 이내 가라앉아서 통 바닥을 팔들로 죄다 뒤덮어버렸다. 이런 모습을 보면 난 겁이 났다. 아무리 사람들과 정기적으로 교류하고 빌이 산 게를 먹이로 준다손 쳐도, 한창 성장기에 있는 이 어린 동물이 이렇게 좁고 헐벗은 공간에서 잘 자랄 수 있을까?

그다음 몇 주 동안 칼리가 처한 곤경은 수요일 점심 밥상에서 화제를 독차지했다. 공간이 더 넓은 아쿠아리움으로 칼리를 옮기면 어떨까? 동물들은 늘 아쿠아리움들 사이를 오가기 마련이었다. 인도라는 이름의 몸길이 1.5미터짜리 얼룩말상어 하나는 이제 펭귄 사육장에서 헤엄치고 다니는데, 메릴랜드로부터 빌려서 막 도착한 참이었다. 그러는 사이 스콧은 비교적 크고 나이 든 청어 몇 마리를 온대 전시관에서 몬트리올에 위치한 좀더 큰 수조가 있는 수족관으로 운반할 준비를 하고 있었다. 아무리 빌려주는 셈이라 해도 칼리를 보내버린다는 건 입 밖에 내기도 고통스러웠다. 하지만 그것이 칼리에게 최선일 수도 있지 않을까?

아뇨, 스콧이 말했다. 몸집이 큰 문어들은 실어 나르기 어렵기로 유명하다는 사실을 빌은 잘 알고 있었다. 골이 나면 문어는 먹물을 발사할 텐데, 태평양거대문어의 먹물은 1만1000리터급 수조의 시야를 흐리고도 남는 터라, 물 여과기도 없는 운반용 비닐 자루 안에서라면 자기 자신을 질식시킬 수도 있다. "게다가, 애초부터 문어들은 스트레스를 잘 받아요. 워낙 인지력이 높기 때문이죠." 스콧은 덧붙였다.

우리는 새 수조를 지을 수가 없었다. 이곳 아쿠아리움이 온통 혼란스러운 상황에서 단지 동물 한 마리가 그것도 몇 달 혹은 어쩌면 겨우 몇 주 쓰게 하겠다고 수조 하나를 새로 더 짓는다는 건 납득되기 어려웠다. 그러면 칼리를 어디에 넣는다지? 설사 새 수조를 짓는다 쳐도, 이 문어가 빠져나오지 말라는 법이 있을까? "문제는 그녀가 탈출할 수도 있다는 건데 그렇게 되면 아주 골치 아픈 상황에 휘말리는 거죠." 윌슨이 말했다. "작디작은 구멍 하나만 있어도 문어는 탈출합니다." 윌슨은 덧붙였다. "빌이라고 별 뾰족한 수가 있겠어요. 빌이 할 수 있는 일은 없는 거죠."

칼리의 상황이 얼마나 비참한지 윌슨은 잘 알고 있었다. 사람들 역시 공간 제약을 견디며 살아가야 하는 까닭이었다. 호스피스 시설에서 신규 환자들을 수용한다고 해서 지난주 윌슨의 아내는 다른 방으로 옮겨졌다.

"아내분에게는 심란한 조치 아닌가요?" 난 물었다.

"좋지 않죠." 윌슨이 답했다. "하지만 우리에겐 선택의 여지가 없어요. 다들 나름대로 최선을 다하는 거고요."

12월 19일 수요일. 옥타비아와 칼리에게 다가가는 길이 이날따라 무척 즐거웠다. 곧 크리스마스였다. 좋은 하루가 될 듯했다. 건설 소음을 가리려고 아쿠아리움에서 틀어놓은 고전음악은 한참 역부족이었지만, 관리부에서는 이를 만회하고자 교육자를 무지 많이 배치한 덕에 관객도 소음에 아랑곳없어 보였다. 교육자가 방문객 무리마다 한 명씩 딸려 있는 거나 마찬가지였다. 잠수복을 입은 잠수부 두 명이 질문에 답해주려고 펭귄 사육장에 서 있었다. 자원봉사자 한 명은 초등학교 1학년 꼬마에게 대모거북 모형을 보여주려고 몸을 구부렸다. 아이들에게 체험 수조 속에 사는 가오리들을 부드럽게 쓰다듬는 법을 보여주느라 바쁜 자원봉사자들도 있었다. 이곳 아쿠아리움은 세상이 바라는 최고의 장소처럼 느껴졌다.

이날 아침 들어오면서는 골리앗그루퍼 옆에 앉아야겠다는 충동에 휩싸였다. 녀석은 블루홀 전시장 앞에 있었다. 녀석이 눈을 홱 돌려 나를 주목했다. 녀석 수조 앞에는 나밖에 없었다. 우리는 서로 몇 센티미터 거리에 있어서 난 마치 녀석을 개처럼 토닥거릴 수 있을 것만 같았다. 개만큼 크기도 한데, 2.5미터까지 자랄 수도 있지만 지금은 몸길이 1미터쯤 되어 보였다. "그루퍼 입속에 손을 집어넣을 수도 있어요." 매리언이 말했다. "그리고 도로 뺄 수도 있지만, 아마 피투성이가 되어 있을 겁니다."
하지만 녀석 옆에 앉아서 그 시선이 주는 축복을 받는 건 평화로웠다. 야
생에서라면 그루퍼들은 산호초에서 방문자들을 쳐다보는데 눈이 부리
부리하고도 아름답다. 게다가 아주 똑똑한 데다 개만큼이나 개성적이라
고 한다. 스노클러와 잠수부들은 녀석들 각각을 개성적인 존재들로 인
정한다.

　난 골리앗그루퍼를 떠나 고대 어류관과 해룡관, 염습지관, 맹그로브
습지관, 청어와 해파리관을 지나갔다. 이제는 직물로 장막이 드리워진
경사로를 올라가 물에 잠긴 아마존 산림관에 갔다가 거기서 따로 떨어져
있는 피라냐 수조를 들러 아나콘다 수조로 향했다. 아나콘다 수조 안에
는 밝은 금속성 청색과 붉은빛을 띤 카디널테트라와 분주한 거북들이
있었다. 이어 전기뱀장어관과 뉴잉글랜드 연못관, 송어천관에 들렀다가
메인 만 전시관으로 방향을 돌려 스텔와겐뱅크관과 숄스 제도관에 갔
다. 숄스 제도관에는 영리한 럼피시와 사랑스럽고도 웃긴 생김새의 가자
미가 있었다. 계속해서 난 이스트포트 항 전시관을 지나 아귀와 은띠색
줄멸 무리가 있는 수조에 들러 태평양 연안 조수웅덩이관으로 갔다. 태
평양 연안 조수웅덩이관 안에는 거대녹색말미잘이 숲을 이루어 25초마
다 부서지며 거품을 일으키는 파도를 맞고, 다른 것들과 함께 액체 번개
가 분출하는 것처럼 빛의 파문을 일으켰다. 그리고 마지막으로 내게 주
는 상과 같은 존재인 옥타비아에게 갔다. 자기 알들을 덮고 엄숙한 고요
에 쌓여 있는 아름다운 문어 옥타비아에게. 알들은 이날 갈색을 띠고 있
었다. 하지만 옥타비아는 언제나처럼 조심스레 알들을 돌보고 있었다.

　애나가 나타났을 때 난 손전등을 켠 상태였지만 외투는 벗지 않고 있

었다. 애나는 학교에서 나와 크리스마스 휴가를 보내고 있었다. 우리는 껴안고 잠시 후 윌슨이 내려왔다. "잘됐네요. 여기들 있군요." 윌슨이 말했다. "위층으로 올라가요. 빌이 칼리를 옮기고 있어요!"

스콧과 크리스타, 매리언이 복도에서 우리를 기다렸다.

칼리는 350리터급 수조인 C1으로 옮겨지려 했다. 수조에는 최근까지 메인 만 무척추동물 몇 마리가 있었는데 빌이 수집한 녀석들이었다. 예전에 터너 컨스트럭션 사 직원들은 수조 C1에서 C3까지 튼튼한 뚜껑을 만들어야 했었는데 수관과 전선들에 닿으려면 수조 뚜껑 위에 무릎을 꿇고 올라 작업할 수 있어야 했기 때문이다. "이 뚜껑들은 끝내줍니다." 빌이 말했다. 건설사 직원들은 1센티미터 두께의 플렉시 유리로 뚜껑을 만들었다. 빌은 여기에 바이스 그립 네 개를 붙여서 칼리의 막강한 힘에도 끄떡없을 정도로, 새로 사용할 수조 뚜껑을 꽉 고정시킬 수 있다. 완벽한 해결책으로 보였다.

빌은 칼리의 통 뚜껑을 돌려 열었다. 칼리는 올려다보면서도 위로 떠오르지는 않았다. 빌은 그녀가 비닐 자루에 들어가게 만든 다음 좁은 통로를 가로질러 몇 계단을 올라 C1으로 나르고 싶었다. "비닐 자루라고요!" 난 흠칫해 말했다. "칼리는 이곳에 올 적에도 비닐 자루에 담겨 왔어요." 빌이 말했다.

하지만 칼리는 거부하고 있었다. 수상쩍은 기미를 눈치챈 듯했다. 아마도 그녀는 무슨 일인가가 일어나고 있음을 감지할 수 있었던 것이리라.

"괜찮아요." 빌이 말했다. "그냥 통째로 들어올릴 테니까요." 빈 상태에서 통은 4킬로그램 남짓이었지만 물이 들어 있는 데다 염수는 담수보다 더 무거우니 적어도 13킬로그램은 나갈 터였다. 칼리는 여기에 10킬로그램을 더했다. 하지만 키 크고 힘센 남자인 빌은 1미터가 훌쩍 넘는 통을 내가 티슈 통 집어 들듯 거뜬히 들어올렸다. 통 옆에 숭숭 뚫린 구멍에서 물이 쏟아져 웅덩이로 떨어졌지만 바닥에는 빌이 C1으로 데려가 집어넣기까지 걸리는 시간인 6초 동안 칼리가 완전히 편안하게 있기에는 충분할 만큼 물이 남아 있었다.

칼리는 금세 모습을 가다듬더니 선홍색으로 변했다. 그러자마자 빨판들을 재촉해 새로운 세계를 탐색하기 시작했다. 빨판들은 납작해지다가 빨아들이듯 달라붙더니 그 큰 수조의 유리벽을 따라 미끄러졌다. 팔들이 죄다 움직이고 있었다. 우리와 가장 가까운 전면 벽에 노력을 집중하면서도 수조 옆면도 만지작거렸다. 하지만 앞 벽을 마주한 채 뒷벽은 건드리지도 않았다. 흔히 하는 '상자 안에서'라는 무언극을 하는 듯했지만, 손바닥 달랑 두 개 대신 빨판 1600개를 사용한다는 점이 다르리라. 야생에서 처음 잡혔을 때 지내던 보유 시설에서라면 어땠을지 모르지만, 일찍이 유리를 느끼거나 맛본 적은 없었다.

이 영리하고 활기찬 어린 동물이 마침내 우리가 그녀에게 원해온 일을 할 기회를 얻은 모습을 보면서 크리스타와 매리언과 애나, 윌슨과 빌, 스콧과 나는 마음을 빼앗겼다. 입이나 다름없는 긴 팔들로 깜깜한 통에서보다 한층 복잡하고 흥미로운 환경을 탐사하는 일 말이다. 그녀의 새 수조는 옛날 것보다 더 넓기도 하지만 바닥에 자갈과 모래가 있고 새롭게 맛볼 표면들이 있는 데다 3면을 통해 흥미로운 광경도 내다볼 수 있었다. 다른 생물이라면 이러한 새로움에 겁을 집어먹을 수도 있었겠지만 칼리는 더 넓은 세계에 목말라 보였다. 그녀는 우리 눈앞에서 말 그대로 확장되었다. 팔들을 이처럼 뻗치는 모습은 한 번도 본 적이 없었다. "칼리가 진짜 **크네요!**" 매리언이 말했다. 꼬부라졌던 팔들을 펴고 팔 사이 막들을 펼치면서 감각들을 **빨아들여** 스펀지처럼 부풀어 오르는 듯 보였다. 재빠르고 의도적으로 움직이면서 온갖 사물을 만지는데, 첫눈 오는 날 뛰어다니는 강아지처럼 아니면 새장에서 풀려난 새처럼 팔들이 이리저리 바쁘게 움직였다. "칼리가 정말 행복해하네요!" 크리스타가 외쳤다. "맞아요, 아주 행복한 모습이에요." 윌슨이 부드럽게 답했다.

나는 무척 기뻤다. 칼리가 행복해서 기쁘고 크리스타가 새 일자리를 얻어서 기쁘고 윌슨이 좋아해서 기뻤다. 인생의 난관에 맞닥뜨린 요즘이고 보면 윌슨은 이런 즐거움을 누리기에 마땅하고도 남지 않은가. 애나가 먹는 약물이 최근 조정되어 경련을 없애주어 기쁘고 매리언의 두통이 나아지고 있어서도 기쁘고 스콧이 다음 달 브라질로 연례 여행을 떠나게 되어서도 기뻤다……

"행복하세요, 빌?" 난 물었다.

"그럼요!" 빌이 답했다. 자기 문어가 새로운 자유를 누리고 있는 모습을 보고 행복해하는 모습이 역력했다. 하지만 걱정 또한 많았는데 그렇다고 그걸 인정하기를 두려워하지는 않았다. "이런 곳에 그녀를 던져 넣다니 위험천만한 짓이에요." 빌이 말했다. "당신은 정말 전혀 몰라요. 우리는 이 수조에서 문어가 빠져나갈 수 없다고 **생각하죠**. 하지만 문어들은 어떻게든 방법을 찾아낸다니까요."

빌에게 가장 큰 걱정이 무엇이냐고 물었다. "음, 내 생각에 우리는 대비해둔다고는 했지만 칼리는 배수관을 돌려서 풀 수도 있어요." 수조 물은 웅덩이로 빠져나가 재순환되었다. 빌은 말했다. 칼리는 자기 수조에서 물을 빼낼 수도 있는 셈이었다. 아니면 칼리는 배수관을 틀어막아 층

전체에 물이 넘치게 할 수도 있었다.

하지만 지금으로선 이렇게 기쁜 와중에 걱정이 자리할 여지는 거의 없어 보였다. 그녀는 뒤쪽의 팔로 새 수조의 앞면과 옆면을 줄기차게 조사하면서 앞 팔로는 자기로 된 수조 가장자리를 살폈다. 윌슨이 주의를 돌리려고 빙어 한 마리를 건네자 칼리는 열심히 받았다. 하지만 문어라면 죄다 한꺼번에 여러 일을 해내기에 으뜸인지라 여간해서는 주의가 흐트러지는 법이 없다. 칼리는 먹으면서 동시에 탐사도 할 수 있는 반면 우리는 당면한 일들을 한꺼번에 다 감당하기가 무척 어렵다. 칼리는 몸 아래쪽을 전면 유리에 들러붙이고 있어서 컨베이어벨트를 타고 가듯 빙어가 빨판들을 따라 미끄러지듯 입으로 옮겨지는 모습이 보였다. 그러는 사이 점점 더 많은 팔이 발레리나처럼 우아하게 곡선을 그리며 수조 밖으로 나오기에, 애나와 크리스타와 나는 팔들을 나긋나긋 설득했다. "촉수는 수조 안에 있어야지." 애나가 다정하게 타일렀다. 예전 통에서는 종종 그러더니 이제는 수조 밖으로 나가겠다고 부득부득하지는 않아서 흥분을 달래기는 쉬웠다. "칼리가 아주 점잖게 굴고 있네요." 윌슨이 말했다. 가끔 우리 집 개의 폭신폭신한 발바닥에 입맞춤하듯 난 칼리의 빨판에 입맞춤하고 싶은 욕구를 거의 주체할 수 없었다. 하지만 참았다. 그녀의 기쁨을 우리 자신의 기쁨처럼 느끼더라도 칼리는 크고 강하며 길들여지지 않은 거의 다 자란 문어였다. 난 상기했다. 인간 세상에서나 통하는 완전히 생소한 몸짓에 그녀가 어떻게 반응할지 우리는 알 수 없었다.

그럼에도…… 칼리는 수면에 머리를 내밀었다 말았다 우리 눈을 주의 깊게 쳐다보았다. 우리 손은 마치 부르심이라도 받은 듯 응답했다. 우리는 한 몸이라도 되는 양 거의 일제히 그녀의 머리를 쓰다듬는데 그녀는 허락할 뿐 아니라 즐기기까지 하는 눈치였다. 그녀가 눈을 물 밖으로 내밀었다. 불빛이 아주 밝은데도 동공이 커지는 모양이 마치 새로이 사랑에 빠진 사람의 눈 같았다.

"자, 이제 칼리를 쉬게 해주죠." 윌슨이 말했다. 윌슨은 수조 뚜껑이 어떻게 되는지 확인하고 싶은 마음이 굴뚝같았다. 수직관을 편안하게 잘 덮는지, 앞으로 먹이를 줄 때나 서로 교감을 나눌 때는 어떻게 떼어낼 수 있을지 확인하고 싶어했다. 빌이 플렉시 유리로 된 뚜껑을 들어올리고 우리는 칼리 팔들의 마지막 끄트머리들이 가장자리에서 떨어져 나가도록 다그치는 사이 빌이 수조 위에 뚜껑을 올리고 바이스 그립 네 개로 고정했다. 이어 만일에 대비해 9킬로그램짜리 잠수 추를 모서리마다 추가로 보탰다. 칼리는 초고속으로 이 새로운 뚜껑 표면으로 몸을 날려 50개쯤 되는 빨판으로 자기의 새로운 지붕에 달라붙었다. 공중으로 몇 센티미터 뻗어 있는 빨판들이 밑으로 늘어져 있는 몸뚱이를 지탱하고 있어서, 어색한 모양새가 꼭 입술로 천장에 매달려 있는 사람 같았다. 난 그녀의 몸이 마르지 않고 얼마나 그렇게 버틸 수 있을지 궁금했다. 스콧이 그런 나를 안심시켰다. "점액이 그래서 있는 거죠." 칼리는 몸이 망가지기 전에 떨어질 터였다. "그녀는 똑똑하잖아요, 기억 안 나요?"

빌은 뚜껑을 조사했다. "다른 수조들에서는 이 새 뚜껑이 제 구실을 톡톡히 하거든요." 빌이 설명했다. "하지만 문어를 가둬두기에는, 적당할 수도 있지만……." 가장 멀리 있는 바이스 그립은 윌슨의 손이 잘 닿지 않았다. "아직 손을 더 봐야 해요." 빌이 말했다. 어쩌면 뒤쪽에 경첩하나를 달 수도 있었다. 아니면 윌슨의 제안에 따라 뚜껑을 앞과 뒤, 두부분으로 나누어서 뒤 뚜껑은 영구히 닫혀 있게 하고 손이 닿을 수 있는 앞 뚜껑만 쉬이 열리게 할 수도 있었다.

빌은 이 제안을 고려할 생각이다. "앞일을 생각해서 처리하고 싶어요." 빌이 말했다. "다음 문어를 위해서라도 좀더 영구한 해법을 찾고 싶어요. 이런 문제가 다시 대두될 때를 대비해서 말이죠." 근래 여러 달 동안 빌이 안고 있던 마음의 짐이 느껴졌다. 예측할 수도 통제할 수도 없는 환경 탓에 자기가 사랑하는 어리고 영리한 동물 한 마리를 컴컴한 통에 가두어둬야 했기에 마음이 늘 무거웠다. 빌이 말했다. "5월 이후로는 다른 문어가 통에 갇혀 있는 일이 없었으면 해요."

우리는 칼리를 몇 분 더 지켜보았다. 문어로서의 행복에 홀딱 빠져 있는 모습을. "따스하고도 묘한 감정이 느껴져요. 제게는 드문 순간 가운데 하나죠." 애나가 말했다. 아스퍼거 증후군이 있는 사람들은 대개 감성이 무딘 듯 보이는데 애나 역시 감상에 흠뻑 젖는 경우는 드물었다. "차갑고 끈적끈적한 누군가로부터는 따스하고 묘한 느낌을 받게 된답니다." 난 말해주었다. 그리고 생각했다. 이건 애나에게 정말 멋진 마음이 있다는 증거라고. 그리고 칼리에게는 카리스마와 넋이 있다는 증거이기도 하고.

———————

점심시간 우리는 그동안 못 한 이야기를 나누었다. 크리스타의 새 일은 어떻게 되어가고 있지? 새로 온 얼룩말상어가 누구를 물지는 않았나? 아니, 하지만 강담복이 크리스타의 손가락을 물었다. "녀석은 사람을 졸졸 따라다니다가 틈만 나면 물어요. 손가락이 커다란 집쇠에 꽉 물린 기분이죠." 매리언은 가피시 한 마리를 떠올렸는데, 작고 곧은 색줄멸만 받아먹는 이 녀석은 다른 색줄멸을 주면 가오리들한테 줘버리거나 가오리들 쪽으로 풀어주곤 했다. 윌슨은 우리에게 커다란 그루퍼 한 마리가 들어 있는 수조에 길이 46센티미터 상어를 집어넣었던 이야기를 해주었다. 거의 넣자마자 그루퍼는 상어를 집어삼켰다가 내뱉었는데 상어는 다치지도 않고 멀쩡했다. "하지만 그 후로 상어는 거의 바깥으로 나오지 않았어요. 먹이를 주려면 안전망 뒤에서 막대기로 줘야 했죠." 윌슨이 말했다.

마야력 마지막 날이 다가오고 있어서 우리는 지구의 극성이 바뀔 것인지 농담을 했다. 그리고 상어들은 지구의 자기장을 느낄 수 있다고 하는데 어떤 영향을 받을지도. "백상아리가 저녁거리를 찾는다고 죄다 마서스비니어드 섬[1]으로 몰려드는 건 아닐까요?" 스콧이 물었다.

상어 이야기가 나오자 화제는 물기로 되돌아가서 우리는 애나를 문 적이 있는 생물들을 빠짐없이 꼽아보기로 했다. 애나가 헤아렸다. 문어, 피라냐, 거위……, 낙타가 머리카락을 잡아 뜯은 적도 있었다. 스콧은 애나를 물었던 동물이 26종이 되는지 알아보자며 알파벳 순서로 생각해보자고 했다. 우리는 마지막 알파벳부터 살펴보았다. 얼룩말zebra이 문적 있나? 없나? "하지만 작은 동물원에서 제부zebu 한 마리가 내 손가락을 빨았던 적은 있어요." 애나가 밝혔다. "이것도 포함되나요?" 다들그건 제외하기로 했다. "야크yak는 문 적 있어요?" 그렇다, 어느 농장에

---

1   Martha's Vineyard : 미국 매사추세츠 주 동남쪽 끝에 있는 섬. 관광휴양지로 알려져 있으며 오바마 대통령 가족 역시 이곳에서 휴가를 보내곤 한다.

서 애나는 야크에게 물렸었다. 먹이를 주고 있는데 실수로 애나를 물었다. X로 시작하는 동물은 뭐가 있지? "제노푸스Xenopus 개구리요." 스콧이 답한다. 아프라카 산으로 발톱이 달린 개구리종이다. "네, 녀석이 날물었어요." 애나가 확인해준다. 우리는 A로 돌아갔다. "A라면 개미핥기anteater는 어때요? 아니지, 녀석에겐 이빨이 없잖아요. 하지만 핥을 수는 있었을 텐데……. 만일 핥았다면 어떻게 되는 거죠?"

우리가 모조리 물려본 경험이 있는 동물은 아로와나였다. 아마존 수조에는 아로와나 두 마리가 있었는데, 가시혀가 달린 육식성 동물인 이 기다란 은빛 물고기들은 힘찬 사냥꾼으로 먹이를 잡기 위해서라면 물 밖으로 뛰어오르기도 했다. 하지만 이날은 새로운 아로와나 한 마리도 와 있었는데 금빛 동양아로와나로 톨레도 동물원에서 막 도착했다. 우리는 녀석과 시간을 보내려고 식당을 나섰다. 칼리의 새 집에 축복을 내려달라고 하고 싶어서였는데 아시아 전역에서 이 금빛 아로와나는 행운의 상징으로 추앙받는 까닭이었다. 어류 애호가들은 녀석을 얻는다면 1만 달러도 기꺼이 지불하려 했다. 중국에서는 황금 어룡golden dragonfish이라고 알려져 있으며 반짝반짝 큼직한 비늘이 용의 비늘과 닮았다고 해서 붙여진 이름이다. 풍수에서 사용되는 가장 막강한 물고기이며 부와 성공을 가져다주고 이 물고기를 소유하고 있으면 위험과 사고, 질병, 악운이 들이치지 못하게 보호받는다고 믿어진다.

"금빛 아로와나는 언어를 해석하고 과제에 집중하는 등 고도의 지능을 발휘할 수 있다." 중국의 한 풍수 사이트에서 주장하는 내용이다. "이 아로와나의 가장 걸출한 능력 가운데 하나는 부정적 에너지가 다가오는 기운을 감지해서 앞으로 들이닥칠 나쁜 사건들을 예견하는 것이다." 이렇게 말하며 사이트에서는 금빛 아로와나의 능력이 극대화되려면 수조가 대청에 놓여야 한다고 충고를 잊지 않는다.

우리가 그렇게 미신에 혹하는 사람들은 아니더라도 금빛 아로와나의 능력을 믿는 일은 용서받을 수도 있지 않을까 한다. 전기뱀장어 토르에게 일어났던 일을 봐서도 말이다. 애나는 날짜까지 정확히 기억했다. 2011년 12월 7일. 상주하던 수조가 수리를 받는 동안, 토르는 전시장 뒤편에 있는 큰 수조의 절반 공간에 임시 거처를 꾸렸다. 임시로 거주하는 다른 동물들의 안전을 위해 1미터 높이의 장벽으로 구획을 양분해둔 것인데, 임시 거주 동물들로는 스콧이 어릴 적부터 길러온 폐어와 암컷 아로와나가 각각 한 마리씩 있었다. 전기뱀장어들이 물 밖으로 솟구쳐 나온다는 이야기는 없었다. 하지만 토르는 자기 수조에서 솟구쳐 나와 다른 절반의 수조에 들어갔다. 그곳에서 녀석은 이 수족관에서 가장 소중하고도 오래 산 물고기 두 마리를 감전사시켰다.

10년도 넘게 이 아로와나를 알고 지내고 또 사랑해왔기에 아로와나의 죽음은 스콧에게 특히나 비극이었다. 하지만 더 나쁜 일은 따로 있었다. 애나는 말했다. "토르가 아로와나를 죽였을 때 행운을 죽인 셈이었어요." 아로와나가 죽은 직후 스콧에게는 재앙이 줄을 이었다. 그 가운데 몇 가지는 나도 알았지만, 애나와 매리언이 일러주고 나서야 얼마나 많았는지 알게 되었다.

아로와나가 죽은 날 밤 스콧이 연락선을 타고 집에 가고 있는데 부모님이 자동차 사고를 당해서 어머니가 입원했다. 그다음, 좋아하는 삼촌이 성당 가는 길 계단에서 떨어져 사망했다. 스콧 자신도 집 계단에서 떨어져 다쳤다. 스콧의 아들이 고열로 입원했다. 브라질로 가는 연례 여행에서 참가자 가운데 한 명이 사망했다. 오랜 친구이자 조력자였다. 여행 대부분을 친구 시신을 낯선 타국에서 고국인 미국으로 선적할 방법을 강구하느라 씨름하며 보내야 했다. 비참한 임무였다. 스콧은 피부병이 생겼다. 기르던 개가 죽었다. 불운은 사실상 8월까지 이어졌는데, 기르던 닭들이 여우 한 마리에게 떼죽음을 당하는 바람에 살아남은 몇 마리마저 나눠 줘버려야겠다고 느낄 정도였다.

이 새로운 아로와나를 격리해둔 수조는 상서롭게도 스콧 책상에서 불과 1미터 남짓 떨어져 있었는데 자원봉사자 휴게실에서 이어지는 복도 안이었다. 새로 온 이 아름다운 물고기를 보고 있노라면 승리감이 고취되었다. 우리는 스콧에게 당신은 이제 무적이라며 농담했다. 분명히 행운이 넉넉히 흘러 한수 해양관까지 미쳐 새 집에 들어간 칼리를 흠뻑 적시리라.

눈이 내려 버스를 타고 온 바람에 나는 일찍 자리를 떠야 했다. 오후 2시 45분 버스를 타고 집에 가기로 했다. 하지만 칼리를 한 번 더 보고 나자 망설여졌다. 입 밖에 내진 않았지만 내심 궁금했다. 그냥 더 있어야 하지는 않을까. 어쩌면 아쿠아리움에서 밤을 보내며 새 수조에 들어간 칼리를 지켜보아야 할지 모른다.

"오늘 밤 칼리를 봐줄 사람 있나요?" 스콧에게 물었다. 아쿠아리움에서는 야간 경비원들을 고용하기도 하고, 밤이면 기계 시스템 기사들이 4시간마다 전시관 뒤편과 지하를 돌며 전시관들을 빠짐없이 순시해 물이 새거나 넘치지는 않는지 동물들에게 무슨 문제는 없는지 살펴보았다. 스콧의 설명이었다. 보통은 문제가 발견되면 기사들이 바로잡지만 그렇지 못할 경우 선임 사육사들에게 전화했다. 이런 식으로 스콧도 5년

문어의 영혼

전 이맘때 아나콘다 캐슬린이 알을 낳았다는 전화를 받고 새벽 3시 부리 나케 달려왔었다.

그러므로 칼리를 염려할 까닭도, 내가 밤에 남편과 보더콜리가 기다리는 집에 못 갈 까닭도, 명절인 내일 조디를 비롯해 또 다른 친구 한 명과 차를 마시기로 한 계획을 바꿀 까닭도 없었다. 이제 세상만사가 다 무탈하다는 사실을 알았으니 내가 좋아하는 명절인 크리스마스에 대비하는 일 외에는 아무것도 안 해도 되었다. 떠나려고 하는데 애나가 내게 자기가 그렸다며 코코넛문어 한 마리를 그린 아름다운 그림 한 점을 주었다. 애나는 떨림이 가셔준 덕분에 그림을 그릴 수 있었다. 그림은 내 책상의 영예로운 자리를 차지할 터였다. 대니가 그린 그림 옆자리인데, 대니가 컴퓨터 프로그램의 도움을 받아서 자기와 크리스타의 생일날 나와 윌슨, 크리스타가 통 안에 있는 칼리랑 함께 있던 모습을 그린 그림이었다.

매리언은 우리 모두를 위해 크리스마스 쿠키를 구워왔고 난 손수 만든 바클라바를 나눠주었다. 옥타비아는 일찌감치 오징어 두 마리를 홀떡했다. 이제야 다들 참마음으로 칼리가 오래 살기를 희망할 수 있었다. 행운의 여신이 칼리를 배신하리라는 걱정 없이. 난 스리 도그 나이트의 '조이 투 더 월드'를 부르며 아쿠아리움을 떠났다. "깊고 푸른 바닷속 물고기들에게 기쁨을" 가사를 흥얼거리며 문어식 환희에 취해 새해의 축복을 염원하며.

———————

다음 날 오전 11시 30분쯤 보니 오전 10시 51분에 스콧이 내게 이메일

한 통을 보냈다. "부탁인데 메일 받으면 내 휴대전화로 전화해줄래요?"

난 전화했다.

"나쁜 소식이 있어요, 칼리가 죽었어요." 스콧이 말했다.

난 도대체 무슨 영문인지 짜맞춰보고자 터울거렸다. 사실 그날 밤에도 이른 아침에도 이상한 점은 없었다. 빈틈없고 믿을 만한 야간 경비원이 오전 6시쯤 한수 해양관을 마지막으로 점검했다. 이어 7시 30분쯤 보조 어류 큐레이터 마이크 켈러허가 평소대로 전시관에 왔고, 칼리를 보고 기겁했다. 연한 황갈색이 되어 수조 발치의 땅바닥에 누워 있었다. 수조 뚜껑은 빌이 떠났을 때와 꼭 같았다. 쇠못 4개도 멀쩡했고 잠수 추 36킬로그램도 뚜껑에 그대로 있었다. 이야기를 잘못 듣는 바람에 마이크는 칼리가 옥타비아 수조로 이전된 줄 알았고 바닥에 누워 있는 녀석도 어린 칼리가 아닌 나이 든 옥타비아가 탈출한 것이려니 했다. 하지만 한시도 머뭇거리지는 않았다. 재빨리 수조 뚜껑을 열고 문어를 물에 돌려보낸 다음 수의사를 찾으러 내달렸다. 빌이 일하러 가느라 층계를 걸어 오르고 있는데 마이크와 마주쳤고 마이크는 자초지종을 설명했다. 빌은 수조로 달음박질쳐서 뚜껑을 뜯어내고 인공호흡을 시작했다. 문어에게 인공호흡은 몸통을 떠받치고 외투강 입구에 호스로 염수를 쏟아 붓는 것이다. 칼리의 수관은 미미하나마 여전히 움직이고는 있었지만 몸과 팔은 암갈색으로 변했다.

수의사가 달려와 염증 완화제 덱사메사손과 부교감 신경 억제제 아트

로핀을 주사해서 정지된 심장이 다시 뛰도록 애썼고 강력한 항생제 옥시테트라사이클린도 주사했다. 잠시 동안이나마 다들 자기네가 그녀를 살릴 수 있으리라 생각했다. 하지만 주사하고 한 시간이 지나자 그녀는 다시 황갈색이 되었다. 근육은 여전히 수축 상태였고 피부는 만지면 짙어졌지만 칼리는 죽어 있었다.

크리스타는 점심시간이 지나서야 스콧을 통해 소식을 알았고 애도를 표하러 갔다. "전시관에는 아무도 없었어요." 크리스타가 내게 전화했고, 통화하는 내내 우리는 전화기를 붙들고 울고 있었다. "칼리의 수조는 검은 방수포로 덮여 있었어요. 무척 끔찍했어요. 칼리는 아주 납작해져 있었지만 그나마 보기 좋게 펼쳐져 있었고요. 난 내려다봤지만 눈은 보이지 않았어요. 팔은 바깥 면을 보이고 있었고요. 우리가 문어 하면 주로 상상하는 모습 그대로였죠. 산소 공급기는 여전히 뻐끔거리고 있었고요. 참 이상한 광경이었어요. 칼리는 우유처럼 희었어요. 이런 모습의 그녀를 보게 되다니 이상할 따름이었죠. 문어라고 하면 보통 선홍색이나 갈색 문어를 떠올리잖아요. 칼리는 촉수 끝으로 갈수록 분홍빛이 도는 하얀색이더라고요. 하지만 그래도 무척 아름다웠어요." 크리스타가 말했다.

사람이 죽었을 때처럼 난 잃어버린 나의 벗을 알았던 사람들과 이야기를 나눌 필요가 있었다. "칼리와 지냈던 날 중에 좋았던 날은 언제였어요?" 크리스타에게 물었다. "대니가 그녀를 만나서 물벼락을 맞은 날이었어요. 대니와 내가 칼리를 처음 만난 이후로 줄곧 난 다음 수요일을 고대했어요. 그녀를 다시 보고 싶어서요. 대니가 아주 속상해할 거예요. 나랑 같이 조만간 아쿠아리움을 방문하려고 했거든요. 이제 예전 같을 일은 없겠죠……."

"그렇겠지." 난 답했다. "믿을 수가 없어요. 이런 일이 일어났다니 믿겨지지가 않아요. 우리 다 그토록 행복했는데……."

크리스타와 난 기억하고 싶었다. 기억이 과거를 불러들여 상상조차 할 수 없는 현재와 뒤바꿔줄 수 있기라도 하듯.

"난 월슨이 칼리 통 뚜껑을 들어올리기 전이면 늘 느끼던 흥분을 떠올려요. 그녀가 바닥에서 대뜸 솟아오를까? 그녀는 우리에게 매번 다른 식으로 자신을 드러내곤 했죠. 난 마음속으로 늘 그 광경을 되새겨보곤 했어요. 그럴 때마다 흥분이 되었고요. 그리고 처음 만졌던 순간들, 다들 칼리한테서 손을 재빨리 거둬들이지 못해 낭패를 봤죠. 내 팔에 칼리의 뽀뽀 자국이 선명한 사진들이 있어서 참 기뻐요……."

난 애나에게 전화했다.

"불가능한 일이 벌어진 거 같아요, 어제는 그렇게 환상적이었는데!" 난 말했다.

"내가 깨달은 점을 이야기해줄게요." 애나가 말했다. "오늘 무슨 일을 하든지 어제를 바꾸지는 못해요." 우리는 칼리가 죽었다는 사실을 바꿀 수는 없었다. 하지만 설령 죽음이라 할지라도 전날의 기쁨을 아주 없애버릴 수는 없었다. 생일 때마다, 성공했을 때마다, 어린 시절 갖은 행복이 찾아왔을 때마다 함께했던 친구를 잃고 나자 애나는 깨달았던 셈이다. "과거는 완벽한 모습으로 남아 있는 거예요."

난 목요일 대부분을 전화기를 붙들고 지냈다. 다른 일은 웬만해선 할 수가 없었다. 친구들과 만나기로 한 약속을 취소했고 다들 이해해주었다. 친구 한 명이 죽었는데 어떻게 차를 마시러 나갈 수 있겠어.

"문어를 친구로 삼고 있다는 게 어떤 의미인지 이해해줄 수 있는 특별한 누군가가 필요해요." 애나가 말해주었다. 애나는 학교에서 친구들과 나눌 법한 대화를 상상해봤다. "내 친구가 죽었어. 이름은 칼리였어. '무슨 이름이 그래, 인도에서 왔어?' 아니, 브리티시컬럼비아 출신이야. 아니 태평양이라고 해야겠지. 그녀는 문어야."

난 빌에게 전화해서 애도의 메시지를 남겼지만 빌은 전화를 받지도 전화해주지도 않았다. 그 마음을 이해할 수 있었다. 난 윌슨에게 전화했다. 기술자로서 윌슨의 의견이 궁금하기도 했지만 우정으로 위로를 전하고 싶어서기도 했다. 칼리가 어떻게 나왔지?

"칼리가 탈출할 수 있는 방법은 두 가지뿐이었어요." 윌슨이 답했다. "뚜껑을 들어올렸거나 어느 구멍을 통해 탈출했거나 둘 중 하나죠. 육중한 뚜껑을 들어올려서 탈출한 문어들을 본 적이 있거든요." 하지만 이 뚜껑은 심지어 옥타비아 수조 뚜껑보다도 훨씬 무거웠다. 윌슨이 설명했다. "그리고 단단했고요." 관을 통해 신선한 해수를 수조로 들여보내려고 뚜껑에 구멍이 하나 나 있었다. 그리고 있었어야 했다. 그런데 관이 구멍보다 작아서 틈이 생겼다면 크기가 얼마나 작든 칼리에게 분명 탈출 경로가 되었으리라.

"누구의 잘못도 아니에요." 윌슨이 강조했다. "빌은 깜냥껏 최선을 다했어요. 옥타비아의 수조가 비교적 안전하게 되기까지도 수년이 걸렸으니까요. 난 불행하긴 해도 놀라지는 않았어요. 앞으로 내가 할 일은 단

하나 빌과 이야기해서 가능한 한 사태를 파악하는 것일 테고요. 하지만 그땐 선택의 여지가 없었어요. 우리는 위험을 감수해야만 했죠."

칼리가 이만큼 살아온 것만도 무지하게 운이 좋았던 셈이다. 문어 대부분은 부유기 단계에서 죽는다. 알에서 갓 부화한 새끼 10만 마리 가운데 두 마리만이 성적으로 성숙할 때까지 살아남는다. "그리고 적어도 우리가 아는 한 칼리는 죽기 전 마지막 날 행복했잖아요." 난 말했다. "그랬죠", 윌슨은 이었다. "그녀는 자유의 하루를 즐겼죠. 그리고 그녀가 탈출했다는 사실은 극도로 호기심이 강하고 영리한 생물로서 결국 자유를 원했다는 걸 말해주죠. 우리는 똑똑히 알아요, 탈출하는 데에는 분명 엄청난 노력이 들었으리라는 사실을요. 멍청한 동물이었다면 하지 않았을 짓이죠."

"칼리는 위대한 탐험가처럼 죽은 셈이네요." 난 말했다. 챌린저호가 발사되면서 죽은 우주 비행사들처럼, 아니면 나일 강 수원을 찾는다며 나섰다가 비명에 죽은 용감한 자들처럼, 아마존 강이나 극지방을 탐사한 자들처럼, 칼리는 자기 세상의 지평을 넓히려고 미지의 위험에 정면으로 맞서기로 작정했던 셈이다.

"문어들한테는 우리와는 비교가 안 되는 지능이 있어요." 윌슨이 말했다. "그리고 우리는 실수를 통해 배워나갈 거예요. 그러길 바라고요. 그것이 우리가 할 수 있는 최선이죠. 결국 우리는 인간에 불과하니까요."

7장

카르마

선택, 운명, 사랑

지난여름 빌은 영국인들이 개발한 철인경주 '터프 머더'를 끝까지 완주했다. 19킬로미터 장애물 코스를 뛰는 살인적인 경주로 버몬트에서 진행되었는데, 진흙, 불, 얼음물, 4미터 벽들, 전기 충격 따위의 장애물을 통과해야 했다. 경주 다음 날 빌은 부상 입은 몸을 이끌고 새벽 3시에 일어나 차를 몰고 일하러 돌아왔다. 하지만 그날 아침이 오히려 지금보다 나아 보였다. 그렇게 칼리가 죽고 나서 첫 번째 수요일을 맞았다. 초췌한 몰골을 하고 빌이 계단을 내려왔다. 옥타비아 수조 앞에 있는 나를 보려고 한수 해양관에서 오는 길이었다.

우리는 오랫동안 꼭 껴안았다. 처음에는 칼리에 대해 아무 말도 하지 않았다. 그 대신 빌의 다른 동물들에 대해 이야기를 나누었다. 옥타비아 수조에서 몇 수조 아래에 있는 럼피시 세 마리 이야기로 운을 떼었다. 보통 잿빛인데 한 마리가 주황색으로 변해버렸다. "수컷인데 번식기가 되면 주황색이 돼요." 빌이 흡족해하며 설명해주었다. 빌은 물고기 언어 통역에 능했다. "봐요, 녀석이 자기가 고른 보금자리 영역을 과시하며 암컷들한테 잘 보이려고 터울대고 있죠." 주황색 수컷은 전시관 바위들 사이에 산란할 장소를 골라놓고 바위 표면을 불어 조류와 돌 부스러기 따위를 정성껏 치우며 산란할 장소를 보란 듯 내보이고 있었다. 가시들 사이사이에 달린 관족으로 열심히 움직여대는 성게를 불어서 보내버렸다. 성게는 위험할 수 있는데 럼피시 알을 밟고 올라설 수도 있는 까닭이었다. 하지만 알이 나오려면 아직 멀었다. 암컷 두 마리는 아직 산란기에 들어서지 않은지라 수컷의 노력에 무관심해 보였다. 그래도 빌은 기대에 한껏 부풀어 있었다. 2년 전 빌의 럼피시가 산란을 해서 새끼 80마리가 태어났다. "럼피시 새끼들은 세상에서 제일 귀여운 녀석들이라니까요!" 빌이 말했다. 빌은 이 새끼들을 길렀는데, 수조에 기대고 있으면 빌에게로 몰려와서는 토실토실한 볼과 거부할 수 없는 매력의 깜짝 놀란 표정을 하고 그 동그란 눈들로 빌의 얼굴을 올려다보았다.

빌과 나는 빌이 관리하는 전시관에 있는 수조들을 돌아다니며 그 안에 있는 생물 하나하나에 경탄했다. 빌은 지난 9년 동안 동물들 하나하나를 하루도 빠짐없이 보살펴왔는데 여전히 볼 때마다 감격했다. "저기 봐요, 내 '삼천발이'(거미불가사리의 친척)예요." 이스트포트 항 전시관으로 가면서 빌이 말해주었다. "이건 정말 눈을 의심하게 하네요. 참 아름다워요." 10센티미터 정도인 이 생물은 동물이라기보다는 수정쯤 되는 것 같았다. 몸의 중심으로부터 굵은 줄기가 다섯 쌍을 이루어 방사성으로 퍼져 나갔다. 다섯 쌍의 팔은 두 갈래로 나뉘어 있었는데 이것들은 다시 가늘고 꼬불거리는 가지들로 분화했다. 그 모습이 어찌나 섬세하고 복잡한지 가장 복잡한 문양의 눈송이 저리 가라였다.

왼편으로 몇 걸음 더 가니 메인 만 바위 산호초관 앞이었는데 1만 5000리터급 수조인 이 전시관에는 동물 1400마리가 상주하고 있었다. 붉은 말미잘 400마리와 해삼 200마리, 대주둥치 250마리, 고무 같은 식물처럼 생겼지만 사실은 옥타비아와 칼리 같은 연체동물인 볼테미아 수백 마리, 상어처럼 생긴 신비로운 키메라까지. 천사 같기도 하고 유령 같기도 한 키메라는 뼈와 연골로 이루어진 고대 생물로 아름답게 선회하는 모습을 비롯해 초현실적인 우아함을 뽐낸다. 빌은 그녀를 2007년 성숙한 암컷 상태로 입수했다고 말해주었다. "아주 멋지죠." 빌이 말했다. "그녀가 움직이는 모습을 정말 사랑해요."

빌이 자기 동물을 사랑하는 마음은 키메라 등에 뾰족하게 솟은 지느러미만큼 분명했다. 이처럼 섬세하고 다정한 빌이 어느 동물보다도 똑똑하고 활발하며 사랑했던 칼리를 그것도 그녀가 건강하고 활기차며 앞이 창창한 시절에 잃은 데다, 더욱이 최악인 건 자기 잘못으로 그녀를 잃었다고 믿는다는 점으로, 잔혹할뿐더러 우주의 법칙으로 보아서도 잘못된 일이었다. 『햄릿』에서 살해당한 왕이 읊는 구절이 하나 떠올랐다. "의지와 운명이 이토록 반대로 흐르니 / 희망을 끊임없이 뒤집어엎는구나." 빌의 슬픔은 마치 오열처럼 나의 슬픔을 압도했다.

이어 윌슨이 나타났다. 윌슨은 칼리의 검시 보고서를 들고 있었다. 죽은 지 불과 한 시간 만에 이루어졌는데 검사에서 그녀의 눈과 팔, 먹물

주머니, 결장, 식도, 아직 미성숙한 암컷 생식기는 정상으로 밝혀졌다. 우리가 먹여준 빙어 뼈가 여전히 위장에 남아 있었고. 칼리는 몸집은 크면서도 아직 성장하는 단계였다. 가장 긴 팔은 1미터를 훌쩍 넘었다. 머리와 외투는 30센티미터였다. 칼리는 어디를 보나 완벽했다. 죽었다는 사실만 제외하면.

수조에서 어떻게 빠져나갔을까? 수관 뒤쪽으로 뚜껑에 틈이 있었다. 빌은 그 틈을 대수롭지 않게 여겼던 셈이다. 방수포로 틈을 덮으면서 꺼끌꺼끌한 재질의 천으로 채워두었는데, 문어들이 기피하는 재질이었다. 하지만 칼리는 이에 구애받지 않았다. 몸무게 10킬로그램에 팔을 양쪽으로 다 펼쳤을 때 폭이 거의 3미터에 달했건만, 폭 6센티미터 길이 3센티미터 정도 되는 구멍을 비집고 나가버렸다.

마지막 수수께끼가 남아 있었다. 칼리가 죽은 이유는 두말할 나위 없이 문어는 물 밖에서 오래 살지 못하기 때문이었다. 태평양거대문어라면 뇌 손상 없이 15분을 움직일 수 있다. 하지만 칼리는 주변 어디서든 물을 찾을 수 있었어야 했다. 팔 하나 닿는 거리에 자기 수조에서 넘치는 물을 받는 물받이가 개방되어 있었다. 온도와 성분이 완벽한 물로 가득 찬. 다른 경우 문어들이 탈출하는 까닭은 옆 수조에 들어가 이웃들을 잡아먹기 위해서라고 보였다. 칼리는 왜 다른 수조를 찾아 들어가지 않았을까?

누구나 지지하는 이론은 아니지만 한수 해양관 관계자 일부가 추측하는 바는 이랬다. 칼리는 자기 수조 근처에 있는 소독용 깔개 위를 기어서 올라갔을지 모른다. 그 깔개 가운데 하나는 이곳 아쿠아리움 전시장 대부분의 뒤편으로 이어지는 입구에 놓여 있었다. 신발이나 장화 바닥에 묻어 온 병균들 탓에 동물들이 병에 걸리지 않도록 깔개는 공간소독제 버콘으로 처리되어 있었는데 버콘은 연분홍 용액으로 바이러스와 세균, 곰팡이류를 죽이는 소독제였다. 버콘은 또한 부식성 화학 물질이어서 피부와 눈, 점막을 자극한다. 그리고 문어의 피부는 그 자체로 거대하며 기막히게 민감한 점막이다. 스타인하트 아쿠아리움 보조 큐레이터 J. 찰스 델비크는 두족류 피부를 포유류 위장 내벽에 비유하며 다음과 같이 결론지었다. "다른 종과 무척추동물들에게는 유독하게 보이지 않는 수준의 화학 물질과 영양소, 오염 물질 등도 두족류에게는 유독할 수 있다." 버콘에 한 번만 닿아도 칼리는 중독될 수 있었다.

이런 역설은 감당하기 어려운 고통을 안겼다. 칼리가 탈출한 이유가 자기를 가장 사랑하는 사람들이 자기에게 가능한 한 최고의 삶을 누리게 해주려고 애썼던 까닭이며, 칼리는 바로 그 사람들이 자기네 동물이 위험에 빠지거나 병에 걸리지 않도록 했던 노력 탓에 죽었을지도 모른다니.

칼리의 죽음으로 비롯된 먹구름은 물속에 문어 먹물 번지듯 퍼졌다. "진담은 아니겠지." 크리스타가 부모님 집에서 이 소식을 전한 직후 대니의 반응이었다. 일단 대니는 혼란스러웠다. 죽어야 할 문어는 늙은 옥타비아지 칼리가 아니잖아! 하지만 그때 크리스타가 칼리가 옮겨진 사실을 설명하고 어떻게 그녀가 작은 구멍을 찾아 비집고 탈출했는지 설명해주었다. "맞아, 문어들은 영리해, 문어들은 위장해, 문어들은 친구야……" 대니가 답했다. 이어 대니는 아주 조용해졌다. 크리스타는 대니한테 혼자 있게 자기가 나가주면 좋겠느냐고 물었다. "대니는 내가 방에서 나가주었으면 했는데 그건 드문 일이었어요." 크리스타가 내게 말했다. "내가 말했죠, '우리는 아주 새로운 문어랑 만나게 될 거야, 아주 커다란.' 대니가 답했고요, '그래, 하지만 녀석이 칼리가 되지는 않을 거야.' 칼리가 대니에게 이토록 중요하리라고는 미처 예상하지 못했어요. 그녀 덕분에 우리에겐 여러 친구가 생기기도 했죠."

빌은 크리스마스 전날 이메일로 태평양거대문어 한 마리를 새로 주문했다. 빌은 내게 새 문어가 출발하면 알려주리라 약속했다.

———

여드레 후, 그러니까 새해가 시작하고 불과 사흘이 지나서 난 전화를 받았다. 새 문어가 이튿날 도착하기로 되어 있다고. 그러면 금요일이라 비번인 날이어서 빌은 데이브 웨지와 동료 사육사인 재키 앤더슨에게 책임을 맡겨두었다. 이 둘은 내게 공항에 있는 택배사 구역에 함께 가서 문어를 받아오자고 청했다.

"이런 식으로 문어를 받는 일이 늘 순조롭지만은 않아요." 말총머리에 예쁘장하게 생긴 해파리 사육 전문가 재키가 말했다. 아쿠아리움에서 운용하는 흰색 운반차에 오르던 참이었는데 운반차 뒷자석은 해양생물 관련 화물을 싣도록 뜯겨나간 상태였다. 어느 날 재키는 바하마에서 도착하는 해파리 몇 마리를 받으러 로건 공항에 파견되었다. 바쁜 하루 일과를 시작하면서 받은 심부름으로 원래 순식간에 끝나야 하는 일이었다. 하지만 항공사가 국내 선적임을 증명하는 서류를 실수로 잘못 작성하는 바람에 화물이 통관절차를 마쳤다는 증거가 없게 되었다. 재키는 오전 8시 공항에 도착했건만 항공사와 승강이하느라 낮 시간을 다 보냈다. 한 시간이 지날 때마다 환경은 변해서 해파리는 스트레스가 위험한 정도에 이르거나 심지어 죽을 수도 있었다. 결국 4시가 되자 화가 머리끝까지 난 데다 기진맥진해져서 재키는 화물을 포기하고 가버리겠다고 으름장을 놓았다. 왜냐하면, "항공사 사람들도 공항에 죽은 해파리가 떼로 돌아다니기를 바라지는 않을 테니까요." 재키가 말했다.

아무튼 해파리는 살렸다. 운전하면서 재키는 일본에서 보낸 갑오징어들한테 일어난 일을 이야기해주었다.

아쿠아리움과 거래하려고 갑오징어를 번식시키는 데는 텍사스 주 갤버스턴에 있는 번식 장비가 사용되곤 했다. 허리케인 탓에 이 시설이 파괴되는 바람에 일본이 세계 주요 공급원이 되었다. 거기에서 갑오징어는 야생 상태로 포획되었다. 하지만 2011년 쓰나미가 후쿠시마 원자로를 만신창이로 만든 뒤 바다로 폐기물이 새어나가서 일본 근해에서 잡힌 동물들이 죄다 방사능에 오염되었다. 방사능에 오염된 갑오징어들을 실은 화물이 로건 공항에 도착하자 세관 직원들은 어찌할 바를 몰라 사흘 동안 방치해두었고 그 바람에 이 민감한 동물들은 다 죽어버렸다.(이곳 아쿠아리움에서는 이제 갑오징어들이 뉴욕으로 발송되게 조치해두고 직원들이 차로 가져오게 하는데, 뉴욕 세관 직원들이 별난 화물에 더 익숙하기 때문이었다.)

재키는 공항 택배사 구역 가운데 첫 번째에 차를 세웠고 데이브가 우리 화물이 어떻게 되었는지 문의하러 안으로 들어갔다. 화물은 아래로 몇 구역 더 내려가서 있었다. 가서 보니 84×64×64센티미터 골판지 상자가 기다리고 있었는데 원래는 27인치 평면TV용으로 만들어진 상자였다. 상자에는 "이쪽 면을 위로 하시오, 긴급화물"이라고 적혀 있었다. 살아 있는 **동물**이 들어 있다는 말은 어디에도 없었다. 이 안에 문어가 들어 있으라고는 누구도 짐작할 수 없을 상황이었다.

20분 뒤 우리는 이 60킬로그램짜리 상자를 운반차에서 겨우 끌어내 손수레에 실었고 스콧은 수레를 아쿠아리움 화물 구역까지 끌고 가 승강기에 밀어 넣고 한수 해양관으로 올라갔다. 상자 안에는 주문 제작한 하얀 스티로폼 통 하나가 들어 있었다. 데이브가 뚜껑을 열었다. 안에는 신문지에 싸인 얼음주머니 하나가 있었고 그 아래로 110리터짜리 투명 비닐봉지가 담갈색 고무줄들로 칭칭 동여매어져 있었는데 바로 이 봉지 안에 깨끗한 산소층과 물 40리터와 우리 문어가 들어 있었다. 데이브는 고무줄 매듭을 벌려 우리가 안에 있는 문어를 들여다볼 수 있게 해주었다.

제발, 제발, 제발, 문어가 무사하게 해주세요. 난 속으로 빌었다. 흰색 동그라미가 군데군데 찍힌 커다란 연주황색 몸뚱이 하나가 물속에 앉아 있었다.

"깨어 있니?" 데이브가 이 동물에게 물었다. 섬세한 팔 끄트머리 하나가 꼬불거리다가 배배 꼬이는 모습이 보였다.

재키가 킁킁거리며 물 냄새를 맡았다. "녀석의 스트레스 냄새가 나요." 재키가 진단했다. 봉지 물에서는 제라늄 향이 풍겼다. 해파리 역시 스트레스를 받으면 제라늄 비슷한 냄새가 난다, 재키가 설명했다. 하지만 종에 따라 다르다. 말미잘은 스트레스를 받으면 시큼하고 짭짤한 향을 풍긴다.

"고약하게 생긴 녀석이 보이네요." 재키가 봉지 안을 들여다보며 말했다. 빨판 깍지들이 탈각되어 기념품 공 안의 가짜 눈처럼 노리끼리한 물속을 떠다니고 있었다. 성장이 빠른 동물로서 빨판 깍지가 떨어져 나가는 건 자연스러운 현상이다. 물론 바닷속이라면 이런 쓰레기는 쓸려 나가고 없을 테지만. 봉지 바닥에 쌓인 가는 띠 모양의 배설물도 마찬가지다.

"긴 시간 비행기를 타고 나면 누구든 고약해지기 마련이죠." 난 말했다. "더구나 자기 배설물로 꽉 찬 비닐봉지 안에 있어야 한다면요."

"나도 그런 비행을 해본 것 같네요." 데이브가 말했다.

"기분 어때?" 데이브가 문어에게 물었다. 팔 하나가 나른하게 흔들렸다. 문어의 눈은 볼 수 있었지만 수관과 천천히 숨을 들이쉬고 내쉬는 아가미로 이어지는 외투강 입구는 보이지 않았다. 적어도 숨은 쉬고 있는 셈이었다.

데이브는 사이펀을 이용해 더러운 물 일부를 바다의 배수관으로 흘려보냈고 그사이 재키는 노란 플라스틱 그릇으로 웅덩이에서 깨끗한 물을 퍼서 봉지 안에 부었다. 문어는 팔 끄트머리 하나로 머뭇머뭇 그릇을 살폈다.

우리는 문어를 어서 봉지 밖으로 꺼내주고 싶었지만 물 온도와 성분이 갑자기 변해서 충격받게 하고 싶지는 않았다. 재키는 산도와 염도, 암모니아 수치를 측정해달라고 실험실에 물 시료를 보냈다. 데이브가 온도를 재니 섭씨 7도가 조금 넘었다. 웅덩이 물은 오늘 섭씨 10도였다. 기다리는 동안 난 비닐봉지 안으로 새 문어를 쳐다보았다. 오른쪽 두 번째 팔 4분의 1 정도가 잘리고 없었다. 무슨 일이 일어났던 걸까? 문어는 기억할까? 어쩌면 기억은 잘린 팔에 남아 있을지 모른다. 아니면 다른 팔들은 무슨 일이 있었는지 알고 있을지도. 하지만 뇌는 모르겠지.

문어는 이제 짙은 주황색으로 변했고 난 이 동물의 신비에 대해 곰곰이 생각했다. 여기에 쌀 한 톨만 한 크기로 태어나서 바닥에 자리 잡을 정도로 자랄 때까지 플랑크톤 사이에서 무기력하게 떠다니다 기적처럼 살아남은 생명이 있었다. 내 앞에 있는 이 개체는 먹이를 사냥하면서 동시에 물고기든 물개든 수달이든 고래든 자기 살을 노리며 도처에서 도사리던 포식자들의 턱을 피해 수개월을 보냈다. 짧은 생애였지만 비닐봉지 속 이 동물은 이미 상상할 수 없는 모험을 겪고 위험천만한 탈출에 성공하는 등 온갖 역경을 영웅처럼 이겨냈다. 더 어렸을 땐 버려진 술병에 숨어 있던 적도 있을까? 팔 하나를 상어한테 잃고 다시 자라게 한 적도 있을까? 잠수부와 장난치거나 게 목장을 차리거나 어부 장비에서 빠져나오거나 난파선을 탐험한 적이 있을까? 이제까지 경험들로 어떤 성격이 형성되었을까?

난 물속을 쳐다보며 물었다. 넌 누구니?

———————

다음 번 방문하자 우리는 그녀에 대해 조금 더 알게 되었다. 이번에도 암컷이었다. 빌은 오른쪽 세 번째 팔을 살펴봤는데 첫날에는 보이지 않아서 몰랐지만 빨판이 죄다 끝에 몰려 있었다. "무척 팔팔하고 활발해요." 빌이 내게 말해주었다. 몸무게는 4~5킬로그램 정도로 칼리가 처음 왔을 때보다 더 나갔으며 아홉이나 열 살쯤 되어 보였다.

옥타비아와 칼리는 다른 운송업자가 공급해주었지만 빌이 사랑했던 조지를 입수해준 운송업자는 켄 웡이라는 사람이었다.

"문어 포획은 상당히 복잡해요." 전화하자 켄이 내게 한 말이었다. "찾기도 어려울뿐더러 전시에 적합한 녀석을 찾아내야 하니까요. 십 몇 킬

문어의 영혼

로그램 나가는 문어는 잡아서는 안 되죠. 그런 녀석들은 번식하도록 놔 둬야 해요. 너무 작은 문어들도 적합하지 않고요." 또 다른 문제가 있었 다. 매년 이맘때면 문어 대부분이 팔 하나에서 네 개를 잃었다. 링코드는 날카로운 이가 18개나 있는 데다 30킬로그램이 훌쩍 넘게 자라는 욕심 꾸러기 포식자로 이맘때쯤 산란하는데 문어를 굴에서 쫓아내 자기 굴로 삼으려고 물며 괴롭혔다. 아마도 그래서 팔을 잃었지 싶었다.

처음 몇 번 잠수에서 켄은 적당한 문어를 못 찾았다. 문어를 숫제 못 볼 때도 있었다. "완전히 공치기도 하는 거죠." 켄이 말했다. 하지만 켄은 작정하고 덤볐다. 결국 문어를 찾는 데는 여섯 차례 잠수가 필요했지만 마침내 보스턴으로 가게 될 문어를 찾아냈다.

켄은 20여 미터 깊이에서 그녀를 발견했다. 바위 층에 숨는다고 숨어 있었지만 빨판이 훤히 드러나 있었다. 켄이 살짝 건드리자 그녀는 숨어 있던 틈에서 잽싸게 빠져나와 켄이 쳐놓고 기다리던 모노필라멘트 그물 속으로 직행했다.

"이 그물은 아주 부드러워서 얼굴에 문질러도 피부가 벗겨지지 않을 정 도예요." 켄이 내게 설명해주었다. "문어는 몹시 신중하게 다뤄야 해요. 수면 위로 무턱대고 끌어올려서는 안 되죠. 충격에 빠뜨려서는 안 되니 까요." 이 정도 수심이면 수온이 수면보다 섭씨 8도는 낮아 켄은 그녀를 200리터 정도 되는 물에 잠긴 폐쇄 용기에 미리 옮겨놓고 수면까지 최대 한 천천히 끌어올렸다. 그녀는 버르적거리지도 먹물을 내뿜지도 않았다.

그녀는 지난 6주 동안 숨을 수 있도록 바위와 L자형 관들을 넣어둔 1.5×1.5×1.2미터 크기의 1500리터급 수조에서 살았다. 첫 3주 만에 그 녀는 켄이 먹이를 들고 물을 찰싹 때리면 다가오는 법을 익혔다. 먹이로는 연어 머리와 게를 유난히 즐겼다. 야생에서와 비슷하게 먹이는 정해져 있지 않았다. 어느 날엔 달랑 새우 한 마리만 먹이기도 했고 어느 날엔 큰 게 두 마리로 포식하기도 했다. "그녀는 금세 몸무게가 늘었어요." 켄이 내게 말해주었다. 잡았을 당시 그녀 몸무게는 3킬로그램 정도였다. 켄 생각에 이제는 4킬로그램까지 나가 보였다.

그런데 운반하려면 비닐봉지 속으로 유도해야 했을 텐데 어떻게 그렇게 했을까? "이런 동물을 봉지 속에 들어가게 하려면 알아듣게 타일러야 해요." 켄이 설명했다. "이렇게 똑똑한 데다 팔까지 여덟 개나 있는 누군가에게 억지로 무언가를 시킬 순 없죠. 수월한 일은 아니죠." 켄은 일을 쉽게 하려고 수조에서 물을 조금 빼냈지만 그녀가 봉지에 들어가도록 타이르는 데는 한 시간가량이 걸렸다.

켄이 일하는 브리티시컬럼비아 시설에는 문어 세 마리가 더 있었는데 저마다 나름의 조치를 기다리고 있는 상태였다. 한 마리는 지내고 있는 수조를 고쳐줄 사육사를 기다리고 있었다. 다른 녀석은 격리와 관련한 문제가 해결되기를 기다렸다. 어떤 경우 켄은 동물 운반에 좋은 날씨를 기다리며 버텨야 했다. 눈이나 짙은 안개로 공항이 폐쇄되기도 하고 악천후 탓에 계속 기다려야 할 상황이 되면 문어를 보내지 않을 터였다.

켄은 우리 새 문어 소식을 듣자 기뻐했다. "지내는 상황을 들으니 좋네요." 켄이 내게 말했다. "난 녀석들 모두를 사랑한답니다." 야생에서 동물을 포획해서 갇힌 삶을 살도록 보내는 건 그에게 어떤 기분일까? 그에게 후회란 없었다. "녀석들은 야생으로부터 파견된 대사인 셈이에요." 켄이 말했다. "직접 보고 이해하지 않는다면 야생에 있는 문어를 관리할 수도 없을 테니까요. 그런 생각이니까 녀석들을 공인기관으로 보내는 거죠. 그곳에서 녀석들은 사랑받고 사람들은 녀석들의 눈부신 한창때를 보게 되겠죠. 그건 좋은 거잖아요. 그래서 난 행복하고요. 그녀는 장수하며 행복하게 살 거예요. 야생에서보다 더 오래요."

난 켄이 내게 해준 이야기를 빌과 월슨에게 빠짐없이 전했다. 우리는 통에 기대어 이 새 문어를 바라보고 있었다. 그녀는 처음엔 초콜릿같이 짙은 갈색이었다가 분홍과 갈색 결을 띤 붉은색으로 변하더니 이윽고 얼룩덜룩한 옅은 황갈색으로 잦아들어서는 백설이라고 해도 될 만큼 하얀색이 희끗희끗한 돌기를 돋우었다. "그녀를 어떻게 생각하세요?" 난 월슨에게 물었다.

"내 생각에…… 그녀는…… 요염한 거 같아요!" 월슨이 답했다. "그녀에겐 나를 끌어당기는 무언가가 있어요. 이런 느낌을 어떻게 묘사하죠?" 나의 정직한 기술자 친구 월슨의 말은 참으로 낭만적으로 들렸다. "그저 그녀에게서 무언가가 보여요." 월슨이 꿈을 꾸듯 말했다.

월슨은 첫눈에 사랑에 빠진 듯했다. 자기 아내를 처음 만났을 때도 이런 느낌이었을까? "이제 새로운 차원……으로 들어가는 거죠!" 월슨이 웃으며 말했다.

하지만 월슨은 분명히 매료되었다. "저 무늬, 저 색……." 월슨의 여러 재능 가운데 하나는 큐빅 지르코니아 거래에서도 탁월한 몫을 담당했는데, 그건 색에 대한 남다른 안목이었다. 월슨은 보석 세공사들이 쓰는 확대경 없이도 다이아몬드와 큐빅 지르코니아를 구별할 수 있었다.(월슨과 그의 동업자는 열전도율을 측정해서 이 둘을 구별하는 기계를 발명했다. 한번은 어느 잔치에 이 기계를 가져갔는데 그 바람에 약혼 하나가 깨져버렸다.) 나도 이 문어가 아름답다고 느꼈지만 월슨은 그것을 훨씬 능가했던 셈이다.

하지만 어쩌면 나는 그녀의 매력을 외면하고 있었는지도 모른다. 칼리를 잃고 나서 난 다른 문어한테 그렇게 금세 마음을 열기가 머뭇거려졌는지 모른다. 다루기는 어려웠지만 웃기고 장난치기 좋아하고 살가웠던 우리의 칼리와 새로 도착한 이 문어를 고깝게 비교하지 않을 수가 있을까?

윌슨에게 문제가 있는 건 결코 아니었다. "그녀는 참 아름다워요!" 윌슨이 다시 말했다. 그리고 맞는 말이었다. 그녀는 무척 아름다운 문어였다. 건강하고 강인하며 빛깔마저 눈부신.

크리스타 역시 그녀를 환영했다. 크리스타는 관찰력도 좋게 문어가 도착한 첫날 이마에 찍힌 하얀 '빈디'를 알아보았다. "칼리랑 꼭 같아요!" 크리스타가 외쳤다. "좋은 징조 같아요!"

문어가 도착하고 나서 줄곧 직원과 자원봉사자들은 어떤 이름이 좋을지 의논하고 있었다. 빌의 자원봉사자 가운데 몇 명은 관람객들한테 전시되어 있는 문어를 가리킬 때 쓰는 손전등에 빨간 덮개를 씌우고 있었는데, 이름을 '록산느'라 짓자고 압력을 넣었다. 더 폴리스가 부른 유명한 노래 제목으로 매춘에 관한 것이었다.("록산느! 붉은 빛을 뒤집어쓰지 않아도 돼.") 하지만 빌은 다른 이름을 택했다. 카르마였다.

왜? "왜냐하면 칼리는 내가 옮기자 죽었고 새 문어를 데려와야 했어요. 그건 카르마, 곧 숙명이었죠."

서양 사회에서 흔히 나누는 대화 속에서 카르마는 운명, 숙명, 운수, 팔자와 똑같은 말이다. 이 이름을 택한 것을 보면 빌은 여전히 셰익스피어 작품에 나오는 것과 같은 점성술적 비극에 사로잡혀 있었던 셈이다. 우리도 다 그렇게 느꼈고. 엘리자베스 1세 시절에 유럽인 대부분은 사람의 운명은 저마다 행성과 별들의 위치에 따라 미리 정해진다고 믿었다. 여태 그렇게 믿는 사람들도 있다. 하지만 카르마의 개념은 운명의 개념보다 한층 더 깊으며 미래 지향적이다. 카르마는 우리가 지혜와 연민을 키우도록 도와줄 수 있다. 힌두교에서 카르마는 최고신이자 우주 자아, 세계정신의 상태에 이르는 길이다. 우리의 카르마는 운명과 달리 분명 스스로 통제할 수 있다. "자유의지가 곧 카르마다", 부처는 이렇게 말했다고 전해진다. 힌두교와 불교 전통에서 카르마는 의식적 행동이다. 카르마는 운명이 아닐 뿐 아니라 사실 그 반대다. 카르마는 선택이다.

———

일주일 후, 수컷 럼피시는 아직도 구애하고 있었다. 주황색 바닷가재 한 마리가 럼피시가 택한 굴에 버티고 있어서 쫓아낸다고 난리 법석을 떨고 있었다. 아직은 암컷 가운데 누구도 이 보금자리에 관심이 없었다. 암컷 두 마리가 수컷을 지나쳐 가는데 수컷은 안중에도 없어 보였다. 부릅뜬 눈이 달린 작은 잿빛 비행선같이 생긴 암컷들은 마치 놀란 인간 아기처럼 생겼다. 빌은 수컷이 안타까우면서도 암컷들이 번식하도록 수조에 제2의 구혼자를 집어넣어야 하나 고민했다.

그러는 사이 담수조에서는 킬러라 불리는 비단거북이 사랑에 빠졌다. 딱하게도 애정의 대상이 다른 거북이 아니라 펌킨시드선피시였지만. 킬러는 수조의 다른 물고기들은 죄다 자신의 하나뿐인 짝에게 위협이 된다고 여기는 게 분명했다. 펌킨시드한테 구애하는 동안 다른 물고기가 다가오기라도 하면 다짜고짜 공격해서 지느러미를 물어뜯고 있었다. 보조 사육사 앤드루 머피가 이 광경을 관람객 몇 명에게 설명하고 있었는데, 그사이 킬러가 수조 바닥으로 내려가더니 관객들이 버젓이 보는 앞에서 피라미같이 생긴 킬리피시 두 마리를 죽여버리는 바람에 다들 놀라 자빠졌다.

그리고 매사추세츠 찰스타운에서 대양 수조에 놓을 새 인공 산호를 조각하고 있는 사이, 캘리포니아에서는 펭귄 사육장에 임시 거처를 마련한 물고기 몇 마리 사이에 싸움이 벌어졌다. 놀래기과인 호그피시와 나비고기과인 버터플라이피시의 꼬리와 지느러미가 상당 부분 사라져 있었다. 두 물고기는 회복을 위해 사육장에서 다른 곳으로 옮겨졌다. 범인은 누구였을까? 크리스타에 따르면 직원들은 배리라 불리는 꼬치고기거나 토머스라 불리는 잿빛 곰치일 거라고 내기를 했다.(폴리라 불리는 연두색 곰치는 점잖은 녀석이어서 의심에서 제외되었다.) 범인이 발각되기만 하면 직원들은 펭귄 사육장에 안전지대를 만들어 녀석이 거기서만 움직이도록 할 터였다.

어떤 욕구가 있기에 동물들은 이 같은 선택을 할까? 왜 이 짝은 되고 저 짝은 안 될까? 왜 하필이면 이 길, 이 싸움, 이 굴을 택하는 걸까? 이런 행동은 무턱대고 이루어지는 걸까 아니면 경험에 미루어 이루어지는 걸까? 외부 자극에 무의식적으로 반응하는 걸까? 본능일까? 동물이든 사람이든 자유의지라는 것이 있기는 한 걸까?

이 질문은 역사상 위대한 철학 논쟁 가운데 하나지만, 만약 자유의지가 존재한다면 종에 관계없이 존재한다고 연구에서는 말하고 있다.

"단순한 동물조차도 일반적으로 묘사되는 바와 달리 예측 가능한 행동을 일삼는 자동 기계가 아니다." 베를린자유대 연구자 비에른 브렘즈는 말했다. 뇌 신경세포가 10만 개에 불과한 곤충인 초파리들도 마찬가지다.(바퀴벌레한테는 한편 100만 개가 있다.) 브렘즈의 추론은 이러했다. 만약 이처럼 작은 곤충들이 단지 반응 로봇에 불과하다면 특징이라고는 없는 방에 있을 때 무작위로 움직일 것이다. 그래서 브렘즈는 초파리들에게 작은 구리 갈고리를 붙여서 사방이 똑같이 하얀 방 여러 곳에 풀어놓았다.

파리들은 무작위로 움직이지 않았다. 레비 분포라고 불리는 양상으로 수학적 알고리즘을 형성했다. 이러한 탐색 양상은 먹이를 찾는 효과적인 방법으로 앨버트로스와 원숭이, 사슴도 사용한다고 알려져 있으니 초파리들 역시 무작위적이 아닌 합리적인 선택을 한 셈이었다. 과학자들은 이메일이나 편지, 돈의 흐름에서와 같은 인간 행동에서도 비슷한 양상을 발견해왔다.(그리고 브렘즈는 잭슨 폴록의 그림에서도 이 같은 양상을 목격했다.)

파리들은 심지어 선택에 있어서도 저마다 차이를 보였다. 초파리 대부분은 놀라 겁을 먹으면 으레 빛을 향해 움직이지만 다 그렇지는 않으며 그런다고 해도 똑같은 정도로 허겁지겁하지도 않았다. 하버드대 연구자들은 초파리들이 실험실에서 보여준 개체 차이에 놀랐다. 유전적으로 동일한 파리들조차 서로 차이를 보였다. 우리와 마찬가지로 초파리들도 공포, 환희, 절망 같은 감정에 이끌려서 선택을 했다. 다음과 같이 밝힌 연구도 있었다. 수컷 초파리가 암컷에게 성적으로 접근했다가 거절당해서 낙담하고 나면 성적 욕구가 충족된 수컷들보다 술(실험실에서 제공한 알코올 첨가 유동식)에 의지할 가능성이 20퍼센트 더 높았다.

그러하니 문어처럼 복잡한 동물이 선택할 수 있는 가짓수는 무한한 셈이다. 피클 통 하나 속에서조차. 카르마는 이제 내가 물을 찰싹 치면 통 꼭대기로 올라왔다. 우리가 곁에 있으면 어찌나 차분해지는지 같이 놀아주면 거의 순백색에 가깝게 변할 정도였다. 칼리의 활기에는 한참 못 미쳤어도 카르마는 활발했다. 커다란 빨판들로 우리 팔에 붙어 있기를 좋아했는데 때로는 하루 종일 남아 있을 정도의 뽀뽀 자국을 남길 만큼 빠는 힘이 셌다. 우리가 그녀의 팔 끝과 이런저런 소통을 하려고 애쓸 때면 팔 힘을 풀어 그렇게 하도록 내버려두었다. 같이 있은 지 20여 분이 지나면 보통 긴장을 풀고 우리를 부드럽게 안았다. 하지만 이어 다시 잡을 때에는 악력이 한층 강했는데, 마치 우리에게 상기시키려는 듯했다. 난 너희를 끌어당길 만큼 강하다. 내가 너희를 부드럽게 대하는 이유는 그러기로 마음먹었기 때문이다.

그럼에도 어느 주말에는 카르마의 행동이 나긋하지가 않았다. 앤드루가 물고기 한 마리를 먹으려고 그녀 통 뚜껑을 열었더니 팔을 냅다 뻗어 앤드루를 움켜잡았다. 그녀는 뒤틀면서 선홍색으로 변하더니 홀랑 뒤집어졌다. 앤드루는 식겁했는데, 팔들이 한데 모인 지점에 그녀의 부리턱이 보였고 자기를 물려고 하고 있다는 사실을 알아차렸다.

성격에 걸맞게 앤드루는 침착했다. 이제 스물다섯 살이지만 앤드루는 여섯 살 때부터 물고기들을 키워왔고 일곱 살이 되자 녀석들을 번식시켰다.(자기 수조의 물고기가 전부 죽어버렸을 때에도 앤드루는 울지 않았다. 우는 대신 엄마에게 녀석들 시체를 해부해 죽은 원인을 밝혀낼 수 있게 가위를 빌려달라고 했다.) 앤드루는 수중 동물들하고 있으면 그렇게 편할 수가 없어서 길 건너 편의점에 있는데 간질 발작이 일어날 듯싶다고 느꼈을 때도 처음 드는 생각은 아쿠아리움으로 돌아가야겠다는 것이었다. 꼭 집어 말하면 피라냐 수조였는데 발작이 일어날 때 그곳에 있으면 안심이 되었다. 그래서 태평양거대문어 카르마에게 공격당했을 때도 앤드루는 동업자 한 명과 열대어 수조를 설계하고 관리하는 사업을 경영하기도 하는 인물로서, 그녀의 빨판들을 차분히 벗겨내 통에 얼른 밀어 넣었다. "너와 난 관계의 첫발을 잘못 내디딘 거야, 아니 첫 팔이겠지." 앤드루는 말했다.

카르마가 앤드루를 느닷없이 싫어하는 거나 럼피시들이 열렬한 구혼자한테 줄기차게 무관심한 거나 도무지 갈피를 못 잡게 보이기는 매한가지였다. 이 지치지 않는 구혼자 수컷은 여전히 포기하지 않고 있었다. 녀석이 고른 보금자리는 깨끗하기로 흠잡을 데가 없었다. 반질반질한 바위들은 귀중한 알 수백 개의 보금자리로 삼기에 무척 안전해 보였는데 표면을 더럽히는 조류라곤 없었다. 불가사리나 성게도 녀석이 공들여 지키는 장소에 감히 접근하지 못했다. 이 수컷 럼피시는 전시장 꼭대기 근처에서 오락가락했는데, 암컷 한 마리만이라도 자기 영역을 알아보고 우러러봐주기를 미친 듯이 바라며 서성거리는 호랑이를 방불케 했다. 그렇지만 암컷 두 마리는 여전히 녀석을 무시했다. 빌도 고집스럽게 희망을 놓지 않았다. 어쩌면 다음 주에는, 그가 말했다……

난 이 럼피시 이야기의 다음 편을 놓치지 않을 참이다. 내주 목요일은 밸런타인데이라서 난 남편 허락을 받고 시애틀에서 문어들을 만나기로 했던 까닭이다. 문어 두 마리가 교미하는 광경을 보러 국토를 횡단해 날아갈 참이었다.

1100리터급 수조는 두 부분으로 나뉘어 있는데 꼭대기에는 하트 모양의 빨간 전등이 매달려 있었고 유리벽은 반짝반짝 빨간 하트들로 장식되어 있었다. 플라스틱 장미 꽃다발 하나가 빨간 공단 리본으로 묶인 채 물에 떠 있었다. 오전 11시가 되자 사람들이 모이기 시작했다. 초등학교 6학년생 150명이 학교 버스를 타고 도착했다. 아이 엄마들은 쇼핑 카보다 큰 유모차 안에 아기들을 태워 밀고 있었다. 2학년생 88명과 보호자 어른 19명, 그리고 다른 초등학교에서 다섯 살짜리 어린이들이 와 있었다. 이곳에 모인 사람들 가운데 4분의 3은 아이들이었지만 어른들도 많았다. 한 남자는 빨간 머리를 뒤로 질끈 묶고 검은색 가죽 재킷을 뽐내고 있었는데, 내게 자기는 여자친구랑 밸런타인데이마다 이곳 시애틀 아쿠아리움의 문어 짝짓기를 보러 오고 있으며 그러기를 4년째라고 말했다.

　　"이건 미친 짓이에요, 하지만 무척 감탄스럽기도 하죠." 시애틀 NBC 계열사 KOMO에서 나온 촬영기사가 말했다. 그가 찍은 영상은 4시, 5시, 6시 뉴스에 방영될 예정이었다. 문어 짝짓기가 시애틀 아쿠아리움의 정기 행사로 자리 잡은 지는 9년이 되었는데, 문어 주간에서도 백미 가운데 백미라서 아쿠아리움 한 해를 통틀어 관객을 가장 많이 끌어모으는 행사였다. 겨울에는 보통 평일 하루 동안 방문객 300~400명을 끌어모으며 토요일이나 일요일이라고 해도 기껏해야 방문객은 1000명에 불과했다. 하지만 문어 주간이 되면 주말 하루에만도 관객 수는 6000명에 이르기도 했다.

"동물 두 마리가 교미하는 모습을 보겠다고 그렇게들 온다는 걸 생각하면 재미있어요." 캐스린 케겔이 말했다. 캐스린 케겔은 서른한 살의 여자로 시애틀 아쿠아리움에서 손꼽히는 무척추동물 생물학자였다. 하지만 케겔 자신에게도 마찬가지였다. 이곳에서 7년을 일했어도 문어 짝짓기는 매년 가장 짜릿한 날 가운데 하나였다. "내가 봐온 문어 교미는 팔들이 엉겨 붙어 춤을 추는 멋들어진 무도였어요. 마치 한 몸처럼 보이죠." 케겔은 이곳에 재직하는 동안 짝짓기를 놓친 적이 한 번도 없었다. 케겔의 생각으로는 문어 암수가 "서로 흥미를 느낄 확률은 반반"이었다. 둘은 아무 짓도 안 할 수도 있다. 아니면 한쪽이 다른 한쪽을 공격할 수도 있고. 만약 그런 일이 벌어지면 케겔은 다른 잠수부와 함께 둘을 갈라놓아야 한다. 물론 그럴 수만 있다면. "그렇지만 마음만 먹는다면 저항할 수 있는 팔은 아주 많으니까요." 케겔은 인정했다.

어느 해에는 암컷이 수컷을 죽이더니 먹기 시작했다. 다행히 이 일이 관객 앞에서 벌어지지는 않았다. 아쿠아리움이 문을 닫고 둘이 같은 수조에 남겨졌을 때 일어났다. 한번은 한쪽 문어가 용케도 수조에서 둘을 갈라놓은 차단막을 제거하는 바람에 짝짓기 행사가 시작하기 전날 밤 둘이 교미를 해버렸다. 이제 차단막은 빗장이 쳐지고 밧줄로 네 군데가 비끄러매져 있었다.

팔이 여덟에, 하나처럼 뛰고 있는 심장이 셋이라는 사실을 감안한다면 문어가 교미할 수 있는 방법은 힌두교 성性 경전인 카마수트라에 나오는 것만큼 많을 터다. 하지만 다른 해양 무척추동물과 비교한다면 문어는 거의 판에 박힌 교미를 하는 셈이다.

나새류로 학명 크로모도리스 레티쿨라타로 불리는 갯민숭달팽이를 예로 들어보자. 갯민숭달팽이는 일본 근해 얕게 자리 잡은 산호초에서 발견되는데 자기 몸에 수컷과 암컷 생식기를 다 가지고 있으며 동시에 둘 다 사용할 수 있다. 각 개체의 음경은 다른 개체의 구멍에 꼭 들어맞아서 동시에 서로에게 들어간다. 하지만 그게 다가 아니다. 몇 분 뒤면 둘 다 자기 음경을 떼어내 해저로 떨어뜨리는데, 그러고도 24시간 뒤면 음경을 다시 자라게 해서 몇 번이고 교미를 계속 할 수 있다.

물론 예외는 있지만 문어종 대부분은 보통 우리에게도 익숙한 두 가지 방법 가운데 하나로 교미한다. 포유류가 대개 그렇듯 수컷이 암컷 위에 올라타거나 아니면 나란히 서서 교미하거나. 나란히 서서 하는 교미법은 분리 교미라고 불리는데 서로 잡아먹히는 위험을 덜려는 노력에서 이루어진 적응의 일종이다.(프랑스령 폴리네시아에 사는 커다란 종인 둥근무늬문어 암컷 하나는 수컷 하나를 골라 12번을 교미했지만 13번째 교미는 행복하게 끝나지 않았다. 교미가 끝나자 암컷은 자기 애인을 질식시킨 다음 이틀 동안 자기 굴에 들어앉아 애인 시체를 먹으며 보냈다.) 분리 교미는 안전한 교미의 극치처럼 들린다. 수컷은 거리를 두고 교접완을 뻗어서 암컷에 닿는다. 어떤 종은 자기 굴에서 나오지 않은 채 교미할 수도 있다.

문어는 찾아서 관찰하기가 어려운 까닭에 그 애정생활에 대해서는 알려진 바가 거의 없다. 우리가 예측하지 못하는 일이 숱하게 벌어지고 있을지도 모른다. 수컷들은 암컷을 차지하려고 싸우는데 싸움은 추잡하다. 수컷은 경쟁자의 설형음경을 물어뜯어 먹어버린다. 몬터레이 만 아쿠아리움 연구자 크리시 허퍼드는 2008년 기가 막히게 복잡한 교미 체계가 있는 인도네시아종 하나를 기록했다. "비열한 수컷"이 나타나 암컷이 녀석과 바람을 피워도 여전히 암컷을 지켜주려 한다는 사실을 발견한 것이다. 이어 2013년 연구자들이 보고한 바에 따르면 최근 재발견된 데다 빼어나게 아름다운 종인 태평양큰줄무늬문어는 40마리까지 공동체를 이루어 산다. 수컷과 암컷은 굴에 동거하며 서로 부리턱을 맞대고 교미하는데 일생을 거쳐 한 번은커녕 숱하게 교미해 알을 낳는다.

　캐스린은 올해의 태평양거대문어 쌍인 레인과 스쿼트한테 기대가 컸다. 레인이 수컷인데 30킬로그램의 거구였다. 캐스린은 녀석을 "슬렁슬렁 기어다니는 아주 온화하며 느긋한 문어"라고 묘사했다. 녀석은 5월 이곳 아쿠아리움 바로 바깥에 있는 바다에서 수집되었고 아주 빨리 자랐다. 자원봉사자 한 명은 내게 녀석이 도착한 이후 두 배로 커지는 모습을 목격했다고 했다. "녀석은 매주 눈에 띄게 커져요." 레인은 잘생긴 녀석으로 근사하게 붉은 색조를 띠고 있었다. 녀석의 큰 빨판 가운데 하나가 수조 유리에 척 달라붙어 있었는데 직경이 6센티미터쯤 되니 11킬로그램은 족히 들어올릴 만했다. 녀석은 이제까지 여러 장난감을 가지고 놀았다. 격자무늬가 쳐진 말랑말랑한 공을 가지고 놀기를 특히 좋아했는데 요즘에는 장난감에 조금 시큰둥해져 있었다. 유치한 짓은 그만둘 때가 된 셈이었다. 지난 2주 동안은 이미 수조에 정포를 남겼다. 정포는 1미터짜리 투명한 벌레처럼 생겼다. 어느 아쿠아리움 관리자들은 자기네 문어 수조에서 이런 정포를 발견하고는 수컷이 기생충에 감염되어 있다고 생각했다. 정포들은 증거였다. 레인이 성적으로 무르익었으며 거의 정점에 달해 곧 짧은 삶을 마감하게 되리라는.

　암컷인 스쿼트는 비교적 작아서 몸무게는 20킬로그램이었으며 수줍은 성격이었다. 그녀는 전시장 새 수조에 오자 곧 굴을 꾸렸다. 문어가 보통 하는 행동은 아니었다. 이름이 스쿼트인 까닭은 하는 행동에 있었다.

스퀴트는 찍찍 내뿜는다는 뜻이다. 물을 찍찍거린다고 해도 대부분은 아크릴 벽이나 행인이 아닌 바닥에 떨어지고 말았지만. 스퀴트는 병뚜껑 열기를 좋아했는데 주로 밤에 그랬다.

레인과 스퀴트는 팔을 뻗어 서로를 맛보며 두 수조를 가르는 구멍 숭숭 뚫린 차단막 양편에서 빨판으로 교제하고 있었다.

짝짓기는 정오에 이루어지지만 난 11시 30분에 가서 좋은 자리를 맡았다. 위에서 내려다보면 수조는 숫자 8이 쓰러져 있는 모습으로 위는 작고 아래는 큰 방식으로 나뉘어서 통로 하나로 훤하게 연결되어 있었는데 그 통로가 지금은 작은 구멍들이 뚫린 플렉시 유리로 차단되어 있었다. 각 수조 뒤쪽으로는 바위벽들이 있어서 문어에게 적당하게 숨을 장소를 적어도 한 곳은 제공했다. 불가사리와 달팽이류가 모래 바닥을 전전하고 쥐노래미를 비롯해 카나리볼락 두 종이 긴장하며 헤엄치고 있었다. 이따금 물고기가 한 마리씩 없어졌는데 문어한테 먹힌 것이었다.

처음에 레인은 수조 위쪽 구석에 잠자코 있었지만 이어 붉게 변해서 이리저리 돌아다니기 시작했다. 그러더니 자기 구석으로 돌아와 얼룩덜룩한 잿빛으로 바뀌었다. "수영하고 있는데 저런 문어를 본다면 아마 놀라 자빠질 거야!" 가죽 재킷을 입은 십 대 한 명이 여자친구한테 팔을 두른 채 말했다. 스퀴트는 작은 수조에서 좀더 활발하게 있었다. 피부는 오돌토돌하지만 짙은 주황색으로 사랑스러운 빛깔이었다.

오전 11시 35분 아쿠아리움 장내 방송에서 배리 화이트의 육감적 저성이 흘러나오기 시작했다. "난 너의 사랑이 더 필요해, 내 사랑." 캐스린은 이제 빨간 건식 잠수복을 입고 수조 옆에 발판 사다리를 놓고 있었다. 동료 직원 케이티 메츠와 함께 두 수조 사이 차단막을 고정시키던 빗장과 밧줄을 제거해서 스퀴트를 재우쳐 통로를 지나게 할 참이었다.

"오늘 우리는 문어 짝짓기를 주선할 예정입니다." 자기를 로버타라고 소개하며 장내 방송 사회자가 말했다. "수조 전면 첫 줄에 있고 싶으시면 바닥에 앉아주세요. 서 있는 편이 좋으시면 앞줄에 앉아 계신 분들 뒤에 서 계십시오."

"책상다리로 앉으세요, 여러분." 여자 교사가 2학년생 꼬맹이들이 바닥에 앉는 동안 주문했다. 내 뒤로 수조를 에워싼 사람들은 12줄이나 되었다.

"우리 문어들은 행동을 예측하기가 아주 어렵답니다." 이어 사회자가 말했다. "문어들이 어디 있을지 저도 장담할 수 없습니다. 만약 잘 안 보이신다면 하얀 탁자 뒤에 있는 커다란 화면으로 우리 카메라가 찍은 영상을 보여드리겠습니다. 일어서거나 움직이지 마시기를 부탁드리겠습니다. 무슨 일이 일어나는지 보시려면 몇 분 동안 자리를 지키고 있으셔야 합니다. 10분 안에 시작하겠습니다!"

아이들은 온통 흥분해 소리를 질렀다.

음악 소리가 커졌다. 이제 로버타 플랙이 노래 부르고 있었다. "내 사랑, 널 사랑해!" 교사들은 시간을 때우겠다고 아이들한테 노래 박자에 '장단 맞추는' 법을 보여주었다. "손을 흔드세요!" 로버타가 신앙부흥회 설교사처럼 말했다. "손을 흔드세요!"

11시 55분 로버타가 큰 수조에 있는 레인 옆에 서서 군중을 향해 또 말했다. "행복한 밸런타인데이 되세요, 여러분! 이제 짝짓기를 할 동물들을 소개해드리려 합니다! 이쪽은 레인, 다 자란 수컷이죠." 수조 위쪽 구석에 잠자코 있던 동그란 빨판들을 가리키며 말했다. "그리고 이 작은 수조에는 스쿼트가 있어요, 우리의 암컷이죠. 이 둘은 이제 처음으로 서로를 소개받을 거예요. 문어는 아주 고독한 동물이랍니다. 생이 끝나기 직전에라야 다른 문어를 만나죠."

사람들 대부분이 큰 수조에 있는 레인 주위에 몰려 있는 바람에 못 본 사이, 캐스린과 케이티가 차단막을 고정시켰던 빗장을 풀려고 수조에 들어갔다. "전에 짝짓기를 본 적 있는 분은 얼마나 되세요?" 로버타가 대본에도 없는 말을 했다. "성공할 때도 있고 실패할 때도 있답니다. 뚜껑을 열어봐야 안답니다!"

잠수부들이 차단막을 제거하는 동안 로버타는 사람들에게 문어종 정보를 제공했다. 크기, 수명, 성장 속도. "우리 잠수부가 스쿼트 양을 부추겨서 레인 씨에게 다가가 만나도록 할 거예요." 로버타가 설명했다.

이제 스쿼트가 흥분으로 선홍빛이 되어 우리 쪽으로 흘러오는 모습을 볼 수 있었다. 결의에 찬 걸음으로 모래 바닥을 기어 레인에게 다가가고 있었다. 레인은 이제 잿빛에서 붉은빛으로 변해 있었지만 여전히 미동도 하지 않았다. 가장 가까이로는 1미터도 채 안 떨어진 레인의 팔을 향해 왼쪽 두 번째 팔을 뻗는 사이 스쿼트의 '이마'에는 새하얗게 눈꼴 무늬가 생겼다. 이어 12시 10분, 그녀는 그에게 두 번째와 세 번째 팔을 뻗었다. 그녀의 팔이 닿자 레인은 바닥에 있는 이 암컷을 만나러 바위벽 측면에서 쏟아져 내려왔다.

레인은 스쿼트의 팔로 안기듯 달려들었다. 스쿼트는 발딱 뒤집어져서 레인에게 자기의 연약한 우윳빛 밑을 내주었다. 둘은 입을 맞대고 껴안았고 극도로 민감한 빨판들이 반짝거리며 서로를 맛보고 당기고 빨았다. 둘 다 흥분해서 상기되었다.

마침내 레인이 팔 사이 막들로 스쿼트를 완전히 감쌌는데, 마치 쌀쌀한 밤 외투로 자기 여자를 감싸주는 신사처럼 보였다. 그녀 빨판에서 몇 개만이 플렉시 유리에 붙어 시야에 들어왔다.

여전히 수조 위에 자리 잡고 캐스린과 케이티는 큐피드라도 된 듯 이 연인들을 내려다봤다. 생물학자들에게는 긴장되는 순간이었다. 짝짓기에는 매번 위험이 따랐다. "늘 어느 정도 걱정이 있죠." 캐스린이 내게 말했다. "하지만 야생에서는 당연한 일이니까요, 무슨 일이 일어나든 괜찮아요." 하지만 캐스린과 케이티는 둘 다 이 문어들과 친분이 있었다. 둘 다 사랑해서 누구도 다치는 모습을 보고 싶지 않았다. 그리고 교미도 성공하기를 바랐다. 예전에 암컷이 먹물을 내뿜으며 수컷한테서 빠져나가려고 앙탈했던 적이 몇 번 있었는데 스쿼트가 레인에게 기꺼이 다가가는 모습은 좋은 신호였다.

문어가 교미를 하며 더 이상 움직이지 않아서, 아이들은 일어나 도망치듯 학교 버스로 가버리기 시작했다. 꼬마들은 대부분 도대체 무슨 영문인지 모르는 눈치였다. 꼬마들 대부분에게 인간의 성교는 이해 못 할 일이라고 하지만 문어의 교미는 상상할 수 없는 일이었다. 어른들은 여럿이 남아 주위를 서성이며 지켜보았다. 남자 두 명이 수조 앞에 팔짱을 끼고 서서 숙연하게 자리를 지켰다. 단발의 여자는 문어가 한 마리로 보이는데 정말 두 마리가 붙어 있는 것인지 의아해했다. "둘이 교미하고 있는 거예요?" 어리둥절해서 물었다. "다른 하나는 어디 있어요?"

두 문어는 미동도 하지 않았지만 레인은 시나브로 창백해지고 있었다. "어쨌든 짝짓기는 맞죠." 뒤에서 어느 남자 목소리가 들렸다. "틀림없이 소통이 이루어지고 있을 테니까요."

"아마도 정신의 소통이겠죠." 어느 여자가 대답하는 소리가 들렸다.

"수컷이 암컷을 다치게 할 수도 있을까요?" 다른 여자가 걱정하며 물었다.

"물론 그런 일이 일어나죠." 케이티가 설명했다. "우리가 통제할 수 없는 일이에요. 하지만 수컷의 호흡을 보니 편안한 간격으로 깊게 이루어지고 있고, 암컷은 벗어나려고 앙탈하지 않으니 좋은 조짐이죠. 아주 성공적으로 이루어지고 있어요."

"내가 본 교미 가운데 가장 편안하고 다정한 교미예요." 캐스린이 말했다.

두 문어는 이제 아주 고요했고, 12시 35분이 되자 레인은 순백색으로 변해 있었는데 완전히 만족했다는 표시였다. "둘은 이제 담배를 피우고 있는 거죠." 내 뒤의 그 남자가 키득거렸다.

"수컷이 이렇게 하얀 모습은 처음 봤어요." 방수 모자 아래로 어깨 길이의 머리가 꼬불꼬불 삐져나온 키 큰 남자가 말했다. 그는 도착한 이후로 죽 이 장면을 지켜보고 있었다. "아, 아름다워요." 그의 음성은 감미로웠다. "저 둘은 아름다워요." 남자 이름은 로저로, 예전에는 아쿠아리움에 매주 두 번씩 왔었는데 주로 문어들을 보기 위해서였다며 이야기를 풀어놓았다. 형편이 좋았던 시절에는 아쿠아리움 회원권을 샀었다. 그 후 어머니가 유방암으로 세상을 떴고 집이 빚으로 은행에 넘어가는 바람에 이제는 노숙인 쉼터인 컴퍼스센터에 살고 있었다. 그는 2.4×3.6미터 크기의 문어 그림을 그리려고 문어 사진을 찍고 있었는데 자기가 살고 있는 센터에 줄 그림이었다. "나에게 잘해준 사람들한테 보답하려는 선물"이라고 했다. 처음에는 고래를 그리리라 생각했는데 문어가 더 좋아 보였다. 컴퍼스, 곧 나침반에는 방위 표시가 여덟 개고 문어도 팔이 여덟 개인 까닭이었다. 이곳 아쿠아리움에 있는 동물을 통틀어서 그는 문어를 제일 좋아했다. "이곳에 와 있으면 명상하는 기분이 들어요." 그가 말했다. "세상살이는 고달프죠, 감정이 북받치기 일쑤고. 하지만 이 녀석들하고 있으면 마음이 평온해져요." 최근 그는 친구에게서 같이 살자는 제안을 받았다. 좋은 시절이 머지않은 셈이었다. "이 녀석들하고 있어서 마음이 평온해진 덕에 그처럼 좋은 일을 맞이할 수 있었던 거죠."

학교 버스들이 떠난 바람에 수조 앞 관람객은 대부분 어른이었다. 다들 우리 앞에 펼쳐진 장면이 담고 있는 감미로움을 알아차린 듯싶었다. "이건 교미가 아니에요." 로저가 설명했다. "저들 생애의 절정을 보여주는 거죠." 조롱하거나 농담하는 소리는 전혀 아니었다. 어떤 연인은 손을 꼭 잡고 와 수조 앞에 서 있었다. 마치 성당 감실을 찾아오기라도 한 양. 자기네가 누리고 있는 은총을 문어들에게서도 보고 있었다. 이 동물들을 지켜보며 사람들이 조용조용 중얼거리는 소리에는 경외심이 묻어 있었다.

"수컷이 얼마나 하얀지 봐봐."

"피부에 돋은 돌기들을 봐! 양털로 뒤덮인 거 같아."

"행복해 보여."

"응, 만족감."

"둘이 참 평화롭다."

"무척 사랑스러워. 사랑스럽고 감미로운 존재들이야."

"둘 다 아름답다. 그냥 너무 아름다워."

그리고 내 바로 옆에서 로저의 감미로운 말소리가 들렸다. "사랑해요, 레인." 로저의 목소리는 거의 속삭이는 듯했다. "사랑해요, 스퀴트."

―――――――

두 문어는 세 시간 동안 거의 꿈쩍도 하지 않았다. 사람들은 플랑크톤처럼 이 둘 옆을 오가며 촉수처럼 말을 끌었다. "문어의 내장이 전부 코처럼 생긴 저것 안에 들어 있는 거란다!" 박물학자 자원봉사자 한 명이 다섯 살배기 꼬마한테 설명했다.

"다리들이 입에서 나오고 있어요!" 다른 아이가 외쳤다.

"둘이 밸런타인데이에 교미하는 거야?" 여자 한 명이 자기 연인에게 말했다. "밸런타인데이라는 걸 저 문어들이 어떻게 알아?"

이어 2시 15분, 아쿠아리움 박물학자 하리아나 칠스트롬이 들렀다. "교접완 끝으로 정포를 옮기는 건 사정과 같아요." 하리아나가 설명했다. "설형음경은 음경처럼 충혈되죠." 정포는 외투 안쪽에 있는 진짜 음경에서 생산된다. 정포 하나가 외투 안쪽에서 수관으로 이동하면 유연한 수관은 교접완에 파인 홈 쪽으로 고개를 숙여 이 유일한 정포를 홈에 내보낸다. 그러면 정포는 아치 모양 홈의 진동을 타고 교접완 끝부분인 설형음경까지 내려간다.

교미하는 수컷은 정포가 암컷에게 건네지는 동안 심장 박동이 느려지는 반면 암컷의 호흡은 빨라진다. 우리와 마찬가지다. 그리고 왜 안 그러겠는가? "문어에게는 인간과 똑같은 신경전달물질이 있으니까요." 하리아나가 말했다.

그리고 문어는 저마다 다르다. 하리아나가 기억하는 문어 하나는 휠체어를 타거나 지팡이를 짚고 다니는 사람들한테 "애당기고" 있었다. 문어는 이런 장치를 사용하는 사람이 시야에 들어오면 가까이 다가와 쳐다보곤 했다. 어린아이를 바라보는 데 유독 흥미를 느끼는 문어도 있었다. 호랑이처럼 우리에 갇힌 육지 포식자도 가끔 이런 사람들한테 흥미를 보인다. 우리에 갇힌 호랑이들은 장애가 있는 사람 모습에 시선을 고정하기도 하는데, 어쩌면 그런 사람이 쉬운 먹잇감이라는 사실을 알아채서 그러지 싶다. 국제자연보호연맹 호랑이 전문가단 의장 피터 잭슨도 비슷한 경험을 했다. 서커스단 호랑이들이 피터의 자식을 응시하느라 공연 중간에 멈추곤 했는데 아이에게는 다운 증후군이 있었다. 동물원 호랑이들은 내 친구 딸 스테퍼니가 휠체어를 굴리고 있으면 대뜸 눈길을 고정시켰다. 하지만 문어들에게는 분명 다른 이유가 있으리라. 우리는 문어의 먹잇감이 아니니 어쩌면 바퀴나 지팡이 금속이 은빛 비늘처럼 반짝거려서 그럴지도 모른다. 아니면 이런 사람들이 비장애인들과는 다르게 움직이는 바람에 그저 호기심이 발동하는지도 모른다.

2시 50분, 레인과 스쿼트는 자세를 살짝 바꾸었다. 평화롭고 아늑한 장면이었다. 수컷 빨판 두 개가 암컷의 얼굴에 찰싹 달라붙어 있었는데, 마치 뺨에 입맞춤이라도 하는 듯했다.

3시 7분, "이제 끝나가는 거 같아요." 케이티가 말했다. "서로 멀어지고 있네요." 스쿼트의 밑은 이제 대부분 수조 유리에 들러붙어 있었는데, 팔 아래쪽을 보니 하얀 빨판들 사이사이가 분홍색이었다. 스쿼트의 머리와 외투는 이제 회색으로 레인의 팔에 가로누워 있었다. 호기심에 찬 쥐노래미가 다가와 이 둘을 바라보았다. "쥐노래미는 무척 예민해요.” 하리아나가 이 물고기에 대해 설명했다. 전에는 수조에 울프일도 한 마리 있었다고 했다. 이름은 깁슨이었다. “녀석은 가정 파괴범이었어요.” 하리아나가 말했다. 깁슨은 이 수조에서 3년을 살았지만 굴을 차지하겠다고 문어들과 옥신각신하기 일쑤였다. 깁슨은 문어 팔을 물어뜯곤 했는데 그러다 결국 문어한테 흠씬 두들겨 맞았다.

교제하는 모습을 실컷 보고 나니 이제 다들 이 두 동물이 갈라서는 모습이 궁금해졌다. 다음에 무슨 행동을 할지 보고 싶었다. “내가 커피를 가지러 가는 사이 일어날 게 분명해요. 내가 알죠, 암요.” 하리아나가 말했다. 우리는 수조에 딱 달라붙어 있었다.

3시 45분, 레인은 이제 밝은색을 띤 팔 사이 막 위로 군데군데 검은 얼룩이 생겼다. 스쿼트의 얼굴과 눈이 선홍색을 드러내며 불쑥 시야에 들어왔다. 하지만 외투 입구는 아직 안 보였다. 로버타는 수조 안을 내려다본다며 사다리를 올랐지만 그런다고 더 잘 보이지는 않았다.

4시 5분, 스쿼트는 빨판을 차례로 붙여가며 수조 벽을 따라 위로 천천히 움직이고 있었다. 레인은 이제 희미하게 붉은빛을 띠었으나 스쿼트는 그보다 한층 짙은 색이었다. 2분이 지나자 스쿼트가 진행을 멈추었다.

나이 지긋한 아일랜드인 부부 한 쌍이 지나갔다. “문어들이 교미하고 있어요, 리오!” 부인이 매력 있는 아일랜드 억양으로 남편에게 외쳤다. 부인은 내게 말했다. 자원봉사자 한 명이 그간 일어난 상황을 설명하는 소리를 듣기 전까지는 이 꿈쩍 않고 있는 문어들을 보며 “판지로 오려낸 그림인 줄 알았다”라고. 남편을 돌아보며 부인은 힘주어 말했다. “이건 아주 아름다운 경험이에요! 정말 너무나 감동적이네요. 가슴이 뭉클해요.” 노쇠한 남편은 입을 벌린 채 보행기에 위태롭게 매달려 있었는데 부인이 하는 말을 이해 못 하는 듯싶었다. 그럼에도 부인은 자신의 느낌을 남편과 나누고 싶은 갈망에 환하게 빛나며, 이 문어들과 마찬가지로 기나긴 결혼생활 초기 남편과 함께 느꼈을 흥분으로 생기가 돋아 있었다.

4시 37분, 레인은 팔 두 개 끝을 느릿느릿 움직이기 시작했다. 색은 다시 하얗게 변해 있었다. 스쿼트는 이제 가로누워서 입과 입을 둘러싼 빨판들을 유리에 붙이고 있었고 팔은 별빛처럼 사방으로 뻗쳐 있었다. 빨판 가운데 제일 큰 건 3센티미터 가까이 되니 1달러 은화만 한 셈이었다. 레인은 팔로 스쿼트의 머리와 외투를 감싸고 있었다. 레인의 수관이 들썩거리기 시작했다. 스쿼트 빨판 가운데 몇 개가 출렁거리는 모양이 마치 안절부절못하고 꼼지락거리는 듯했다.

5시 3분, 스쿼트는 팔 둘을 위로 높이 뻗은 채 수조 옆면을 천천히 기어오르고 있었다. 세 번째 팔은 레인을 어루만지는 듯했다. 레인은 팔 하나를 그녀 위에 걸치고 있었다.

5시 10분, 둘이 돌연 갈라서면서 스쿼트가 밝은 주황색으로 변했다. 느닷없이 둘은 폭발하듯 팔과 팔 사이 막들을 펼쳤다. 레인은 오른쪽으로 솟구쳤다. 스쿼트가 뒤쫓았다. 그녀는 둥둥 떠다니던 플라스틱 장미다발을 치더니 수조 바닥에서 잠시 정지했다. 길이 1미터가량 되는 하얀 정포가 그녀 외투 입구 밖으로 밧줄처럼 끌리고 있었다.

"둘이 갈라섰어요!" 하리아나가 무전기에 대고 야간 교대 근무를 할 생물학자에게 말했다. "알았어요." 생물학자가 답했다. 스쿼트가 기침을 하며(문어에게 이런 행동은 아가미 세척이라고 알려져 있는데, 그러면 회색 아가미가 노출된다), 하얗게 변하더니 다시 빨갛게 변했다. 그리고 두 문어는 수조를 돌아다니며 서로를 뒤쫓기 시작했다.

둘은 바람에 휘날리는 커다란 붉은 깃발들처럼 보였다. 그녀는 바위들을 가로질러 통로를 향해 왼쪽으로 움직이고 시작했고, 그는 원래 있던 자리를 향해 오른쪽으로 움직였다. 스쿼트는 다시 아가미 세척을 하더니 방향을 돌려 레인을 향해 갔다. 마치 그를 구석에서 몰아내고 있는 듯했다. 그녀는 그에게 팔들을 뻗었고 그는 팔 둘로 그녀를 부여잡았다. 둘이 다시 왼쪽으로 향하면서 그는 자기 옆으로 그녀를 잡아당기기 시작했다. 팔 하나, 둘, 셋이, 이제 넷이 서로를 휘감고 있었다. 이어 둘은 떨어졌다.

5시 23분, 스쿼트는 모래 바닥을 향해 팔 사이 막을 낙하산처럼 펼친 채 흐르기 시작했지만, 이어 팔들을 자기 밑으로 모으고 유리를 타고 올라 수조 위 구석에 자기 몸을 밀어 넣었다. 둘이 만나기 전 원래 레인이 몸을 말고 있던 곳이었다. 그러는 사이 레인은 작은 수조 쪽으로 물러나고 있었다.

"교미하고 나서도 이렇게 격렬한 모습은 처음 봐요!" 하리아나가 말했다.

5시 26분, 둘은 아침처럼 수조 반대편 끝에 제가끔 자리를 잡은 듯했다. 하지만 위치는 뒤바뀌어 있었다. 이번에는 그녀가 큰 수조에 있었고 그는 팔 둘을 통로 안쪽으로 뻗으며 작은 수조로 들어갈 태세였다.

"오늘 아침 눈을 떴을 때만 해도 그에겐 크고 멋진 집이 있었죠." 내 옆에 서 있던 은발의 말쑥한 남자가 말했다. "그리고 여자가 건너와 잠자리를 가진 겁니다. 그런데 지금은? 이제 그는 보잘것없는 작은 아파트에 틀어박혀 살게 될 판이죠. 장담하건데 그는 이렇게 생각할 겁니다, '이 여자랑 엮이는 게 아니었어!'"

둘은 여전히 반대편 구석에 있었고 때는 오후 6시여서 아쿠아리움이 문을 닫을 시간이었다. 야간 직원들은 차단막을 다시 치라고 지시받은 바가 없었다.

아침이 되어 돌아와 보니 둘은 각자 원래 위치로 돌아가 있었다. 둘을 갈라놓던 차단막도 복구되어 있었다. 스쿼트 외투에 치렁치렁 힘없이 매달려 있던 정포 꼬리는 사라지고 없었다. 수조 바닥 어디서도 발견되지 않았지만 자기 역할은 다한 셈이었다. 그 속에 들어 있던 정자 70억 개는 암수가 결합해 있는 동안 암컷 난관 속으로 사정되었다. 지금쯤이면 정자는 이미 그녀 정낭 벽에 붙어 있을 터였다. 이 선腺에 붙어서 정자는 수일 또는 수개월 동안 모습을 유지하고 있다가, 그녀가 허락하면 그제야 난자와 결합해 수정하게 된다. 그리고 그 시점은 그녀 선택에 달렸다.

뉴잉글랜드 아쿠아리움으로 돌아와보자. 3월은 또 다른 시작들을 예감하고 있었다. 대양 수조의 새 유리판 가운데 한 장이 제자리를 잡았다. 산호 조각들은 실제 산호초를 본떠 주조되었는데 가장 큰 것들이 완성되어 설치되었다. 빌은 바하마로 수집 탐험을 떠났는데, 숨을 곳 여러 군데를 추가로 갖추고 재단장한 산호초들에서 새로이 보금자리를 틀 동물 1000마리 가운데 400마리를 구하기 위해서였다. 톱과 드릴 소리가 날카롭게 울려 퍼지고 접착제 냄새가 진동하더라도, 마침내 우리는 미래가 형체를 갖춰가는 모습을 볼 수 있었다.

어느 날 구내식당에서 점심을 먹는데 크리스타가 우리에게 자기와 대니 인생의 향후 10년 청사진을 설명했다. "이처럼 유별난 쌍둥이 동생을 데리고 있기란 쉬운 일이 아니에요." 그녀가 설명했다. "우리 둘은 같이 살아야 하는데 일은 터지기 마련이라서……." 그녀가 대학에 지원했을 때 대니랑 함께 있을 수 없어서 화가 나고 속이 상했다. 이제 크리스타의 목표는 대니와 함께 지낼 수 있도록 확실한 방도를 찾는 일이었다. 그녀의 꿈은 지금 하고 있는 시간제 임시직이 정규직으로 쭉 이어지는 것이었다. 대니와 자기를 위해 침실 두 개짜리 아파트를 마련할 돈을 버는 것과 대니 역시 이곳 아쿠아리움에서 일했으면 하는 꿈도 있었다. 아마 기념품점에서라면 가능하리라. 생물학에서 석사나 박사 학위를 취득하면 아쿠아리움의 더 나은 일자리에 필요한 자격을 갖추는 데 도움이 될지 몰라서, 크리스타는 이곳에서 주당 4일을 일하고 밤에는 술집에서 일하면서 하버드대 사회교육원에 입학할 등록금 2만 달러를 모으고 있었다. 사회교육원이라면 하루 종일 일하면서 석사 학위를 취득할 수 있다. "빡빡한 계획이죠." 그녀가 말했다. "하지만 난 할 수 있어요."

매리언은 두통에 시달리는 바람에 우리의 굉장한 수요일 모임에 몇 주 빠진 상태였다. 하지만 나오더니 기쁜 소식으로 우리를 놀라게 했다. 매리언은 결혼을 앞두고 있었다. 우리는 그녀의 연인 데이브 레프젤터를 만났다. 갈색 머리의 안경 쓴 남자 데이브는 보스턴대에서 생물물리학 박사 후 과정을 이수하고 있었는데 「스타워즈」를 비롯해 둘이 키우는 애완용 쥐 아홉 마리와 아나콘다를 사랑했다. 아직 결혼 날짜를 정하지는 않았으나 주례는 결정했다. 매리언의 영웅이자 멘토, 스콧이었다.(목사도 치안 판사도 아니었지만 스콧은 주례 요청에 전혀 놀라거나 당황하지 않았다. 스콧과 아내 타니아 타라노프스키는 결혼식 주례로 진화생물학자 레스코프먼을 택했고, 결혼식은 얼룩말과 기린들이 지켜보는 가운데 동물원에서 치러졌다.)

그러는 사이 애나는 열일곱 번째 생일을 함께 축하해줄 절친한 벗이 없어서 우울해하고 있었다. 매달 중순은 고비이기도 했는데 어느 달이든 15일은 샤이라의 죽음을 기념하는 날이었던 까닭이다. 하지만 지난달은 달랐다. 샤이라의 무덤을 찾아갔을 때 애나는 참지 않고 마침내 울음을 터뜨렸다. "내 뇌는 끔찍한 기억을 되살려서 나를 줄기차게 괴롭힐 수 있어. 늘 그런 일을 겪어왔지. 하지만 이제 난 맞서 싸울 거야." 애나는 다짐했다.

애나는 열일곱 살이 되는 귀중한 첫날을 카르마와 옥타비아, 전기뱀장어와 아나콘다들, 키메라와 럼피시들, 스콧과 데이브, 빌과 윌슨, 크리스타와 앤드루와 나랑 보내기로 했다. 크리스타는 앙증맞은 문어로 장식된 아이싱컵케이크를 구워왔다. 난 이쑤시개에 문어 깃발을 달아 꽂은 도넛 모양 번트 케이크를 만들어왔다. 윌슨은 특별 선물을 준비했다. 커다란 건조 해마인데 전 세계를 여행하며 수십 년에 걸쳐 모은 방대한 자연사自然史 수집품 가운데 하나였다. 아내와 함께 살던 큰 집에서 작은 아파트로 이사할 준비를 하면서 수집품을 계속 나눠주고 있었다. 몇 주마다 윌슨은 우리에게 조개껍질이며 책, 산호초를 가져다주었다. 멕시코에서 수집한 뱀상어 턱은 이곳 아쿠아리움에 기증했다. 어느 주말에는 앤드루 도움을 받아 집에 마지막으로 남은 물고기 빅토리아 호 시클리드와 그 수조를 챙겨서 크리스타한테 같이 살라고 주었다.

윌슨의 아내 역시 거처를 옮겼다. 호스피스 시설은 면했지만 병자 원호 생활공동체였다. 원인은 밝혀지지 않았어도 그녀의 불가사의한 병은 진행을 멈춘 듯 보였다. 주치의는 그녀를 더 이상 말기 단계라고 보지 않았다.

새로운 문어와 교류할 때마다 문어들은 늘 무한한 가능성을 일깨워주었다. 카르마의 잘린 팔은 다시 자라기 시작했다. 처음에 앤드루한테 부려대던 성질은 사그라졌고 유달리 차분한 문어가 되어갔다. 윌슨과 빌과 나한테는 시종일관 다정했다. 앞 팔 두 개로 우리를 만지면서도 빨기는 무척 삼갔다. 나를 본다며 물 밖으로 머리를 내밀고는 머리를 쓰다듬도록 놔두었다. 그녀는 순백색을 띠고 있기 일쑤여서, 백설문어, 이렇게 부를 때도 있었다. 빛깔을 아름답게 바꾸는 건 물론이었다. 특히 좋아하는 장난감을 줄 때엔. 카르마는 유독 고무로 된 자주색 고릴라 장난감을 좋아했는데 바다표범들한테서 빌려 온 것이었다. 하루는 아침부터 아쿠아리움 폐장 시간까지 이 장난감에 매달려 있더니 밀크초콜릿색 외투며 팔에 보라색 결을 만들어 장난감과 한 벌이 되었다.

알들이 눈에 띄게 줄어들고 있기는 해도 옥타비아는 여전히 인상적이도록 근실하게 알을 보살폈다. 보니까 해바라기불가사리를 혼쭐내놓은 모양이었다. 불가사리는 주로 있는 자리에 붙어 있었는데 옥타비아 알에서 최대한 떨어진 위치였다.

난 스쿼트와 레인에 대해 생각하지 않을 수 없었다. 시애틀 아쿠아리움에는 선택의 여지가 있었는데 뉴잉글랜드 아쿠아리움에서는 할 수 없는 일이었다. 시애틀 아쿠아리움은 바다에서 불과 수 미터 거리에 있으며 전시하는 문어들도 거기서 포획하는 까닭에 문어가 생을 마감할

문어의 영혼

즈음엔 야생으로 돌려보낼 수 있었다.(태평양거대문어는 대서양에 방사할 수 없으며, 옥타비아의 나이와 몸집을 고려할 때에 브리티시컬럼비아 태평양으로 옮기는 건 위험을 자초하는 셈이었다. 경제적으로 가능하다고 해도.) 스쿼트와 레인은 짝짓기를 하고 수주가 지나 포획되었던 바로 그 바다에 방사되었다.

스쿼트와 레인이 방사되는 광경이 어찌나 보고 싶던지! 하지만 난 인터넷 영상으로 태평양거대문어가 포획되었다가 방사되는 모습을 지켜보았다. 녀석이라는 뜻의 듀드라고 불리는 문어였다. 브리티시컬럼비아 시드니에 위치한 아쿠아리움인 쇼오션디스커버리센터에 전시되어 살고 있었는데, 7개월 전 근처 바다에서 카르마가 도착할 당시와 같이 몸무게 대략 4킬로그램 상태로 포획되었다. 고향으로 돌려보낼 때 듀드의 몸무게는 23킬로그램에 육박했다.

잠수부 네 명이 4시간 내내 옆과 주변에서 헤엄치며 친구 듀드와 동행했다.

밝은 주황색에 커다란 돌기들이 장식처럼 훌륭하게 솟아 있는 듀드는 앞 팔들은 뒤로 돌돌 만 채 뒤 팔 둘을 써서 진흙 바닥을 가로질러 작정한 듯 성큼성큼 걸어갔다. 듀드는 빨판들로 비디오카메라를 탐구하겠다고 멈춰 섰는데 그러느라 간혹 카메라를 가리기도 했다. 영상에는 잡히지 않았지만 동행한 잠수부 가운데 한 명이 올린 자료를 보면 듀드는 또한 게 한 마리를 잡아먹었고 앞으로 지낼 굴을 정하느라 여러 장소를 살펴보기도 했다.

"듀드와 난 함께 정말 멋진 시간을 보냈어요." 그의 사육사는 적었다. "듀드는 사회성이 아주 강해서 사람들과 어울리기를 좋아했죠. 두루두루 흠잡을 데 없는 문어였어요. 이제 텅 빈 수조를 보니 슬프네요. 녀석이 그리울 거예요! 또 만나자, 듀드!"(이 글을 읽은 누군가가 공감하며 댓글을 달았다. "친구를 잃어서 안타깝네요, 하지만 이제 녀석은 짝을 찾아서 자기 같은 문어를 더 많이 만들 수 있잖아요.")

사육사들이 문어한테 애정을 느끼듯 문어도 사육사들한테 똑같은 감정을 느끼는 듯했다. 4시간을 함께 헤엄치는 사이 이 커다란 문어가 잠수부들한테서 벗어나기란 식은 죽 먹기였을 텐데, 듀드는 인간 친구들을 자기 옆에 두기를 택했다. 공기통에 공기가 부족해졌을 때서야 잠수부들은 마지못해 듀드에게 작별을 고했다. "세상에서 가장 멋진 태평양 거대문어여." 잠수부 한 명이 적었다.

이 비디오를 보며 난 바다로 돌아가고 싶은 마음을 가눌 수가 없었다. 바다에 살고 있는 문어를 보고 싶어서. 바다에서 문어가 택할 수 있는 일은 무궁무진하다. 여름이여 오라, 소원을 이룰 기회를 잡으리라.

8장

의식
생각하고 느끼고 아는 것

낙원의 하늘빛 바다에 들어갔건만 놀랍게도 난 돌처럼 가라앉고 있었다.

몇 분 전 난 구르는 동작으로 보트 옆에서 뒤로 고꾸라졌다. 의도된 동작이었다. 오푸노후라는 이름의 우리 배는 길이가 6미터에 불과해서 잠수부들이 성큼성큼 걸으며 잠수하는 수법을 쓰기에는 너무 작았다. 그래서 멕시코 이후로 처음인 내 잠수에서 난 뒤로 굴러 입수하기 동작을 성공적으로 수행했다. 이 동작에서 잠수부는 공기통을 뒤에 멘 채 보트 끝에 뒤돌아 앉아 있게 된다. 한 손으로는 마스크와 산소조절기를 얼굴에 대고 다른 한 손으로는 전면으로 호스를 잡은 채 턱을 가슴에 파묻고 몸을 뒤로 기울여 입수하는데 이때 머리는 발꿈치 위에 있게 된다. 내 스쿠버 안내서에서는 "다소 얼떨떨한" 방법이라고 묘사하고 있었다.

하지만 만사형통이어서 수면에 있는 동료 잠수부들한테 괜찮다고 신호를 보냈다. 우리는 오푸노후 호 닻줄에 매달려 손으로 아래쪽을 잡아가며 대략 6미터 아래로 내려갔다. 다 좋았다……. 내가 부력조절장치에서 공기를 줄줄 빼버리기 전까지는. 이제 거꾸로 뒤집혀 바닥으로 가라앉고 있었다. 뒤집어진 거북 같은 자세가 되니 배의 하얀 바닥이 내 위로 멀어지는 모습을 볼 수 있었다. 마치 악몽을 꾸는 듯했다.

다행히 잠수 짝꿍 키스 엘렌보겐이 내 손을 잡아 더는 빠지지 않았다. 키스는 전직 스쿠버 강사이자 알아주는 수중 사진작가였다. 키스는 무엇이 잘못되었는지 이내 알아차렸다. 대부분 나라에서는 스쿠버용으로 작고 가벼운 알루미늄 공기통을 사용하지만 아직도 법적으로 프랑스에 속해 있는 이곳 무레아 섬에서는 잠수부들이 최초 애퀄렁 공기통에 사용되던 재료를 애용했다. 애퀄렁 잠수구는 1943년 같은 국적의 두 남자 자크 쿠스토와 에밀 가냥이 개발했는데 철제여서 내구력은 있었지만 훨씬 무거웠다. 그런 데다가 내가 쓰는 최신식 BCD에는 무게 추 6킬로그램이 더 달려 있었다. 카리브 해에서 달았던 8킬로그램보다는 가벼웠지만 그래도 철제 공기통까지 멘 상태에서 나같이 작은 사람한테는 벅찬 무게였다.

키스가 손을 잡아준 덕에 난 자세를 바로잡을 수 있었다. 감사했지만 창피했다. 우리는 키스의 고향인 뉴욕을 떠나 로스앤젤레스와 타히티를 거쳐 무레아 섬으로 연락선을 타고 올 때까지 24시간 동안 서로를 격려해주었다. 몇 달을 기대한 끝에 마침내 문어를 찾아 폴리네시아 열대 산호초 사이로 잠수하게 될 바로 이 순간을 상상하며. 결국 그토록 고대하

문어의 영혼

던 일을 하고 있는 까닭에, 보통 필리프 쿠스토 같은 전문가들과 잠수하는 풀브라이트 장학생 키스는 언덕 위로 썰매를 끌어올리듯 나를 물속에서 질질 끌고 다닐 수밖에 없었다.

키스는 바로 전날 "생애 가장 흥분된 순간 중 하나"를 경험했다고 말했는데, 난 그 장소에 가보고 싶어 견딜 수가 없었다.

그날 키스가 잠수하고 있던 사이, 나는 연구 장소를 물색하느라 나머지 과학 팀원들과 얕은 바다에서 스노클링을 하고 있었다. 우리 탐험의 지휘자 제니퍼 매더는 바다 깊숙이 잠수하는 법이 없었는데 그럴 필요도 없었다. 야생 문어를 다루는 그녀 연구는 전부 얕은 바다에서 진행되었다. 그곳에서도 늘 문어는 충분히 발견해왔다.

그렇다고 전문성이 부족하다는 뜻은 아니었다. 제니퍼는 문어 지능을 연구하는 몇 안 되는 탁월한 연구자 가운데 한 명이었다. 구글에서 '문어 지능'을 검색한 결과와 더불어 그녀의 연구는 가장 많이 인용되는 자료였다. 데이비드 셸은 51세의 남자로 나오는 문어 심포지엄에서 만났는데 알래스카의 차갑고 탁한 해양에서 19년 동안 태평양거대문어를 연구해왔다. 그곳에서 그는 문어를 추적할 최초의 쓸모 있는 방법이라 할 수 있는 원격측정법을 개발했다. 귀고리를 다느라 귓불에 구멍을 뚫듯 문어 아가미 틈에 구멍 하나를 뚫어서 위성 추적 장치를 달아 볼트로 고정시키는 방법이었다. 브라질 출신 연구자 타티아나 레이치는 37세 여성으로 지도교수 가운데 한 명인 제니퍼와 함께 박사 연구를 마쳤으며 브라질 노로냐 섬 해안에서 새로운 문어종을 발견해 이름을 붙여주었고 지금은 다섯 종을 더 묘사하는 작업을 하고 있었다. 여행을 시작하고 며칠 있다가 29세 킬리 랭퍼드가 우리와 합류했다. 과학자는 아니었지만 밴쿠버 아쿠아리움에서 교육자로 일하고 있으며, 그곳에서 그녀는 운동선수 같은 잠수, 수영 실력과 해양 생명에 관한 백과사전을 방불케 하는 지식, 매의 눈을 닮은 예리한 관찰로 정평이 나 있었다.

하지만 전문가들로 이루어진 팀이었음에도 얕은 바다에서 진행한 우리의 스노클링 첫 사흘은 문어 한 마리도 발견하지 못한 채 지나갔다.

문어 표준으로 보아도 우리가 연구하는 종은 위장의 명수였다. 낮에 활동하는 까닭에 둥근무늬문어는 세계 제일의 위장 문어 가운데 하나다. 하와이대 연구자 헤더 일리탈로워드가 보고한 바에 따르면 둥근무늬문어는 문어종을 통틀어 색소세포가 가장 많으며 가장 영리한 문어 가운데 하나다. 하와이에서 둥근무늬문어는 반쪽짜리 코코넛 껍질을 들고 다니곤 하는데, 코코넛 껍질은 모래 속에 도사리고 있는 포식자들로부터 자기 몸을 보호해주는 휴대용 갑옷 같은 역할을 한다. 한편 코코넛 껍질을 뒤집어올리면, 숨을 만한 적당한 틈이 없는 지역에서 조립 막사 같은 피신처로 삼을 수도 있다.

키스가 첫 잠수에서 문어를 찾으리라고는 예상하지 않았다.

하지만 찾고 말았다.

키스는 잠수감독 프랑크 레루브뢰르와 함께 보트를 타고 출발해 프랑스령 폴리네시아 섬의 연구 및 환경 관측소CRIOBE[1]에 있는 잠수센터 바로 뒤에 위치한 해협을 통과했다. CRIOBE는 우리가 머물고 있는 프랑스 연구소였다. 20분 만에 둘은 어느 장소에 도착해 닻을 내렸는데, 그

---

1   CRIOBE: 프랑스령 폴리네시아 섬 연구 및 환경 관측소Le Centre de Recherches Insulaires et Observatoire de l'Environnement de Polynésie Française.

곳이라면 오푸노후 동편으로 이어지는 보초를 따라 문어를 찾아다니기 쉬웠다. 키스는 이제 마흔두 살로 열여섯 살에 잠수를 시작해 전 세계를 돌아다녔지만 야생 문어를 보거나 사진을 찍은 적은 한 번도 없었다. 하지만 프랑크의 눈은 예리해서 빈 가리비 껍데기 두 개를 잡아냈는데, 문어가 식사를 했다는 증거였다. 껍질들에서 10여 센티미터 떨어진 곳에서 프랑크와 키스는 자줏빛을 띤 동그라미 두 개가 들어찬 구멍 하나를 발견했다. 동그라미 하나당 지름 3센티미터 정도였고 뒤로는 희끄무레한 배경이 자리하고 있었다. 동그라미들 위로는 마치 왕관 같은 원호가 두르고 있었는데 알고 보니 빨판들이 박힌 팔이었다. 둘이 본 동그라미 두 개는 자기 굴에서 둘을 쳐다보고 있는 문어의 둥글납작한 눈이었다. 키스는 문어가 물러나기 전에 몇 장이나마 사진을 찍을 수 있었다.

이튿날 키스와 프랑크는 그 장소로 돌아왔다. 키스로서는 반갑게도, 둘은 금세 어제의 그 문어를 찾았다. 그리고 이번에는 문어가 수줍어하지 않았다. 문어는 5제곱미터 정도 되는 산호초 지역을 돌아다니는 내내 빛깔과 무늬를 바꾸며 키스가 주변에 머물도록 내버려두었다. "마치 녀석이 주변을 구경시켜주는 듯했어요." 키스가 말했다. "장난스러워 보였을 뿐 두려워하는 기색은 전혀 없었죠."

내 철학자 친구 피터 고드프리스미스와 호주인 잠수 친구 매슈 로런스는 시드니에서 남쪽으로 세 시간 떨어진 곳에서 어떤 장소를 발견하고는 문어도시라 명명했다. 수심이 대략 18미터인 이곳에는 검은문어 11마리가 서로 1~2미터 거리를 두고 살고 있었다. 검은문어는 꽤 큰 문어종인데 팔을 양쪽으로 다 뻗으면 2미터 정도며 독특하고 혼이 서린 듯한 눈 덕에 "음울한 문어"라는 별명이 붙어 있다. 매슈가 내게 말했다, "문어도

시에서 잠수하고 있는데 웬 문어가 내 손을 잡더니 5미터 떨어진 자기 굴로 데려간 적이 있어요. 두 번 그러더라고요." 한번은 문어 하나가 매슈를 데리고 주변을 돌아다닌 적도 있었는데 매슈는 이걸 "대ㅅ순회"라고 불렀다. 순회는 10~12분 동안 지속되었다. 그러고 나더니 문어는 매슈를 온통 뒤덮고 올라와 빨판들을 이용해 살펴보았다. 마치 자기 동네를 구경시켜주었으니 이제 그 대가로 이 인간 손님을 탐구해야겠다는 듯. 매슈는 말했다. 자기가 만난 문어들은 "공격적이지 않았다. 단지 호기심이 많았을 뿐이었다." 문어도시에서 주기적으로 잠수했던 까닭에 매슈는 이 문어들이 자기를 알아본다고 확신했다. 곰곰이 이런 생각도 해봤다. 문어들은 심지어 자기의 방문을 고대하고 있을지도 모른다. 매슈는 문어들에게 병, 플라스틱 조립 달걀, 수중 카메라를 장난감으로 가져다주기도 했는데, 녀석들은 흥미롭다는 듯 이것들을 죄다 분해해서 자기네 굴로 끌고 갔다.

한편 키스의 눈앞에는 놀라운 광경이 펼쳐졌다. 자기를 한 바퀴 구경시켜주던 첫 번째 문어가 두 번째 문어와 마주쳤다. 키스는 어떤 문어를 촬영해야 하는지 난감했다. 어떤 문어가 사진을 더 잘 받을지 어떻게 결정할 수 있겠는가. 하나같이 바로 눈앞에서 빛깔과 모양을 바꾸고들 있다면 말이다.

키스는 첫 번째 문어한테 의리를 지키기로 했는데, 녀석은 바위 옆을 기어다니고 있었다. 사진을 찍고 있는 사이 두 번째 문어가 근처 조금 더 높은 바위 위로 올라가더니 팔 끝으로 한껏 섰다. 마치 까치발을 딛고 선 듯한 모양이었는데, 키스와 그가 사진 찍고 있는 문어한테 흥미가 들끓어 푹 빠져 있었다. "녀석은 우리를 관찰할 수 있게 작정하고 자세를 잡

문어의 영혼

았어요." 키스가 말했다. "그렇게 관찰당하다니 무척 놀라웠죠. 상어, 참치, 거북, 물고기 등 물속에서 동물 사진을 숱하게 찍어봤어도 이렇게 나를 쳐다보는 녀석과 마주친 건 생전 처음이었어요. 마치 패션 사진 촬영 현장에서 모델을 쳐다보거나 경기장에서 프로 축구 선수를 쳐다보는 사람 같았으니까요. 대개 물고기들은 당신을 관찰하며 알아봅니다. 하지만 이런 식으로 쳐다보지는 않죠. 문어들은 마치 쳐다보면서 학습하는 듯했어요. 내 생애 가장 믿지 못할 경험 가운데 하나였습니다."

아마 첫 번째 문어는 키스를 알아본 듯싶고, 키스가 그토록 가까이 그토록 오래 머물도록 허락했던 까닭도 거기에 있었다고 본다. 두 번째 잠수에서 키스는 다 해서 약 한 시간 반을 녀석과 함께 보냈다. 어쩌면 이 동물에게 세 번째 만남은 한결 편안하게 느껴졌으리라. 그러면 두 번째 문어는 어떻게 되었을까? 둘은 여전히 같이 있을까? 아마도 이곳에는 훨씬 더 많은 문어가 있을지 몰랐다. 난 바랐다, 우리가 연구팀에 큰 소득이 될 만한 발견을 할 수 있기를.

키스와 난 해변과 나란히 놓인 깊은 수로 두 곳을 헤엄쳐 지나갔다. 수정 같은 물속에서는 사방이 훤하게 바라다보였다. 우리 아래로는 산호초 잔해가 풍경을 이루며 파괴와 부활을 이야기해주었다. 1980년대까지 이곳 산호들은 비교적 평화롭게 잘 지냈다. 그러다 1980년과 1981년에 산호를 먹는 불가사리 떼가 출현했고 1982년에는 1906년 이후 처음으로 허리케인과 사이클론이 덮쳤으며 이어 1991년에는 폭우로 인한 유수로 가지형산호가 부러지고 다른 산호들도 질식해버렸다. 이제 어린 산호들이 지역을 다시 점령하기 시작해서 무레아 섬을 산호초 회복을 연구하기에 마침맞은 보기 드물게 값진 생생한 연구소로 만들고 있었다.

우리는 20여 미터 아래 문어 굴 현장으로 내려갔다. 키스의 든든한 손을 잡고 있고 수중 호흡에 익숙해진 데다 바다가 편안한 압력으로 지탱해주니 나는 다시금 자유를 만끽하며 주변의 아름답고도 희한한 생물들의 부유 행진에 동참했다. 키스가 노랑지느러미노랑촉수 떼를 가리켰다. 노랑촉수들 턱수염에는 화학수용체가 있어서 산호 사이사이나 모래 밑에 숨어 있는 작은 먹이들의 맛을 보고 냄새를 맡을 수 있다. 바로 내 눈앞에서 이 30센티미터짜리 물고기들이 반들거리는 뽀얀 살결 위로 샛노란 줄무늬를 뽐내고 있었다. 하지만 문어의 무늬와 마찬가지로 녀석들 색도 고정되어 있지는 않다. 이 물고기들은 그 덕에 로마인들의 연회에서 지중해에 사는 자기네 친척들을 안쓰러운 주연 배우로 등극시키는 개가를 올려, 연회 손님들은 녀석들이 최후의 몸부림을 치며 색이 변하는 모습을 지켜볼 수 있었다. 우리 주위로는 찻잔 크기의 나비고기들이 담황색에 새까만 줄무늬를 몸에 새긴 채 제가끔 짝을 대동하고 미끄러지듯 지나갔다. 7년을 이어질 일생 동안 서로에게 충실할 부부애를 과시하는 모습이었다. 우리 아래로는 에메랄드빛과 터키옥색을 띤 파랑비늘돔들이 주둥이로 산호에서 조류를 뜯어내고 있었는데, 사실 조류를 뜯어내는 건 주둥이가 아닌 모자이크 모양으로 촘촘하게 들어찬 이빨이었다. 파랑비늘돔은 포식자에게 자기 냄새를 숨기려고 저마다 점액 고치에 들어가 잠을 자는데, 이를테면 입에서 분비된 끈적거리는 침낭인 셈이다. 파랑비늘돔은 인접적 자웅동체다. 모두 암컷으로 태어나 이후 수컷으로 변한다.

이런 생물들이 정말 존재한다니 난 새삼 생각했다. 세상에는 무슨 일이든 일어날 수 있다.

키스는 문어 굴을 쉬이 찾아냈다. 가리비 껍데기 두 개가 문어가 두고 간 그대로 남아 있었다. 하지만 문어는 집에 없었다. 우리는 굴 주변으로 반경 30미터를 뒤졌는데, 바닥은 잉글리시 머핀에 스며든 버터처럼 문어가 스르르 녹아들어갈 수 있을 만한 구멍들로 움푹움푹 패여 있었다. 어쩌면 키스의 문어는 나가서 사냥을 하고 있을 수도 있어서 만약 근처에 있다면 발견할 가능성이 있었다.

같이 헤엄쳐서 찾는 동안 사방은 요란스러운 지느러미를 끌고 다니는 호화로운 빛깔의 물고기들로 둘러싸여 있었다. 그런 물고기들한테는 하나같이 만화 주인공 같은 이름이 붙어 있었다. 키스가 가리키더니 사진을 찍으려고 잠시 오리발로 자세를 잡았다. 뒤집어지거나 가라앉지 않도록 세차게 발길질을 하는 사이 난 위를 쳐다보았다. 1미터가 훌쩍 넘는 평화로운 흑기흉상어 여덟 마리가 진을 치고 있었다. 총 아홉 생물이 내리쬐는 햇살에 검은 형체가 된 채 후광 같은 빛에 감싸여 헤엄치고 있었다.

우리는 기분이 들뜬 나머지 실망하는 것도 잊은 채 수면으로 올라갔다. 하지만 귀중한 또 하루가 문어를 못 만난 채 지나간 셈이어서 나로서는 문어를 찾느라 놓친 일들을 상기하지 않을 수가 없었다. 무레아 섬에 도착한 날은 매리언과 데이브의 결혼식 날이었다. 오늘은 개조를 마친 대양 수조가 새 산호 조각들로 이룬 장관 속에 물고기 수백 마리가 새로이 들어찬 자태로 대중에게 공식 선을 보였다. 아쿠아리움 친구들이 그리웠다. 척추동물이든 무척추동물이든, 특히 그해 초봄 함께 겪은 일들을 생각하면.

놀라운 광경이었다. 자연광에서 멀리 떨어져 있는 데다 여과수로 들어찬 수조들에 둘러싸여 있어서 아쿠아리움 복도는 어둑하기만 한데, 그 안에서조차 너무나 많은 동물이 봄이 왔음을 감지하는 듯싶었다. 특히 열대지방 출신 가운데 일부 물고기는 일 년 내내 번식함에도 불구하고 3월이 4월로 녹아드는 시기가 되면 물고기 성호르몬이 급상승했다.

폴피시는 북미 동북부에 사는 피라미류 물고기 가운데 가장 큰 종으로, 그 수컷 한 마리가 암컷들에게 자기를 과시하기 시작했다. 입으로 자갈들을 물어 나르며 수조 바닥에 자갈 언덕을 쌓더니 보드라운 식물을 뽑아다가 언덕 한가운데 심어서 장식했다. 이런 행동은 호주 바우어새 수컷의 행동과 유사했다. 바우어새 수컷은 짝을 유인하려고 번쩍번쩍 현란한 깃털을 과시하기보다는 화사하게 장식된 정교한 작품을 만들어 낸다. 유속이 빠른 개울과 맑은 호수에 흔한 어종이더라도, 폴피시의 정교한 교미 의례가 목격되는 경우는 드물다.

한수 해양관에서는 럼피시 수컷이 마침내 성공을 거두었다. 암컷 가운데 하나가 알을 가득 품고 비치볼처럼 부풀어 올라 있었다. 얼마 안 가 수컷의 바위 둥지 자리에 주황색 알 수백 개를 낳으면 수컷은 수정시켜 극진히 보살필 터였다.

이웃 수조에서는 아귀가 장막 한 장을 더 지어냈다.

"내가 결혼한다면." 애나가 빌과 나에게 말했다. "이렇게 생긴 면사포를 지을 거예요."

"끈적임만은 좀 덜해야겠지요?" 내가 제안했다.

빌이 반박했다, "아니죠, 애나는 끈적대는 느낌마저 바랄 거예요."

그리고 어느 날 아침 난 담수조에서 역사적 탄생을 목격했다. 브렌던이 한 손으로 길이 5센티미터 빅토리아 호 시클리드 한 마리를 잡아 입을 벌리고 다른 손으로는 배를 눌러 짜내고 있었다. 거기서 구피 치어를 연상시키는 작은 새끼 23마리가 튀어나왔다! 시클리드 암컷은 수정란을 입안에 품는다. 이 종은 매우 희귀해서 아직 라틴어 이름도 없다. 스콧이 설명했다. 사실상 야생에서는 멸종 상태인데, 스콧이 아는 바에 따르면, 포획되기 전 출산 기록은 전무했다. "아마 우리 덕분에 세계 시클리드 개체 수는 세 배로 늘어났을 거예요." 스콧이 말했다.

이런 번식 장면들 덕에 그해 봄 아쿠아리움을 방문할 때마다 난 흥분을 더해갔다. 거기서 더 욕심을 부리는 건 아니었지만, 그래도 옥타비아 수조에 다가갈 때면 더없이 황홀해졌다. 물론 승강기를 타거나 뒤쪽 계단을 올라 쉽게 갈 수도 있었지만 나는 기대하는 시간을 사랑했기에 늘 돌아갔다. 열대어가 그득한 펭귄 사육장과 물이 넘치는 아마존 밀림, 수리남두꺼비들과 (녀석들 가운데 한 마리는 전시할 만큼 훈련이 되어서 늘 사람들에게 모습을 드러내고 있었다) 아나콘다와 전기뱀장어, 숄스 제도 및 이스트포트 항 전시관과 아귀와 아귀가 지은 막, 그리고 요란하게 부딪는 인공 파도에 씻긴 보드라운 녹색말미잘을 지나 나선형 경사로를 올라 드디어 옥타비아의 수조 앞에 도착했다.

남태평양으로 여행을 떠나기 전 어느 날 아침까지만 해도 내가 왔을 때 그녀의 왼쪽 눈은 오렌지 크기로 부풀어 있었다.

처음에 난 스스로에게 무언가 착각한 것이라고 타일렀다. 끔찍한 감염처럼 보이지만 어쩌면 정말은 어둑한 불빛 속에서 물이 만들어낸 환영일지도 몰랐다. 난 손전등을 켰다. 옥타비아의 각막은 여전히 불거져 나와 있는 데다 너무도 불투명해서 째진 동공조차 보이지 않았다.

"아, 왔군요." 윌슨이 말했다. 두 문어한테 먹이를 주려고 나를 기다리고 있던 참이었다.

"저거 좀 보세요!" 난 외쳤다. 너무 속이 상해서 윌슨을 반길 수조차 없었다. "눈을 보세요!"

"아, 안 돼." 윌슨이 말했다. "안 좋은데요. 빌을 데려옵시다."

빌이 옥타비아 수조를 들여다보았다. 그러자 약간 돌아섰는데, 안타깝게도 다른 쪽 눈마저 탁하게 부풀어 올라 있었다. 물론 왼쪽 눈보다는 덜했지만. "월요일만 해도 눈이 이렇지는 않았어요." 빌이 근심스레 말했다.

그때 옥타비아가 움직이기 시작했다. 굴 천장과 벽에서 빨판을 차근차근 떼어가며 귀중하지만 줄어들고 있는 알들을 놓아주고 있었다. 마침내 알 덩어리와는 팔 하나에 달린 빨판 몇 개만이 맞닿아 있었다. 다른 팔 일곱 개는 바닥을 따라 정처 없이 흐느적거리기 시작했다.

그녀의 행동에 우리는 어리둥절해졌다. 불가사리는 늘 하던 대로 옥타비아한테서 될 수 있는 한 멀찌감치 떨어져 있었다. 알을 위협하는 것은 아무것도 없었다. 바닥에 먹이가 있는 것도 아니었다. 그녀는 단지, 방황하고 있는 듯했다.

난 궁금해졌다. 눈이 먼 건 아닐까. 하지만 눈이 멀었어도 문제가 되지는 않을 터였다. 실험을 위해 눈을 안 보이게 만든 문어들도 감각과 미각을 써서 거침없이 돌아다닌다. 더욱 걱정인 건, 고통받고 있을지도 모른다는 사실이었다.(요리사들은 펄펄 끓는 물에 바닷가재를 넣으면서도 무척추동물이 탈출하려고 발버둥치는 것은 단지 반사행동일 뿐이라고 설명하지만, 틀렸다. 새우의 촉각을 아세트산으로 문지르면 복잡한 동작으로 오랫동안 다친 감지기를 신중하게 가다듬는데, 이런 동작은 마취제를 발라주면 줄어든다. 게에게 충격을 주면 그 후에도 오랜 기간 다친 자리를 문지른다. 텍사스대 보건과학센터 진화신경생물학자 로빈 크룩은 문어 역시 이러한 행동을 한다는 사실을 발견했는데, 몸에서 다치지 않은 데를 만질 때보다도 다친 곳 근처를 만질 때 헤엄쳐 가버리거나 먹물을 내뿜을 가능성이 더 컸다.)

"도대체 무슨 일인 거죠, 빌?" 난 속수무책으로 물어볼 따름이었다.

빌은 몇 분 동안 이 늙은 문어를 쳐다보았다. 그녀의 외투는 진동하고 있었다. 몸뚱이가 마치 심한 두통의 상징처럼 보였다.

"이건, 노망이에요." 빌이 슬퍼하며 말했다.

늙은 나머지 옥타비아의 조직은 쉽사리 망가졌다. 그 전 주, 난 이웃 한 명이 이러고 있는 모습을 본 적이 있었다. 여자는 92세였는데, 갈수록 야위고 흐리멍덩해지고 약해졌다. 피부는 연약해져서 툭하면 멍이 들었다. 여자는 잔디밭에서 코끼리를 보았노라고 했다. 떨어진 과일처럼, 육체와 영혼이 여자로부터 녹아내리는 듯했다.

다른 문어들이 이런 과정을 겪을 때 보면, "이리저리 헤매고 다니는 모습을 보여요." 빌이 설명했다. "노망난 문어들한테는 하얀 반점이 생겨요. 하지만 노망이 났다고 해서 눈이 이렇게 되는 걸 본 적은 없지만요."

지난 8월 밤 옥타비아 몸이 부푼 종양처럼 보였을 때 내 가슴을 치고 오르던 공포가 다시금 느껴졌다. 그때 윌슨과 난 그녀가 죽어가는 줄 알았다. 하지만 이제는 우리가 두려워 마지않던 순간이 마침내 들이닥친 듯했다.

"어떻게 해야 하죠?" 난 물었다.

젊음을 되돌릴 약은 없듯, 노망든 문어를 위한 치료제도 없기는 마찬가지다. "이런 자연스러운 과정이 전시장에서 마무리되었으면 좋겠어요." 빌은 말했다. "하지만 그런 일이 늘 가능하지만은 않죠……."

옥타비아가 길었던 삶을 좀더 편안하게 마치도록 해줄 방법은 없을까? 아늑하고도 안전한 통으로 옮겨주어야 할까? 알을 돌보는 야생 암컷들은 대개 바위로 굴을 막는다. 통이라면 전면에 큰 유리창이 있는 전시 수조보다도 그런 상황을 더 완전하게 재현해줄 수 있다.

옥타비아를 옮김으로써 또한 카르마를 위해 전시장을 비워주는 효과도 있다. 칼리처럼 카르마도 통에 살기에는 너무 커지고 있었다. 카르마는 통에서 나가려는 노력을 포기한 듯했다. 우리가 물을 치면, 반긴다며 검붉은 빛을 띠고 수면으로 올라와서는 먹이를 받아먹었고 이어 통 바닥으로 가라앉아 하얗게 변하곤 했다. 사랑스럽고 다정한 문어였지만 우린 그녀가 좀더 활발해야 더 건강해지지 않을까 싶기도 했다.

윌슨은 옥타비아와 카르마가 자리를 바꿔야 한다고 확신했다. 앤드루와 크리스타는 이런 제안에 몸서리쳤다. 흥미로웠다. 젊은 사람들은 늙은 문어를 좀더 염려했고 나이 든 사람들은 젊은 문어의 행복을 강조하고 있었다. "옥타비아를 알에서 떼어내 다른 곳으로 보낸다고요?" 크리스타가 말했다. "그러면 옥타비아는 완전히 무너질 거예요!" 앤드루는 옥타비아를 옮기는 일이 곧 그녀를 죽이는 일이 될까 두려웠다.

"하지만 사람이 늙어 치매에 걸려도 우리는 그렇게 하잖아요." 나는 말했다. "노망이 들면 전시장에서 퇴출시키는 거죠." 윌슨이 약간 구슬프게 웃었다. "그런 식으로까지 생각해본 적은 없지만 사실이니까요."

문어의 영혼

그는 덧붙였다. 치매에 걸린 사람들은 넓은 세계를 돌아다니기에 안전한 상태가 아니다. 대부분 좀더 작고 단순한 공간에서 오히려 평온해 보인다. 하지만 문어도 그럴까?

우리에게는 옥타비아의 노년을 편안하게 해줄 책임이 있었다. 카르마 역시 마찬가지였다. 가능하면 최고의 삶을 누리게 해줘야 했다. 하지만 우리는 카르마보다 옥타비아를 더 잘 알았다. 옥타비아는 2011년 봄 이곳에 도착한 이래 우리 삶을 풍요롭게 해주었다. 당시 이미 다 자란 문어였던 옥타비아는 야생의 삶을 알고 있었고 빌이나 윌슨이 만났던 어떤 문어보다도 위장에 더 능했다. 처음엔 수줍어했어도 결국 마음을 열고 우리 편이 되었다. 나는 옥타비아가 잠시나마 팔을 뻗어 그 끝으로 내 친구 리즈의 손가락을 건드렸던 순간을 생생히 기억했다. 그것이 첫 접촉이었으며 둘 다 이내 뒤로 물러났다. 옥타비아가 나와 교감하기로 마음먹었던 첫 순간도 기억했다. 나를 거의 수조로 끌고 들어갈 뻔했었다. 물고기 양동이를 쥐도 새도 몰래 낚아챘을 때는 다들 웃을 수밖에 없었다. 적어도 다섯 명이 지켜보고 있었는데 말이다. 옥타비아와의 접촉으로 애나는 절친한 벗을 잃고 침통해진 심정을 다독일 수 있었다. 옥타비아는 우리와 역사가 있었다. 자신의 놀라운 삶을 공유해 우리에게 새로운 세계를 알게 해줬으니, 이 빚을 갚으려면 옥타비아가 삶의 마지막을 편안하게 존중받으며 마칠 수 있게 해줘야 했다.

다들 어떻게 될지 불확실하기에 괴로웠다. 자연은 어떤 충고도 해주지 않았다. 자연이 내주는 본보기는 불친절하다. 야생에서라면 옥타비아는 지금쯤 죽고도 남았을 것이다. 알을 낳아서 부화를 지켜볼 정도로 오래 살아남았다 해도, 야생에서라면 그녀는 생의 마지막 날들을 굶주림과 노망에 시달리며 홀로 헤매다 결국 포식자에게 잡아먹히거나 시체가 되어 불가사리의 먹이가 되고 말 터였다. 시애틀 해안의 문어 올리브처럼 말이다.

옥타비아를 해양에서 데려왔을 때 우리 인간들은 이러한 자연의 경로를 바꾼 셈이었다. 인간의 개입 탓에 옥타비아는 자기 알을 수정시킬 수컷을 만나지 못했다. 지극정성으로 보살폈어도 그녀는 알이 부화하는 보습을 결코 못 본다. 하지만 우리는 그녀를 먹여 살리며 보호해줬다. 바다 이웃과 흥미로운 광경을 마련해주고 사람들을 비롯해 수수께끼 장난감들과 즐거운 교류를 할 수 있도록 했다. 기아와 공포, 고통에서 해방시켰다. 야생에서라면 사실상 매일 매 시간마다 카르마가 당했던 것처럼 포식자한테 몸 일부를 물어뜯길 위험이 도사리고 있지 않은가. 팔마다 갈가리 찢겨 산 채로 먹힐 위험 역시 마찬가지였다.

산란 이후 옥타비아는 우리와 접촉하거나 함께 있고 싶은 마음이 가신 듯싶었지만, 적어도 우리가 주는 먹이만큼은 즐기는 듯했다. 윌슨은 옥타비아에게 오징어 세 마리를 건넸다. 그녀는 왼쪽 앞 팔로 첫 오징어를 잡는가 싶더니 수조 바닥으로 떨어뜨렸다. 오징어는 게걸스러운 주황색 불가사리 차지가 되었다. 두 번째 오징어는 입 바로 앞에 가져다주었는데, 그녀는 잠시 오징어를 잡는가 싶더니 놓아주었다. 세 번째 오징어 역시 떨어뜨렸다.

만약 빌이 옥타비아를 옮긴다면, 그녀는 너무 넓은 공간과 너무 많은 선택거리 사이에서 겪는 혼란으로부터 해방될지도 모른다. 아니면 마지막 안간힘을 다해 자기 알을 지키려고 싸울지도 몰랐다. 하지만 몇 달 내내 알이 살아 있다는 신호가 하나도 없던 상황에서, 어쩌면 그녀는 알을 잊어가고 있는지도 모를 일이다. 우리는 아무것도 몰랐다. 옥타비아를 옮길 수 있는지조차 미지수였다.

빌은 확신이 서지 않았지만, 무엇을 택하든 결정은 고뇌를 수반한다.

"걱정하지 마세요." 동이 트자마자 제니퍼의 목소리가 CRIOBE에서 나눠 쓰고 있는 방의 내 건너편 침대를 덮은 모기장 아래로 나를 반겼다. "우리는 문어를 찾게 될 거예요. 얼마나 많이 찾을지 모르겠지만요. 수집하는 자료가 얼마나 쓸모 있을지도요. 하지만 문어를 찾게 될 거고, 그건 확실해요. 우리에게는 뛰어난 사냥개들이 있는 셈이니까요. 이 사람들은 정말 대단해요."

난 한마디도 건네지 않았지만 제니퍼는 내가 무슨 생각을 하고 있는지 알았다. 현장 과학은 본질적으로 예측이 불가능하다. 다른 탐험에서도 이런 사실을 배운 바 있었다. 몽골 탐험에서는 눈표범을 한 마리도 보지 못했다. 인도 맹그로브 습지, 순다르반스로 여행을 네 차례 떠났어도 호랑이는 정확히 한 번 봤다. 때로는 연구 동물이 아예 안 나타나는 경우도 있다. 그럼에도 대개는 상당한 성과를 거둘 수 있다. 몽골에서 우리는 DNA를 분석할 수 있는 표범 분변을 수집했고 인도에서는 지역 고유의 이야기를 수두룩하게 축적했다. 하지만 이곳 무레아 섬에서 우리는 문어를 꼭 만나야만 했다. 연구를 수행하려면 문어에게 성격 검사를 실시할 필요가 있는 까닭이었다.

제니퍼는 문어가 대담한지 소심한지 측정할 수 있는 성격 검사지를 만들어냈다. 물속에서 플라스틱 잠수판 위에 펜으로 기록하도록 설계되었는데, 우리는 문어가 여러 상황에 어떻게 반응하는지 기록해야 했다. 우리가 다가가면 문어는 어떻게 행동할까? 숨을까, 색을 바꿀까, 조사할까, 먹물을 뿜을까? 펜으로 문어를 살짝 건드린다면 무슨 일이 일어날까? 자기 굴에서 튀어나올까? 뒤로 물러날까? 펜을 움켜쥘까? 침입자에게 수관을 겨냥할까? 그저 바라만 볼까?

우리 연구의 목적은 이곳 문어들이 무엇을 먹고 왜 먹는지에 대한 세 가지 가설을 검증하는 데 있었다. 행동생태학자 데이비드는 문어가 커다란 게를 선호하지만 찾지 못할 경우 먹이로 삼는 동물은 다양해질 거라고 추정했다. 해양생태학자 타티아나는 사는 환경이 복잡할수록 문어도 한층 다양한 먹이로 배를 채우리라고 예측했다. 그리고 제니퍼는 성격이 먹이 선택에 미치는 영향을 시험하고 있었다. 제니퍼는 자신만만하고 겁 모르는 사람들이 대개 그렇듯, 대담한 문어가 끼니에서도 모험을 즐기리라고 추론했다. 정말 그런지 알아보려고 우리는 문어 굴 주변에 남아 있는 먹이 찌꺼기를 수집해 확인하기로 했다.

제니퍼는 수년에 걸쳐 성격 검사를 개발했다. 동료들의 회의적인 시선이 만만치 않았지만 아랑곳하지 않았다. 제니퍼는 이제 69세로 동물한테 성격이 있다고 믿는, 또는 여자가 유능한 현장 과학자가 되리라고 믿는 과학자가 아주 드물던 시절에 일을 시작했다. 그녀가 심리학자 과정을 밟은 이유였다. 브랜다이스대 박사과정에서 그녀는 감각 운동 협응, 그 가운데서도 특히 안구 운동을 연구했다. 이후 유독 정신분열증 환자들한테만 나타나는 안구 운동으로 연구를 이어갔다. 하지만 두족류한테 매료되어 브랜다이스대 심리학과 지하에 작은 문어를 위한 수조를 설치하고 문어의 운동과 문어가 수조 공간을 사용하는 방식을 목록화하기 시작했다.

"그래서 문어에 대해 그저 '뭘 하고 있는 거지?'라는 질문 이상의 깊은 의문을 품기 시작했을 때 난 심리학에서 해답을 찾으려고 했어요." 제니퍼가 내게 말했다. 아침 해가 숙소 창문 밖 정글로 뒤덮인 화산 위에 깔린 구름을 흩는 사이 수탉이 꼬끼오 울기 시작했다. "문어한테 어머니콤플렉스가 없다는 건 확실히 알겠어요. 그러니 프로이트는 아무 도움이 안 되죠! 하지만 인간과 마찬가지로 동물에게도 타고난 기질이 있다는 사실도 알고 있죠. 세상을 보는 방식 곧 환경과 상호작용하며 성격을 형성하는 방식 말예요. 내가 지금 하고 있는 작업은 아무도 시도하지 않은 일이에요. 이상하게 보일지는 몰라도 독창적이죠."

한때는 간과되거나 완전히 묵살되기도 했건만, 제니퍼의 일은 이제 인지신경과학자를 비롯해 신경약리학자, 신경생리학자, 신경해부학자, 컴퓨터 신경과학자들로부터 존중받고 이들의 연구에 인용되고 있다. 국제적으로 저명한 과학자들은 또한 2012년 영국 케임브리지대에 모여 역사적 선언문인, 의식에 관한 케임브리지 선언을 작성했다. 물리학자 스티븐 호킹을 포함한 과학자들은 시사 프로그램 「60미니츠」 카메라 앞에서 서명하며 주장했다. "의식을 생성하는 신경 기질이 인간에게만 있는 것은 아니다. 조류와 포유류를 포함한 인간 이외의 동물들과 문어를 포함한 다른 여러 생물에게도 역시 이러한 신경 기질이 있다."

제니퍼만큼 문어를 잘 아는 사람은 없었다. 만약 그녀가 우리는 문어를 찾으리라고 말하면, 나는 그러리라 믿어야 했다.

그날 아침 우리는 미리 물색해둔 연구 가능 장소 가운데 한 곳에서 스노클링을 하러 나섰다. 완만하게 경사진 바닥이 급격한 절벽으로 이어지는 장소로 살았든 죽었든 산호가 무성하며 자갈이 깔리고 여기저기 도랑이 패인 곳이었다. 다른 팀원들은 얕은 물을 찾고 있었지만 데이비드와 난 수심이 깊은 곳으로 헤엄쳐 갔다. 데이비드는 문어가 있다는 증거를 순식간에 찾아냈다. 게 집게발 두 개가 시뻘건 가리비 껍데기 위에 포개져 있었다. 저녁을 먹고 부엌 싱크대에 조심조심 쌓아둔 접시 더미 같았다. "굴은 하나 있는데 문어는 없군요." 데이비드가 말했다. "하지만 장담하는데 문어가 있을 가능성이 다분해요."

나는 마치 복권에라도 당첨된 기분이었다. 제니퍼는 수심 1미터 정도에서 벌이는 수색이 가장 흥미로운 듯했다. 하지만 난 얕은 물이 더 어려웠다. 얕은 물에서는 방향을 바꿀 때마다 연신 투르비나리아 오르나타라 불리는 뻣뻣한 갈색 조류가 큼직하게 엉겨 붙은 덩어리들에 입술이며 이마, 턱을 부딪치느라 바빴다. 죽은 산호초의 들쭉날쭉한 뼈대에 내 젖꼭지가 쓸리지나 않을까 무서웠다. 그나마 몇 남지도 않았는데 살아 있는 산호를 발로 차거나, 제발 그러지 않기를 바라지만 도처에 눈에 띄는 성게한테 걸려서 검고 기다란 독가시에 찔리지나 않을까 두려웠다.(찔리면 죽을 수도 있지만 그러기 전에 들이닥치는 통증이 참을 수 없을 정도여서 희생자는 고통스런 신체 부위를 절단해달라고 의사한테 애걸할 지경에 이른다.)

이곳 바다 깊숙이에서 헤엄치고 있으면 환희에 휩싸였다. 우리 주위로는 온통 물고기 천지였는데, 각도에 따라 빛깔이 바뀌는 줄무늬와 반짝거리는 눈, 불타는 주황색 배, 검정 얼굴, 잭슨 폴록의 점을 드러내며 황홀하게 어른거리고 있었다. 대모거북 한 마리가 우리 아래서 날개처럼 생긴 가죽 같은 앞 지느러미발로 노를 젓듯 헤엄치고 있었다. 옆으로는

문어의 영혼

흑기흉상어 몇 마리가 어룽어룽한 빛처럼 무게감 없이 미끄러지듯 지나 갔다. 바닥을 보니 살아 있는 산호들이 파랗고 노랗게 얼룩을 만들고 있 었는데 사이사이 무수해 보이는 틈이 문어들에게는 더할 나위 없이 좋 겠지 싶었다.

데이비드는 나에게 프리다이빙을 가르쳐주었다. 숨을 참고 잠수해서 굴 현장을 조사한 다음, 물을 내뿜으며 솟구치는 고래처럼 스노클에서 물을 불어내며 물 밖으로 나오면 되었다. 데이비드는 먹이 잔해 더미를 열 개 이상 발견했는데, 너무 많은 바람에 허리띠에 찬 뚜껑 달린 바구니 에 조개껍데기나 갑각류 껍질을 더 이상 수집해 넣지 않고 있었다. 방수 손전등으로 산호 틈바구니들을 조사하면서 데이비드는 문어가 있다는 증거를 도처에서 발견했다. 조개껍데기가 차곡차곡 쌓여 있고 꼭대기에 게 집게발들이 얹혀 있는 모양이 마치 그릇에 담긴 숟가락들 같았다. "누 가 이것들을 이렇게 하나로 쌓아두겠어요!" 데이비드가 말했다. "문어가 이제 막 나간 게 틀림없어요." 사실 아침나절까지 데이비드는 문어 굴 세 곳을 찾아냈다. 하지만 안에 문어는 없었다.

머리 위로는 먹구름들이 폭풍을 불러 모으며 하늘을 물들이고 있었 다. 내키지는 않았지만 우리는 다른 팀원들과 합류하러 해변으로 향했 다. 멀리서 우리에게 손짓하는 모습이 보였다. 팀원들을 따라잡으려고 속력을 내서 헤엄쳤다. 제니퍼가 입에서 스노클을 뺐다. "지금 문어 한 마리를 보고 있어요!" 이렇게 알리고는 다시 물속에 얼굴을 집어넣었다.

내가 그 문어를 찾았을 즈음엔 보이는 것이라곤 푸르스름한 팔 하나 를 따라 붙어 있는 하얀 빨판 몇 개가 커다란 동굴 속으로 사라지는 모 습뿐이었다. 하지만 좋은 소식은 더 있었다. 그 날의 두 번째 문어가 있었다. 타티아나는 수색하고 10분 만에 한 마리를 발견했다. 문어는 사냥하러 나가는 길이었는데, 팔과 팔 사이 막들을 얕은 도랑에 쫙 펼친 채 청록색을 띠고 무지갯빛으로 반짝이고 있었다. 문어가 타티아나를 보자 먼저 머리가 갈색으로 변하더니 이어 팔 색깔이 변해서는 자기 굴로 쏟아져 들어갔다.

먹구름들은 이제 쏴 하는 소리와 함께 비를 쏟았는데 빗소리가 어찌나 크던지 지글거리는 기름 소리 같았다. 번개가 위협할 때 물은 있을 곳이 못 되는 까닭에 우리는 CRIOBE로 돌아가기로 했다. 타티아나가 오리발을 벗으려고 무릎 깊이 물에 앉아 있는 사이 데이비드는 마지막으로 둘러보았다. 타티아나 바로 옆에 바위가 하나 있었는데 그 옆으로 조개껍데기가 한 더미 쌓여 있었다. 바위에는 구멍이 나 있었고 세 번째 문어의 빨판들이 보였다.

이후 며칠 동안 우리는 더 많은 장소를 조사했지만 대부분 문어를 목격하지는 못했다. 그래도 첫 주가 끝날 때까지 연구 현장 세 곳에서 문어 여섯 마리를 찾아냈다. 먹이 흔적을 수백 가지 모아서 확인했고 서식지에서 자료 수천 건을 수집했다. 난 나의 새 친구들에게 정이 깊이 들었고 우리 탐험이 성공해서 감사할 따름이었다. 두루두루 고마운 마음을 전하고 싶다. 그렇게 일요일이 와서 팀은 하루 쉬기로 했는데, 다른 팀원들은 관광을 하며 야생 조류를 관찰하는 동안 나는 키스와 문어 교회에 갔다.

파페토아이 마을은 CRIOBE에서 차로 가까운 거리에 있는데, 이 마을에는 한때 이곳 수호신인 문어에게 바쳐진 사원이 하나 있었다. 무레아 섬 뱃사람들에게 불가사의하게 강하며 이리저리 모양이 변하는 문어는 신성한 수호자로, 사방으로 내뻗는 팔들은 통합과 평화를 상징했다. 이제 사원이 있던 곳에는 개신교 건물이 자리하고 있었다. 1827년 세워진 이 교회는 무레아 섬에서 가장 오래된 교회지만 여전히 문어를 공경하는 장소였다. 여덟 면으로 이루어진 교회 건물은 로투이 산 그늘에 자리 잡고 있었는데 이곳 사람들에게 건물 모양은 문어의 윤곽을 연상시켰다.

키스와 난 뒷좌석에 자리를 잡았는데 꽉 들어찬 신도 120명 가운데 유일한 외국인들이었다. 사람들은 거의 하나같이 문신을 새기고 있었고 여자 대부분은 대나무와 생화로 공들여 만든 모자를 쓰고 있었다. 목사는 허리까지 내려오는 긴 화환을 썼는데, 초록 이파리와 노랑 히비스커스, 하양 푸르메리아, 빨강과 분홍 부겐빌레아로 만든 화환이었다. 합창대 여성들은 꽃과 이파리로 머리를 장식하고 있었다. 합창 소리를 들으니 깊게 울려 퍼지는 노랫소리가 마치 바다에서 흘러나오는 성가 같았다. 교회는 바다를 면하고 있었는데 열린 창문으로 산들거리는 바닷바람이 마치 축복처럼 불어 들었다. "아틀란티스로 가는 기분인데요." 키스가 속삭였다.

예배는 타히티어로 진행되었는데 내가 모르는 언어였다. 하지만 숭배의 힘과 신비에 대한 명상의 중요성은 이해했다. 교회 안에서든 잠수하며 산호초 사이를 유영할 때든. 신도들이 이곳에서 찾는 신비는 내가 아테나와 칼리, 카르마와 옥타비아와 교감하며 찾았던 신비와 전혀 다를 바 없었다. 우리가 모든 관계 속에서 추구하는 신비, 우리의 가장 깊은 의문 속에서 추구하는 신비와도 다르지 않았다. 영혼을 헤아려보고 싶은 마음이나 다름없었다.

하지만 영혼이란 무엇인가? 누군가는 자아, 곧 육체에 깃든 '나'라고 말하며, 영혼이 없다면 육체는 전기가 안 들어오는 전구와 같다고 말한다. 하지만 영혼은 생명을 움직이는 기관 이상이라고 말하는 사람들도 있다. 영혼은 생명에 의미와 목적을 부여한다. 영혼은 신의 지문이다.

누군가는 영혼이 내면 가장 깊숙이 자리 잡은 존재로 우리에게 감각, 지능, 감정, 욕망, 의지, 성격, 정체성을 부여한다고 말한다. 영혼을 "마음이 오고 가는 모습을 지켜보는, 세상이 흘러가는 모습을 지켜보는 내재 의식"이라고 부르기도 한다. 어쩌면 이러한 정의들은 다 참이 아닐지도 모른다. 어쩌면 다 참일지도 모르고. 하지만 신도석에 앉아 있던 그때 난 한 가지만은 확신했다. 만약 나에게 영혼이 있다면, 물론 난 있다고 생각하는데, 문어한테도 영혼이 있다.

교회 안에는 십자가상도 십자가도 없었다. 오로지 물고기와 배 조각이 있을 뿐이었는데, 내게 자유롭고 용서받은 기분을 느끼게 했다. 타히티어 모음들의 파도 같은 흐름에 몸을 맡긴 채 난 목사의 설교를 타고 어딘가로 이동하고 있었다. 길버트 제도로. 그곳에서는 문어 신 나 키카가 태초 존재들의 아들로, 여덟 개의 강한 팔을 써서 이 제도를 태평양 바닥에서 떠밀어올렸다고 여겨졌다. 그리고 브리티시컬럼비아 서북 해안과 알래스카로. 그곳에서 원주민들은 문어가 날씨를 주관하며 질병과 건강을 지배한다고 여겼다. 이어 하와이로. 그곳 고대 신화에 따르면 우리 현 우주는 더 오래된 우주의 잔존물에 불과한데, 그 오래된 우주의 유일한 생존자가 문어로 두 세계 사이에 난 좁은 틈새를 빠져나오는 데 용케 성공했다. 뱃사람과 해안 지방 사람이라면 어디서나 문어의 변신 능력과 탄력 있는 신장력이 땅과 바다, 천상과 지상, 과거와 현재, 사람과 동물을 연결했다고 믿었다. 팔각형 교회에서 바다를 바라보며 축복에 흠뻑 젖어 신비에 잠겨 있다 보니 과학의 이름으로 떠나온 탐험일망정 기도가 절로 나왔다.

나는 우리의 탐험이 성공하기를 기도했다. 바위 아래서 빨판 몇 개를 보는 것 이상을 발견하게 해달라고 기도했다. 미국에 있는 남편과 개, 친구들을 위해 기도했다. 대양 수조를 위해 기도했다. 신이시여 제발, 물이 새지 말게 해주소서! 그리고 아쿠아리움에 있는 친구들을 위해서도 기도했다. 내가 알고 지낸 문어들의 넋을 위해서도 기도했다. 그 가운데 일부는 살아 있고 일부는 죽고 없지만, 내게는 다 절대 잊지 못할 존재들이다.

─────────

내가 아쿠아리움을 떠나온 뒤 옥타비아의 왼쪽 눈은 한층 악화됐고 오른쪽 눈은 탁해졌다. 특히 노망이 들어 제정신이 아닌 상태에서 다른 동물들과 거친 표면으로 가득한 수조에 있다면 스스로 상처를 입힐 공산은 한층 컸다. 게다가 목요일 아침이 되자 빌이 고려해야 할 요인이 하나 더 불거졌다.

오전 10시 무렵 카르마의 통에서 일어나고 있는 움직임에 빌의 시선이 꽂혔다. 뚜껑을 열지 않은 채 내려다봤는데 일찍이 본 적 없는 광경이 펼쳐져 있었다. 문어가 수면에 거꾸로 매달려 있는 모습이어서 검정 부리턱이 훤히 들여다보였는데 뚜껑 꼭대기에 걸쳐 있는 플라스틱 그물을 끈덕지게 물어뜯고 있었다.

카르마는 이미 뚜껑 위에 걸친 그물을 고정시키는 철선 몇 가닥을 끊어먹은 전적이 있었다. 완전 새것이었다. 이 광경을 보자 빌은 칼리가 죽은 뒤 철선 몇 가닥을 교체해야 했던 이유를 알게 되었다. 이제 철선이 그냥 닳거나 찢겨져서 손상된 것이 아니라는 사실을 깨달은 셈이었다. 칼리는 카르마와 마찬가지로 탈출하려고 철선을 체계적으로 물어뜯었던 셈이다.

"난 긴장되었어요." 빌이 내게 말했다. "여전히 옥타비아를 옮기고 싶지는 않았으니까요." 빌은 옥타비아를 다치게 할까봐 두려웠다. 옮기기는커녕 그녀를 잡지조차 못할까봐 두려웠다. 살아 있는 문어를 전시장 밖으로 옮겨본 적은 한 번도 없었다. "하지만 카르마를 보니 선택의 여지가 없었어요. 옥타비아도 마찬가지고요."

빌은 그 목요일 나머지를 물고기 주변을 돌아다니며 보냈다. 바다빙어 몇 마리를 전시장 뒤 수조에서 이스트포트 수조로 옮기려고, 대서양볼락 몇 마리를 이스트포트 수조에서 바위 산호초 수조로 옮겼다. 그러면 바다빙어가 비워준 수조는 일본에서 새로 도착한 불가사리 몇 마리가 차지할 수 있었다. 작은 대서양볼락 두 마리와 꼼치 두 마리, 방사지느러미장갱이 한 마리를 전시장 뒤 수조에서 이스트포트 수조로 옮겨서 이제 막 도착한 손바닥만 한 작은 붉은문어 한 마리에게 자리를 마련해주었다. 옥타비아와 카르마는 관람객이 다 떠난 다음 옮기기로 했다. 무슨 일이 일어날지 자신할 수 없었기 때문이다.

다행히 목요일 자원봉사자로 29세인 다르샨 파텔이 빌을 돕겠다고 남아 있었다. 둘은 힘을 합쳐 카르마의 200리터짜리 통을 웅덩이에서 들어내 바닥에 놓았다. 빌은 옥타비아 전시장 뚜껑이 열려 있도록 조치해두었다. 다르샨이 관람객 자리에서 지켜보는 사이, 빌은 철제 손잡이가 달린 부드럽고 깊은 그물을 써서 구석자리에 있는 옥타비아가 위로 떠오르게 하려 애썼다. 그물이 닿자 옥타비아는 구석으로 더 깊이 접어 들어갔다. 지금 각도에서는 그녀에게 닿을 수가 없었다. 두 사람은 위치를 바꾸었다. 다르샨은 층계를 올라가 옥타비아가 탈출을 시도하지 못하도록 단속했고 그사이 빌은 아래로 내려가 상황을 가늠했다.

작업할 공간을 더 확보하려면 뚜껑을 더 들어내야 했는데, 뚜껑은 수조에 볼트로 고정된 상태였다. 다르샨은 수조에 들어가 서 있을 수 있도록 방수 바지를 입었고 빌은 위에서 작업했다. 빌이 작업하는 동안 옥타비아는 탁한 눈을 굴리며 그를 좇았다.

다르샨은 키가 180센티미터쯤 되어 물이 허리까지 찼지만 몸을 굽히자 차가운 물이 방수 바지 안으로 쏟아져 들어왔다. 뚜껑이 떨어져 나가자, 옥타비아는 자기 수조와 울프일(곰치의 일종)의 수조를 가로막은 뒤쪽 유리로 움직이기 시작했다. 빌은 위에서 그물을 썼고 다르샨은 물속에서 그물과 더불어 그물을 잡지 않은 손도 썼다. "우리는 조심조심 진행하고 있었어요. 옥타비아를 그물 속으로 유도하려고 애쓰면서요." 빌이 내게 말했다. 하지만 옥타비아는 자꾸자꾸 두 사람한테서 빠져나갔다. 그물 속으로 팔 네 개가 들어왔을 때도 다른 팔 넷으로 바위를 붙들고 있었다. 다르샨이 좇아가니 팔 둘과 몸 반쪽을 바위틈으로 쏟아 넣고는 나오려고 하지 않았다. "늙은 문어면서도 여전히 초강자였어요." 다르샨이 말했다. "그녀의 빨판은 존경받아 마땅해요. 세기가 장난이 아니라니까요."

이런 식으로는 성공할 리 만무했다. 그래서 다르샨이 흠뻑 젖어 덜덜

떨며 수조 속에 있고 옥타비아는 수조 꼭대기에서 불과 10여 센티미터 떨어져 있는 사이, 빌이 잽싸게 잠수복으로 갈아입었다. 둘은 옥타비아가 수조 밖으로 나오려고 터울대지 않기를 기도했다.

빌이 비좁은 수조에 들어오면서 다르샨은 뒤로 물러났고 둘은 바닥에 있는 가죽불가사리 두 마리와 말미잘들 주변을 주의해서 걸었다. 눈은 안 달렸지만 불가사리는 옥타비아 굴 건너편 늘 있던 위치에서 이 과정을 관찰하고 있었고, 그러는 사이 빌이 2미터에 육박하는 거구를 반으로 굽혔다. 그렇게 몸을 굽히니, 바위 아래 접혀 들어가 있어 보이진 않았지만 옥타비아의 빨판들을 느낄 수는 있었다. 빌은 준비한 그물 속으로 들어가라며 손가락으로 그녀를 살살 몰았다.

다르샨으로서는 놀라울 따름이었다. 빌의 손길이 닿자 옥타비아는 두말없이 그물로 들어갔다. 그녀는 열 달 동안 빌의 피부를 맛보지 못했다. 열 달 내내 자기 굴 천장에 붙어 있는 바람에 집게로 건네는 먹이를 받아먹으면서도 빌을 볼 수는 없었다. 그럼에도 그녀는 빌의 손길에 반응하며 사육사와의 관계에 대해 두 가지 괄목할 만한 사실을 말해주었다. 옥타비아는 빌을 기억하는 데 그치지 않았다. 그를 신뢰하고 있었다.

———

당연한 일이었지만 무레아 섬에서 야생 문어들을 발견했을 때 녀석들은 밖으로 나오지 않았다. 몇 마리는 살살 찌르는 펜을 잡기도 했지만 대담한 문어들조차 보호 패각이 없는 무척추동물에게 세상은 위험하다는 사실을 아는 듯싶었다. 연구 현장에서 우리는 곰치뿐 아니라 상어와도 숱하게 마주쳤지만 그보다 더 끔찍한 상황도 있었다. 문어가 나올 법한 유력한 장소 한 곳을 조사할 때인데 문어가 한 마리도 없어서 의아해하고 있었다. 결국 알고 보니 우리보다 앞서 고기잡이들이 왔다 간 것이었다.

그렇게 계획된 출발이 사흘밖에 남지 않았는데도 문어 대부분은 숨는 것 외에는 한 일이 없었다. 표시해둔 굴 한 곳을 조사하려고 이전 연구 장소 가운데 한 곳으로 돌아가보니 그곳에 살고 있던 문어는 저번처럼 우리한테 빨판만 보여줄 뿐이었다.

우리는 데이비드가 있는 곳으로 향했다. 그는 200미터쯤 떨어진 곳에서 흥분에 겨워 손을 흔들고 있었다. 킬리와 난 성게와 스톤피시 독가시에 찔리지 않도록 조심하면서 깊이 1미터 정도 되는 얕은 물에서 산호초에 닿을락 말락 천천히 헤엄치며 다른 굴을 찾아다녔다. 데이비드는 분명 우리 앞으로 불과 한 걸음 거리의 조류로 울퉁불퉁 덮인 바위 속을 가리키고 있었는데, 문어는 볼 수가 없었다.

바위에 눈이 달렸다는 사실을 알기 전까지는.

팔들을 커다란 몸뚱이 아래로 돌돌 감아 넣은 채 문어가 굴 꼭대기에 한 자 높이로 앉아 있었다. 불그스름하니 20센티미터 남짓 되는 몸뚱이는 커다란 코처럼 앞으로 늘어져 있고 눈은 밝은 별빛 무늬로 위장하고 있었는데 내 보더콜리처럼 눈 사이를 하얀 점이 가르고 있었다. 문어는 우리를 바라보며 홍채를 굴리고 있었다. 그것을 제외하면 문어는 적어도 1분 동안 가만히 있었고 돌기들만이 조류처럼 물발에 흐느적흐느적 흔들리고 있었다. 드디어 문어가 움직였다. 몸뚱이 아래서 팔 하나를 꺼내더니 마치 가려워서 긁적이려는 듯 아가미 속으로 팔 끝을 쓱 집어넣었다.

넋을 잃고 쳐다보는 바람에 데이비드와 난 킬리가 가버린 줄도 몰랐다. 그런데 아래서 물에 잠긴 외침이 들려왔다. 킬리였다. "문어 한 마리가 더 있어요! 지금 사냥하고 있어요!"

데이비드는 자기 문어와 남아 있고 난 킬리의 문어를 보러 헤엄쳐 갔다. 불과 몇 미터 거리에 있었다. 어이없지만 이번에도 마찬가지로 문어가 대번에 보이지는 않았다. 내 눈은 분명 영상을 받아들이고 있었지만 머리로 이해하기까지는 시간이 걸렸던 셈이다. 마침내 알아본 문어는 데이비드의 문어보다 훨씬 더 작아서 키가 15센티미터나 조금 넘을까 싶었다. 심지어 다 섰는데도 너비보다 더 길었다. 갈색과 하얀색 반점이 골고루 찍힌 몸뚱이는 삐죽삐죽 솟은 돌기들로 뒤덮여 있었는데 귓가의 깃털 같이 눈 위쪽으로 유독 두드러지게 돋아 있었다. 누군가 이 이미지를 컴퓨터 화면 크기에 맞춰 보여주며 무슨 동물이냐고 묻는다면, 난 북아메리카귀신소쩍새라고 대답했으리라.

수관으로 물대포를 쏘며 다시 문어로 변신하기 전까지는 말이다. 그렇게 하니 영락없이 문어처럼 보일 수밖에. 우리 눈앞에서 킬리의 문어는 실크 스카프가 되었다가, 박동하는 심장이 되었다가, 스르르 움직이는 달팽이가 되었다가, 다시 조류로 뒤덮인 바위가 되었다. 그러더니 배수관으로 빠져나가는 물처럼 구멍 속으로 쏟아져 들어가 싹 사라졌다.

난 물 밖으로 머리를 들어올려 데이비드를 불렀다. "문어가 사냥하고 있어요!" 고함을 질렀다.

"내 문어도 그래요!" 데이비드가 답했다.

킬리와 나는 이제 데이비드와 합류해서 팔을 돌돌 만 채 모래 위를 흐르고 있는 문어를 따라가기 시작했다. 문어가 왼쪽으로 돌자 팔 길이가 다 드러났다. 양쪽을 다 펴면 1미터는 족히 넘어 보였다. 그리고 이 동물의 생애에서 극적이고도 결정적이었던 순간을 엿볼 수 있었다. 왼쪽 팔 셋이 죄다 반쪽이 잘려 있었다. 카르마처럼 이 문어도 포식자와 맞닥뜨려 살아남은 셈이었다. 피부는 아물어가고 있었지만 아직 팔이 다시 자랄 기미는 안 보였다. 연민의 정과 더불어 존경심이 북받쳤다. 죽을 뻔한 순간을 기억에 새기고 있으면서도 우리를 피해 숨지 않다니 참으로 대담했다. 우리가 불과 한 걸음 떨어져 따라가는 동안 바닥을 따라 기어가며 우리를 시야에서 놓치지 않고 있었다. 우리가 자기에 대해 궁금해하는 것과 마찬가지 심정인 듯했다. 문어도 알고 싶었던 셈이다. 당신네 누구요? 그리고 이 동물에게 알기 위한 탐색은 위험을 무릅쓸 가치가 있는 게 분명했다. 문어가 멈추어 방향을 바꾸더니 멀쩡한 오른쪽 세 번째 팔을 뻗어 내 네오프렌 장갑을 맛보았다.

빨판들이 몽땅 팔 끄트머리에 몰려 있었다. 암컷이었다. 의족을 달고 다니는 모험심 넘치는 문어 해적, 말하자면 칼리같이 담대한 여류 모험가였다.

우리는 바닥을 따라 움직이는 문어 지휘자를 졸졸 따라가는 소수의 잡종 무리였다. 우리가 자기와 함께 움직이는 동안 그녀는 우리를 쳐다보고 있었다. 느닷없이 팔에 밝은 점선 세 줄이 나타나고 바탕은 빨강에서 암갈색으로 변했다. 그러더니 별안간 하얗게 번뜩였다. 제니퍼가 본 적 있는 행동이었는데 문어가 먹이를 깜짝 놀래켜 움직이게 하려는 속셈이었다. 어쩌면 그녀는 자기만의 성격 검사를 실시하고 있을지 모를 일이었다. 우리가 펜으로 건드려서 문어가 어떻게 반응하는지 보려는 것과 마찬가지로. 하지만 우리는 아무 짓도 하지 않고 그저 지켜만 보았다. 난 우리의 반응이 그녀를 실망시키지 않았기를 바랐다.

그러더니 그녀는 피부를 반들반들하게 하고 엷은 황갈색으로 바꾸더니 쏜살같이 날아갔다. 우리는 따라가려고 개구리차기를 했다. 불과 몇 미터 앞에서 그녀는 바닥에 내려앉아 초콜릿색으로 변하더니 돌기를 다시 돋우고 기어가기 시작했다. 마치 우리에게 이야기를 건네는 듯한 모습이었다. 잠수했을 때 키스의 문어가 그랬듯, 문어도시에서 매슈의 문어가 자기 동네를 구경시켜줬듯 말이다. 마법같이 신비한 관광에서 우리의 안내자는 모양을 바꾸며 황홀한 색들로 변하고 있었다. 그녀는 심지어 눈도 한 쌍 새로 달았다. 함께 여행하는 도중 몸 양편에 불쑥 오셀리를 만들었다. 오셀리는 라틴어로 눈을 뜻하는데 안점眼點이라고도 하며 그녀 몸에 나타난 건 지름 6센티미터 정도씩 되는 파란 고리들이었다. 안점은 포식자에게 너를 보고 있다고 신호하는 것으로 진짜 눈에서 주의를 돌리게 하면서 몸을 더 커 보이게 하는 효과도 있다. 물론 다른 의미도 있을 수 있다. 그녀는 또한 산호 잔해 위에 서서 산호 구멍들 속에 팔을 집어넣어 먹이를 찾는 모습을 선보여 데이비드의 수중 카메라에 좋은 모델이 되어주기도 했다. 그러는 내내 그녀는 호주머니에서 열쇠를 뒤지는 사람처럼 앞을 응시하고 있었다.

얕고 따스한 물속에서 문어와 헤엄치는 동안 우리에게 시간은 의미가 없어졌다. 문어와 같이 수영한 시간은 5분이었을 수도 1시간이었을 수도 있었다. 나중에 알고 보니 우리의 만남은 거의 한 시간 반 동안 이어졌었다. 마침내 데이비드가 물 밖으로 고개를 들어 그녀의 사냥에 더 이상 방해가 되지 않도록 그만 떠나자고 제안했다.

그녀와의 만남은 우리 연구에 새로운 행운을 가져다준 것 같았다. 이어진 이틀 동안 같은 장소에서 문어 세 마리를 더 찾았으니 최종적으로 다섯 군데에서 총 18마리 문어를 만난 셈이다. 문어가 먹고 남긴 패각과 갑각 244개를 수집하고, 문어가 살고 있는 굴 밖에서 먹이 증거 106건을 목록화했으며, 먹이 종류 41가지를 확인했다. 이 연구로 우리는 제니퍼와 데이비드, 타티아나가 몇 달 동안 신나게 파고들 충분한 자료를 얻었다.

하지만 이 탐험에서 내가 받은 최고 선물은 뭉툭하게 팔이 잘린 암컷과 헤엄친 일이었다. 우리가 얼마나 운이 좋았는지 데이비드가 못을 박아주었다. "그 암컷은 살면서 만난 문어 가운데 단연 최고였어요." 데이비드가 말했다. 19년 동안 야생과 수족관을 오가며 문어를 연구한 사람으로서 대단한 찬사였다.

야생 문어와 헤엄치다니, 나는 꿈을 실현한 셈이었다. 하지만 나에게 문어와의 가장 소중한 경험은 수족관으로 돌아가 4월 말 생의 막바지에 다다른 옥타비아와 보낸 시간이었다.

일단 통 속에 들어가고 나니 옥타비아는 아주 평온해 보였다. 자기 알을 찾고 있다고 암시하는 움직임은 전혀 없었다. 뚜껑을 덮은 그물을 물어뜯지도 않았다. 카르마도 자신의 새 공간에서 몹시 즐거워했다. 처음에는 수줍어하며 빌이 팔 하나를 잡아당겨 끌어내기까지 통에서 나오려 하지 않았다. 하지만 일단 나오자, 거의 곧바로 탐사하기 시작했다. 흥분

으로 몸은 붉어지고 바람에 흩날리는 깃발처럼 한층 넓어진 공간에서 몸을 펼치고 있었다.

빌의 선택은 옳았던 셈이다. 수개월 동안 옥타비아가 자기 알을 꾸준히 돌보았던 일은 의미가 충만한 의식이었지만, 어느 순간에 이르면 아무리 보살펴도 더 이상 충족감을 못 느낄지 몰랐다. 야생 문어는 수정된 알을 보살피는 까닭에, 분명히 보상이 따른다. 둥지의 새처럼 자기 알이 살아 있고 자기 배아가 자라나고 있다는 신호를 받음으로써. 어미 새와 그 새끼들은 새끼가 아직 알 속에 있을 적에 서로를 향해 짹짹거린다. 어미 문어는 알 속에서 모습을 갖춰가는 까만 눈을 바라보며 새끼들의 움직임을 느낄 수 있다. 하지만 옥타비아는 어떤 반응도 느낄 수 없었다. 어쩌면 알을 보는 것만으로도 그녀는 알을 보호해야겠다는 마음이 일었을지 모른다. 같은 이치로 어미 오랑우탄은 길게는 수일 동안 죽은 새끼를 데리고 다니며 심지어 털을 매만져주기까지 한다. 개들도 때로는 자기가 사랑하던 사람이 죽으면 시신 곁을 지키려 한다. 어쩌면 자기 알이 더 이상 보이지 않는 까닭에, 옥타비아는 무의미하다고 의심은 했을망정 수행해야 한다는 강박에 시달렸던 의무로부터 마침내 해방되었을 수도 있었다. 어쩌면 이제야 그녀는 쉴 수 있는지도 몰랐다.

옥타비아를 전시 수조에서 옮긴 덕에 우리 역시 예상치 못한 즐거움을 얻었다. 6월에 그녀가 알을 낳았을 때 다들 다시는 그녀를 만질 수 없으리라 생각했다. 옥타비아가 죽을 때까지 알을 돌볼 터라, 우리에게는 두 번 다시 흥미를 보이지 않으리라 생각했다. 그런데 이제는 달랐다. 어쩌면 다시 우릴 만지고 싶은 마음이 일지도 몰라, 쓰라리지만 다정하게 이별할 기회를 허락할 수도 있었다.

문어의 영혼

윌슨과 내가 그다음 수요일 아쿠아리움에 도착해보니 옥타비아는 옮겨올 때 있던 자리에서 그다지 움직이지 않은 상태였다. 대부분 통 한쪽에만 머무르며 팔 두 개로 부풀어 오른 왼쪽 눈을 가리고 있었다. 식욕은 몇 주째 꾸준히 줄어들고 있었는데 빌이 특별히 신경 써서 먹이를 대주는데도 그랬다. 금요일에는 살아 있는 게 한 마리를 즐겼다. 다칠까봐 집게발도 제거한 상태였다. 일요일에는 새우를 먹었는데 월요일과 목요일에는 아무것도 안 먹었다.

처음에 난 나의 늙은 벗을 보기가 참 두려웠다. 몇 달 내내 그녀를 본 건 흐린 조명 아래 유리를 통해서가 전부였다. 이제 거의 일 년 만에 처음으로 그녀를 다시 가까이서 보려는 참이었다. 가로막는 유리판 없이. 난 무엇을 발견하게 될지 두려웠다. 그녀의 눈이 뿌옇게 부풀어 오른 모습을 보고 싶지는 않았다. 피부가 시들시들 얇아지는 모습을 보고 싶지는 않았다. 약해지거나 갈팡질팡하거나 우울해하는 모습을 보고 싶지는 않았다.

그렇지만 나는 옥타비아와 함께 있기를 간절히 바랐다. 지난 6월 산란한 이후로 우리는 서로를 만져보지 못했다. 관람객 자리에서 그녀가 알을 보살피는 모습을 지켜보는 동안, 그녀가 전시장 유리를 통해 나를 바라보며 여러 달 전 자기에게 먹이를 주고 찰랑거리는 물결 속에서 자기를 쓰다듬어준 사람과 같은 존재라는 사실을 인식했을지 알 길은 없었다.

크리스타와 브렌던은 뒤에 서서 지켜보고 있었다. 윌슨과 난 통 뚜껑을 돌려서 열었다. 옥타비아는 팔을 돌돌 만 채 옅은 밤색을 띠고 바닥에 차분히 있었다. 왼쪽 부푼 눈은 우리를 외면했다. 오른쪽 눈은 기적이라도 일어난 양 이제 멀쩡해 보여서 동공은 크고 말똥말똥했다. 윌슨은 오른손으로 오징어 한 마리를 잡고 물속에서 흔들어 옥타비아가 맛과 향을 느끼도록 했다. 20초도 안 되어 그녀는 몸을 뒤집고 수면으로 절반 이상 떠올라 하얀 레이스 같은 빨판들을 보여주었다. 윌슨이 차가운 물에 손을 담가 그녀 입 근처 큰 빨판들 위에 오징어를 놓아주었다. 그녀는 오징어를 쥐었다. 나도 내 손을 넣었고 윌슨과 난 맛보라며 그녀에게 우리 피부를 내어줬다. 우리를 다시 받아줄까? 우리를 기억할까? 옥타비아는 조금 더 떠올랐고 그 덕에 빨판 수백 개가 수면을 갈랐다. 그녀는 윌슨의 손등을 부드럽게 쥐었다. 처음엔 빨판 몇 개로만 쥐더니 점차 더 많은 빨판을 사용했다. 이어 천천히 하지만 작정한 듯 팔 하나를 물 밖으로 뻗어 윌슨의 손과 허리를 감더니 그 옆 팔이 따라 나와 암적색 물결처럼 펼쳐졌다. 윌슨의 손과 허리, 팔뚝은 이제 빨판들로 덮여 있었다.

"그녀는 당신을 아는 거예요!" 크리스타가 외쳤다. "당신을 기억하는 거라고요, 윌슨!" 그러더니 두 팔로는 여전히 윌슨을 안고 있으면서 나한테도 똑같이 했다. 처음에는 팔 하나로 내 오른팔을 감더니 다른 두 팔로 내 왼팔을 감았다. 피부에 축축하게 달라붙어 있는 느낌이 부드럽고 익숙했는데 빨판의 빨아당김은 마치 입맞춤처럼 감미로웠다.

"그녀가 빌을 알아보았다는 소리를 들었을 때 난 믿기가 어려웠어요." 윌슨이 말했다. "이제는 믿어져요. 확실히요. 그녀는 틀림없이 기억하고 있어요."

아마 5분쯤 지속되었을 것이다. 옥타비아는 우리를 잡고 맛보고 상기하며 수면에 머물렀다. 크리스타에게도 팔 하나를 뻗었다. 둘은 전에 딱 한 번 만났을 뿐이었다. "그녀가 무얼 느끼고 있을까요?"

"그녀는 노부인이에요." 윌슨이 마치 이 말 속에 답이 들어 있는 듯 다정하게 말했다. 윌슨은 우리와 달리 전통문화에서 자라서 노인을 공경했다. 『오래된 길』에서 저자인 친구 리즈가 말하기를 부시먼들은 사자가 다가오면 "n!a"라는 말로 존경을 표하곤 하는데, "나이가 든"이라는 뜻이라고 한다. "신을 언급할 때에도 사용하는 용어"라고. 문어한테 쓰이는 경우는 드물지만 부인이라는 단어 역시 의미가 깊다. 조금만 움직이려 해도 분명히 애를 먹었을 텐데, 친구를 맞이하려고 몸을 일으키는 모습은 고상하고도 사려 깊었던 까닭이다. 진정한 부인이었다.

5분이었을까 아니, 10분이었을까? 가늠할 수 없는 시간 속에서 그녀는 우리를 안고 있었고 다들 아무 말도 하지 않았다. 우리는 문어의 시간 속에 있었다. 거꾸로 매달린 채 옥타비아는 자신의 하얀 빨판들을 내어줬고 쓰다듬는 사이 우리 손가락을 꼭 쥐었다. 수관으로는 약하게 물을 내뿜고 있었는데 전에 차가운 염수를 내쏘던 기세와 달리 수면에 거의 잔물결조차 일으키지 않았다.

팔들은 느즈러져 있어 부리턱 끝이 바로 보였는데, 마치 꽃의 중심처럼 팔들이 한데 모이는 지점에 검은 반점처럼 자리하고 있었다. "옥타비아가 무척 온화하네요, 무척 차분하고요." 윌슨이 조용히 말했다.

이어 윌슨은 일찍이 본 적 없는 행동을 했다. 조심스럽게 하지만 작심을 하고 자기 손가락을 그녀의 입에 갖다 대었다.

"아, 나라면 그런 짓은 안 하겠어요!" 브렌던이 경고했다. 브렌던은 칼리가 애나를 물던 날 우리와 함께 있었다. 아로와나가 나를 물었을 때에도 마침 근처에 있어 내 상처를 치료해주었다. 육체적 고통을 많이 겪어낸 강인한 남자였지만, 다른 사람이 다치는 모습을 보는 건 싫었다. 그렇다고 윌슨이 불필요하게 위험을 자초하는 남자는 아니었다. 그저 기분이 어떤지 보려고 전기뱀장어한테 자진해서 충격을 받는 인턴이나 자원봉사자가 아니었다.

"그녀는 물지 않을 거예요." 윌슨이 브렌던을 안심시켰다. 그러더니 검지로 옥타비아의 입을 쓰다듬었다. 그녀를 어루만지는 손길에는 다른 어떤 문어와도 나누지 않은 신뢰와 친밀감이 담겨 있었다.

마침내 옥타비아가 바닥으로 가라앉았는데, 그러는 내내 멀쩡한 눈 하나로 우리를 바라보았다. 얼마나 고단할까, 난 생각했다. 두 세계를 거치며 파란만장한 삶을 살아냈으니 말이다. 그녀는 바다의 거친 포옹을 알았다. 위장술을 정복했다. 우리의 피부 맛과 얼굴 모양을 익혔다. 자기 조상들이 알을 사슬로 엮었던 방식을 본능적으로 기억해냈다. 아쿠아리움 방문객들에게 자기 종족을 알리는 대사 노릇을 해서 문어에 대한 혐오감을 존경심으로 바꾸어놓기까지 했다. 그야말로 기나긴 모험 같은 삶이었다.

난 통 위로 몸을 구부려 경외심과 고마움을 담아 그녀를 바라보았다. 눈에 눈물이 그렁그렁 고이더니 물속으로 한 방울 떨어졌다. 기쁨과 슬픔의 눈물에는 프로락틴이 들어 있다. 프로락틴은 남녀 공히 성교와 꿈, 발작 시 절정에 이르는 호르몬이며 여성에게서는 젖의 합성에 관계한다. 난 옥타비아가 내 감정을 맛볼 수 있었을지 궁금했다. 맛을 인식했을 수도 있다. 물고기에게도 프로락틴이 있다. 옥타비아에게도 마찬가지다.

쉬는 사이 옅은 부분이 갈색을 띤 옥타비아 피부에 거미줄처럼 퍼져갔다. "아름다워요." 브렌던이 경건하게 말했다. 브렌던은 전시관 유리를 통해서만 보았을 뿐 그녀를 이토록 가까이서 본 적이 없었다. 하지만 이제 생의 마지막에 가까워진 순간에조차 옥타비아는 **정말** 아름다웠고, 야위기는 했어도 상한 눈을 빼고는 죽어서 하얗게 얼룩진 피부도 없이 건강했다. "그녀는 아름다운 노부인이에요." 내가 말했다.

우리도 쉬었다. 사람들과 문어는 서로를 몇 분 더 바라보았다. 그러는데 놀랍게도 그녀가 우리한테 다시 떠올랐다. 그녀가 떠오르자 통 바닥이 보였는데, 윌슨이 준 오징어가 떨어져 있었다. 오징어를 먹었기를 바랐지만 새로운 사실 또한 알게 되었다. 아까 수면으로 떠오른 이유는 배가 고파서가 아니었고, 이제 떠오르고 있는 이유도 배가 고파서가 아니었다.

그녀가 수면으로 떠오른 이유는 더없이 분명했다. 열 달 내내 그녀는 우리와 교감하지도 우리 피부를 맛보거나 수조 위로 우리를 바라보지도 못했다. 그녀는 이제 병들고 약했다. 4주도 채 안 지난 5월 어느 토요일 아침, 빌은 창백하고 야윈 채 통 바닥에 가만히 죽어 있는 그녀를 발견할 터였다. 그래도 우리는 알았다. 그 순간 옥타비아는 우리를 기억할 뿐 아니라 인식했고, 우리를 다시 만지고 싶어했다는 사실을.

처음으로 항만 해수를 채우고 보니, 완성된 대양 수조는 서광을 비추며 생생한 초록으로 신비롭게 빛났다. 수조가 깨끗해지면서 동이 트듯 해수는 새로운 산호 조각들과 새로운 물고기 수백 마리의 빛깔과 모양으로 활기가 넘쳤다. 직원들은 슬기롭게도 가장 작은 물고기들부터 수조에 넣어서 더 큰 포식자들을 들여보내기 전 녀석들이 틈바구니를 차지

해 안전하고 자신감 있게 살 수 있는 영역을 구축할 수 있도록 했다. 그러면 포식자들로부터 괴롭힘을 당하지 않을 테니까. 머틀은 예전 영역을 다스렸다. 펭귄은 자기네 사육장으로 돌아가 11개월 전 각자 고수했던 자리를 차지했다. 그리고 다시 왕왕 시끌벅적 반가운 울음소리로 아쿠아리움 1층을 채웠다.

새 단장을 마친 대양 수조는 7월 1일 개장했는데 찬란한 광경이었다. 매리언과 데이브의 결혼식 또한 마찬가지였다. 스콧의 세속적 설교는 온통 매리언과 아나콘다들의 일로 채워지는 바람에, 하객 한 명이 못 참고 한 마디 했다. "음, 내 생전 이토록 멋진 뱀 결혼식은 처음이었어요." 윌슨과 가족은 윌슨의 아내를 병자 원호 생활시설에서 용케 빼내어 휠체어를 태워 손녀 소피를 위한 파티에 참석하게 해주었다. 아내는 사람들을 다 알아보았고 모임을 즐기는 듯했다. 여름 막바지에 크리스타는 아쿠아리움 교육부에서 한 자리 내놓은 정규직 면접에 응시해 49명을 제치고 선발되었다. 그해 6월에서 8월 뉴잉글랜드 아쿠아리움을 찾은 방문객은 43만 명으로 44년 역사상 가장 많은 숫자였다.

———

9월 어느 수요일, 문어 수조에 도착해보니 카르마가 사람들을 즐겁게 해주고 있었다. 크고 하얀 빨판들로 전시장 전면을 종횡무진 기어다니며 째진 동공의 눈으로 사람들을 쳐다보고 있었다. "무—무—문어다!" 머리를 세 갈래로 땋아 분홍 리본들로 묶은 어린 여자아이가 소리쳤다. "와우! 끝내주는데!" 가죽 재킷을 입은 십 대 사내아이가 말했다.

문어의 영혼

"반 친구들, 와서 여길 보세요!" 수학여행 인솔자가 담당 학생들을 불렀다. "문어가 나왔어요!"

난 위층으로 달음질쳐 윌슨과 함께 카르마 수조 뚜껑을 열었다. 카르마가 선홍색을 띠고 흘러와 우리를 반기며 홀랑 뒤집어졌다. 우리는 빙어 여섯 마리를 한 마리씩 건네주었고 그녀는 열심히 받았다. 아래로는 번쩍번쩍 사진기 불빛들이 보였다. 건넨 빙어들은 팔들 중앙으로 모아지고 있었다. 하지만 그녀는 먹으면서도 우리와 놀고 싶어 안달이었다. 팔들이 꼬불꼬불 물 밖으로 나와 우리를 잡더니 빨기 시작하는데 어찌나 열렬히 빨았는지 팔뚝과 손등에 뽀뽀 자국이 남았다.

빙어 여섯 마리를 정말 다 먹었을까? 우리는 전시장 아래층으로 내려와 떨어뜨린 게 없는지 확인했다.

"문어랑 같이 있던 분들이세요?" 어린 사내아이가 물었다. 마치 우리가 대통령하고 막 식사라도 하고 나온 사람들 같았다. 우리는 우쭐해서 고개를 끄덕였다.

"문어가 당신네를 알아보나요?" 콧수염을 기른 중년 남성 한 명이 의심스레 물었다.

물론 알지요, 우리는 대답했다. 어쩌면 우리가 그녀를 아는 것보다 그녀가 우리를 더 잘 알지도 몰랐다.

하지만 내 머릿속은 여전히 의문투성이였다. 우리를 바라볼 때 카르마의 머릿속에서는 아니면 그녀 팔의 커다란 신경세포 다발에서는 무슨 일이 일어나고 있을까? 빌이나 윌슨, 크리스타나 애나, 또는 나를 보면 그녀의 심장 셋은 더 빨리 뛸까? 우리가 사라지면 슬플까? 문어한테 슬픔이란 어떤 느낌일까, 아니 문어가 아니더라도 슬픔이란 도대체 어떤 감정일까? 커다란 몸을 굴의 작은 틈으로 쏟아 넣을 때 카르마는 어떤 기분일까? 빙어가 피부에 닿을 때 어떤 맛이 날까?

　물론 난 몰랐다. 그리고 내가 그녀에게 정확히 어떤 의미일지도 알 수 없었다. 하지만 나는 안다. 그녀가, 그리고 옥타비아와 칼리가 나에게 어떤 의미인지. 난 그녀들을 사랑했고 변함없이 사랑한다. 그녀들이 나에게 큰 선물을 주었던 까닭이다. 생각하고 느끼고 안다는 것이 무엇을 의미하는지 그녀들 덕분에 나는 좀더 깊이 이해할 수 있었다.

문어의 영혼

나는 척추동물과 무척추동물을 불문하고 여기 언급된 모든 존재와 언급되지 않은 존재들에게 큰 빚을 지고 있다.

누구라고 할 것도 없이 뉴잉글랜드 아쿠아리움에서 만난 자원봉사자와 직원들은 한 명 한 명 탁월한 지식의 소유자로 나에게 여러 도움을 주며 아쿠아리움의 면면을 두루두루 탐구할 수 있도록 배려해주었다. 애니타 메틀러는 자신이 연구하고 있는 바닷가재들을 보여주었다.(저마다 성격이 독특했다.) 제이미 매디슨은 나에게 아쿠아리움에 사는 바다표범과 바다사자들을 소개해줬는데 잔점박이물범 아멜리아는 내 입술에, 북방물개 코도바는 내 코에 뽀뽀했다. 존 리어던은 선임 정비기사로 나에게 아쿠아리움의 박동하는 심장과도 같은 지하실을 안내했는데 거대한 저장 탱크와 펌프, 여과기들이 있는 곳이었다. 이런 장면들을 비롯해 이 책에 적지 못한 장면이 숱하지만 이러한 경험을 가능하게 해준 분들과 더불어 다 기억할 것이다. 영원히.

마찬가지로 난 버몬트에 위치한 미들베리대 문어 연구소를 방문했던 기억과 더불어 그곳의 캘리포니아두점박이문어 11마리, 특히 외향적이며 명랑한 암컷인 1번 문어와 만난 기억 역시 결코 지울 수 없으리라. 신경과학부장 톰 루트와 동물연구부장 비키 메이저, 보조 사육사 캐럴라인 클라크슨과 다른 사육사, 연구자들에게 또한 깊이 감사드린다. 이들은 나와 내 친구들을 따스하게 맞아 뉴잉글랜드 아쿠아리움을 온종일 둘러볼 수 있도록 배려했다.

물 위에서 한 번, 물속에서 두 번 진행된 여러 탐험은 단순한 현장 연구 수준을 넘었던 탐험들로 집필에 결정적인 역할을 했다. 문어 심포지엄과 문어 짝짓기에 참가하고자 시애틀 아쿠아리움으로 떠난 연구 여행은 고인이 된 롤런드 앤더슨의 친절 덕택에 특히 유익하고도 의미 깊었다. 또한 유나이티드 다이버스 직원들과 아쿠아틱 스페셜티즈의 바브 실베스터에게 감사한다. 이들은 나에게 잠수세계의 문을 열어줬다. 스쿠버 강사로 탁월했던 도리스 모리셋에게도 감사한다. 그녀는 코수멜과 멕시코로 가는 여행에 나를 끼워줬으며, 그곳들에서 나는 난생처음 야생 문어들을 볼 수 있었다. 또한 우리라는 끈끈한 무리로 뭉친 그 밖의 사람들에도 감사한다. 여기에는 롭 실베스터, 월터 후커, 메리 앤 존스턴, 마이크 베리스퍼드, 재니스, 레이 네이도뿐 아니라 스쿠버 클럽 코수멜의 해박한 직원으로 도움을 아끼지 않았던 여러 분이 포함되어 있다. 선구적 연구와 관대한 마음, 한결같은 우정에 대해 제니퍼 매더에게 또한 감사한다. 그녀는 동료 연구자 데이비드 셸, 타티아나 레이치, 킬리 랭퍼드와 함께 무레아 섬과 프랑스령 폴리네시아로 가는 연구 탐험을 조직하

문어의 영혼

고 이끌었다. 모두 내가 늘 소중히 여기는 벗들이다.

이와 더불어 다음에 언급된 분들께 특별한 감사의 마음을 전한다.

『오리온』 편집자(그리고 훌륭한 저자) 앤드루 블레크먼. 그는 자신의 멋진 잡지에 문어에 대한 기사를 쓰도록 나에게 용기를 북돋워주었다.

진화생물학자 게리 갤브리스. 과학에 관한 한 내게 최고의 조언자이자 영웅이며 천부적 교사요 존경받는 현장 연구자로 어디서든 동물과 친구가 되는 인물이다.

조디 심프슨. 그녀는 이 책이 집필되는 3년의 과정 내내 관심을 기울여줬으며 우리 개 샐리와 펄, 메이랑 숲에서 산책해준 시간만 해도 헤아릴 수 없을 정도다.

박학다식한 마이크 스트셀렉은 불굴의 탐험가로서 두족류 난포선의 기능에서부터 이보다는 덜 반가운 일본의 '촉수 성교' 개념에 이르기까지 문어를 다룬 기사들을 보내주며 이 책을 쓰는 동안 연구 조원 역할을 톡톡히 해줬다.

뉴햄프셔 행콕의 사서 에이미 마커스는 내가 이 책을 쓰느라 자리를 비운 사이 내 조수 역할로 자신의 업무에 더해 이중의 책임을 감당해냈다.

작가이자 번역가 제리 라이언. 라이언 덕분에 나는 뉴잉글랜드 아쿠아리움의 풍성한 역사에 대해 이해할 수 있었다.

티앤 스토롬벡이 그려준 옥타비아와 칼리, 카르마의 초상은 이들의 개성을 섬세하게 드러냈고, 조해나 블라시는 대양 수조 사진을 찍어줬으며, 키스 엘렌보겐과 데이비드 셸은 무레아 섬 여행 동안 훌륭한 동행이자 사진 기사였다.

디자이너 폴 디폴리토 덕에 이 책은 우아한 모습을 갖출 수 있었다. 리즈 토머스는 이 책을 연구하고 쓰는 동안뿐 아니라 이 책 이전과 이후에도 한결같은 지지와 나무랄 데 없는 충고로 힘이 돼주었다.

남편 하워드 맨스필드는 탁월한 편집자로서 이 책을 철저히 검토하면서도 인내와 친절을 잃지 않았으며 문어와 관련한 잡다한 장치들을 묵묵히 견뎌주었다.

매리언 브릿과 크리스타 카서, 셀린다 시코인, 마크 도한, 스콧 다우드, 조엘 글리크, 제니퍼 매더, 매리언과 샘 매길도한, 로버트 매츠, 윌슨 메나시, 빌 머피, 앤드루 머피, 주디스와 로버트 옥스너, 제리 프라이스, 리즈 토머스, 조디 심프슨, 그레천 보걸, 폴리 왓슨은 원고를 주의 깊게 읽고 교정해줬으며 조언 또한 잊지 않았다.

나의 사랑하는 저작권 대리인 세라 제인 프리먼, 뛰어난 편집자 레슬리 메러디스, 그녀의 훌륭한 부편집자 도나 로프레도에게 역시 감사한다. 이들은 모두 처음부터 이 책을 지지해주었다.

문어에게도 영혼이 있다. 혹은 마음이라고 할까. 모든 생명에게는 다 저 나름의 생각과 기분과 판단이 있어서 우리가 아무런 망설임 없이 죽이곤 하는 초파리조차 수컷이 암컷에게 성적으로 거절당하면 알코올을 찾는다고 한다. 심지어 뇌가 없는 불가사리도 기계처럼 행동하지는 않는다. 단지 육신과 정신의 다름이 있어 우리와는 다른 행동양식을 보일 뿐이라고 저자는 말하고 있다.

하지만 인간은 왜 인정하지 않으려는 것일까. 그렇게 되면 동물을 이용해 더 이상 우리 욕구를 만만하게 충족시킬 수 없으리라는 두려움에서 아닐까. 거리낌이라곤 없이 행하던 일들에 죄책감이라는 불편한 감정이 끼어들까봐 애초에 동물은 그저 하등하니 우리가 느끼는 것들을 그들은 느끼지 못하리라고 편리하게 단정지어버리는 것은 아닐까. 마치 노예들한테 그랬던 것처럼. 하지만 진실은 그렇지 않다는 사실을 저자는 소신과 용기를 가지고 실증적이고 경험적으로 증명한다. 동물을 단지 실험 대상이 아닌 진정한 벗으로 삼아 그들과 더불어 기쁨만이 아닌 슬픔까지도 몸소 겪으며.

우주 자체가 하나의 거대한 생명이라고 하는 우주혼. 이 개념은 우리가 생명 하나하나의 신비에 골몰하면 자연히 도달하게 되는 결론이 아닐지 생각해본다. 우리 몸을 이루는 세포 하나하나가 인간 자신과 동일하게 생각하지는 않더라도 다 나름의 활동을 해서 인간을 이룬다. 하지만 세포 하나하나가 없다면, 건강하지 않고 행복하지 않다면 그것들이 이루어내는 인간이란 존재 역시 병들 수밖에 없다.

누군가를 사랑하는 데는 용기가 필요하다. 무엇보다 그 존재의 아픔을 함께 나눌 수 있는 용기. 하지만 사랑에는 다른 무엇에 비할 데 없는 보상 또한 따른다. 저자는 갈수록 위태로워져만 가는 동물의 위상을 바로 세워 진정한 존재 가치를 되찾아주려 사랑을 실천한다. 그리고 그에 따른 보상은 비단 저자가 느끼는 오묘한 행복에 그치지 않을 터다. 우리가 지구상 생명 하나하나를 존중하고 사랑할 때 곧 우리의 생활 터전인 지구가 건강해지는 까닭이다. 우주혼. 세상은 생명이고 생명은 곧 사랑이다. 심장이 셋에다 팔 여덟 개가 제가끔 성격이 다른 문어라는 존재와 깊은 우정을 나누며 저자가 전하고자 하는 바 아닐까.

훌륭한 책을 재미나게 지어 공유해주신 저자와 번역의 기회를 주시고 편집을 비롯하여 귀중한 부분에서 함께 애써주신 글항아리 여러분께 감사하며.

옮긴이 최로미

아래는 내가 이 책을 쓰기 위해 고민하고 연구하는 과정에서 특히 도움을 주었던 책, 논문, 영상 그리고 웹사이트들이다.

| 책 |

Bailey, Elisabeth Tova. *The Sound of a Wild Snail Eating*. Chapel Hill, NC: Algonquin Books of Chapel Hill, 2010.

Blackmore, Susan. *Consciousness: A Very Short Introduction*. Oxford, UK: Oxford University Press, 2005.

Cosgrove, James A., and Neil McDaniel. *Super Suckers: The Giant Pacific Octopus and Other Cephalopods of the Pacific Coast*. Madeira Park, BC: Harbour Press, 2009.

Courage, Katherine Harmon. *Octopus! The Most Mysterious Creature in the Sea*. New York: Penguin, 2013.

Cousteau, Jacques, and Philippe Diolé. *Octopus and Squid: The Soft Intelligence*. New York: Doubleday, 1973.

Damasio, Antonio. *The Feeling of What Happens: Body and Emotion in the Making of Consciousness*. New York: Harcourt Brace and Co., 1999.

Dennett, Daniel C. *Kinds of Minds: Toward an Understanding of Consciousness*. New York: Basic Books, 1996.

Dunlop, Colin, and Nancy King. *Cephalopods: Octopuses and Cuttlefishes for the Home Aquarium*. Neptune City, NJ: TFH Publications, 2009.

Ellis, Richard. *The Search for the Giant Squid: The Biology and Mythology of the*

World's Most Elusive Sea Creature. New York: Penguin, 1999.

Fortey, Richard. *Horseshoe Crabs and Velvet Worms: The Story of the Animals and Plants That Time Has Left Behind.* New York: Knopf, 2012.

Foulkes, David. *Children's Dreaming and the Development of Consciousness.* Cambridge, MA: Harvard University Press, 1999.

Gibson, James William. *A Reenchanted World: The Quest for a New Kinship with Nature.* New York: Holt, 2009.

Gomez, Luiz. *A Pictorial Guide to Common Fish in the Mexican Caribbean.* Cancún, Mexico: Editora Fotografica Marina Kukulcan S.A. de C.V., 2012.

Grant, John, and Ray Jones. *Window to the Sea.* Guilford, CT: Globe Pequot Press, 2006.

Gregg, Justin. *Are Dolphins Really Smart? The Mammal Behind the Myth.* Oxford, UK: Oxford University Press, 2013.

Hall, James A. *Jungian Dream Interpretation.* Toronto: Inner City Books, 1983.

Humann, Paul, and Ned Deloach. *Reef Creature Identification: Florida Caribbean Bahamas.* Jacksonville, FL: New World Publications, 2002.

_____. *Reef Coral Identification: Florida Caribbean Bahamas.* Jacksonville, FL: New World Publications, 2011.

Jaynes, Julian. *The Origin of Consciousness in the Breakdown of the Bicameral Mind.* Boston: Houghton Mifflin, 1976.

Keenan, Julian Paul. *The Face in the Mirror: The Search for Origins of Consciousness.* New York: Harper Collins Ecco, 2003.

Lane, Frank. *Kingdom of the Octopus.* New York: Pyramid Publications, 1962.

Lewbel, George S., and Larry R. Martin. *Diving and Snorkeling Cozumel.* St. Footscray, Victoria, Australia: Lonely Planet Publications, 2006.

Linden, Eugene. *The Octopus and the Orangutan.* New York: Dutton, 2002.

Mather, Jennifer, Roland C. Anderson, and James B. Wood. *Octopus: The Ocean's Intelligent Invertebrate.* Portland, OR: Timber Press, 2010.

Mather, J. A. "Cephalopod Displays: From Concealment to Communication." In *Evolution of Communication Systems,* eds. D. Kimbrough Oller and Ulrike Griebel, 193–213. Cambridge, MA: MIT Press, 2004.

Morell, Virginia. *Animal Wise: The Thoughts and Emotions of Our Fellow Creatures.* New York: Crown, 2013.

Moynihan, Martin. *Communication and Noncommunication by Cephalopods.* Bloomington, IN: Indiana University Press, 1985.

Paust, Brian C. *Fishing for Octopus: A Guide for Commercial Fishermen.* Fairbanks, AK: Sea Grant/University of Alaska, 2000.

Prager, Ellen. *Sex, Drugs, and Sea Slime: The Oceans' Oddest Creatures and Why They Matter.* Chicago: University of Chicago Press, 2012.

Ryan, Jerry. *A History of the New England Aquarium 1957–2004.* Boston:

produced for limited distribution by the author, 2011.

_____. *The Forgotten Aquariums of Boston*, 2nd rev. ed. Pascoag, RI: Finley Aquatic Books, 2002.

Segaloff, Nat, and Paul Erickson. *A Reef Comes to Life: Creating an Undersea Exhibit*. Boston: Franklin Watts, 1991.

Shubin, Neil. *Your Inner Fish: A Journey into the 3.5-Billion-Year History of the Human Body*. New York: Vintage, 2009.

Siers, James. *Moorea*. Wellington, New Zealand: Millwood Press, 1974.

Williams, Wendy. *Kraken: The Curious, Exciting, and Slightly Disturbing Science of Squid*. New York: Abrams Image, 2011.

| 과학 논문 |

Anderson, Roland D., Jennifer Mather, Mathieu Q. Monette, and Stephanie R. M. Zimsen. "Octopuses (*Enteroctopus Doflenini*) Recognize Individual Humans." 2010. *Journal of Applied Animal Welfare Science* 13: 261–72.

Boal, Jean Geary, Andrew W. Dunham, Kevin T. Williams, and Roger T. Hanlon. "Experimental Evidence for Spatial Learning in Octopuses (*Octopus Biomaculoides*)." 2000. *Journal of Comparative Psychology* 114: 246–52.

Brembs, B. "Towards a Scientific Concept of Free Will as a Biological Trait: Spontaneous Actions and Decision-Making in Invertebrates." 2011. *Proceedings of the Royal Society of Biological Sciences* 278 (170): 930–39.

Byrne, Ruth, Michael J. Kuba, Daniela V. Meisel, Ulrike Griebel, and Jennifer Mather. "Does *Octopus Vulgaris* Have Preferred Arms?" 2006. *Journal of Comparative Psychology* 120 (3): 198–204.

Godfrey-Smith, Peter, and Matthew Lawrence. "Long-Term High-Density Occupation of a Site by *Octopus Tetricus* and Possible Site Modification Due to Foraging Behavior." 2012. *Marine Freshwater Behavior and Physiology* 45 (4): 261–68.

Hochner, Binyamin, Tal Shormrat, and Graziano Fiorito. "The Octopus: A Model for a Comparative Analysis of the Evolution of Learning and Memory Mechanisms." 2006. *The Biological Bulletin* 210 (3): 308–17.

Leite, T. S., M. Haimovici, W. Molina, and K. Warnke. "Morphological and Genetic Description of *Octopus Insularis*, a New Cryptic Species of the *Octopus Vulgaris* Complex from the Tropical Southwestern Atlantic." 2008. *Journal of Molluscan Studies* 74 (1): 63–74.

Lucerno, M., H. Farrington, and W. Gilly. "Quantification of L-Dopa and Dopamine in Squid Ink: Implications for Chemoreception." 1994. *The Biological*

Bulletin 187 (1): 55–63.

Mather, J. A., Tatiana Leite, and Allan T. Battista. "Individual Prey Choices of Octopus: Are They Generalists or Specialists?" 2012. *Current Zoology* 58 (4): 597–603.

Mather, J. A. "Cephalopod Consciousness: Behavioral Evidence." 2008. *Consciousness and Cognition* 17 (1): 37–48.

Mather, J. A., and Roland C. Anderson. "Ethics and Invertebrates: a Cephalopod Perspective." 2007. *Diseases of Aquatic Organisms* 75: 119-129.

Mather, J. A., and R. C. Anderson. "Exploration, Play and Habituation in *Octopus Dofleini*." 1999. *Journal of Comparative Psychology* 113: 333–38.

Mather, Jennifer A. "Cognition in Cephalopods." 1995. *Advances in the Study of Behavior* 24: 316–53.

Mather, J. A. " 'Home' Choice and Modification by Juvenile *Octopus Vulgaris*: Specialized Intelligence and Tool Use?" 1994. *Journal of Zoology* (London) 233: 359–68.

Mathger, Lydia M., Steven B. Roberts, and Roger T. Hanlon. "Evidence for Distributed Light Sensing in the Skin of Cuttlefish, *Sepia Officinalis*." 2011. *Biology Letters* 6: 600–03.

Nair, J. Rajasekharan, Devika Pillai, Sophia Joseph, P. Gomathi, Priya V. Senan, and P. M. Sherief. "Cephalopod Research and Bioactive Substances." 2011. *Indian Journal of Geo-Marine Sciences* 40 (1): 13–27.

Toussaint, R. K., David Scheel, G. K. Sage, and S. L. Talbot. "Nuclear and Mitochondrial Markers Reveal Evidence for Genetically Segregated Cryptic Speciation in Giant Pacific Octopuses from Prince William Sound, Alaska." 2012. *Conservation Genetics* 13 (6): 1483–97.

| 온라인 영상 |

웹상의 주소는 자주 변하는데, 아래 주소는 내가 책을 쓰던 시기의 것들이다.

http://www.youtube.com/watch?v=_6DWQZkgiaU
뉴잉글랜드 아쿠아리움의 빌 머피가 그의 옛 친구 태평양거대문어 조지와 교감하고 있다.

http://www.youtube.com/watch?v=ckP8msIgMYE
문어가 조류藻類의 한 조각으로 위장해 있다가 보호색을 풀고 헤엄쳐 달아난다.

http://www.youtube.com/watch?v=oDvvVOlyaLI
두족류의 위장과 신호법에 대한 로저 핸런의 훌륭한 강의 영상 중 첫 번째

(링크를 타고 가면 이후 영상도 볼 수 있다)

http://www.youtube.com/watch?v=x5DyBkYKqnM
문어가 한 잠수부의 손에서 새 비디오카메라를 빼앗아 들고 달아나 그를 깜짝 놀라게 했는데, 그 동안 카메라가 계속 돌고 있었다.

http://www.youtube.com/watch?v=V57Dfn_F69c
쇼오션디스커버리센터에 잠시 머물렀던 태평양거대문어 듀드가 야생으로 돌아가는 장면

http://www.youtube.com/watch?v=urkC8pLMbh4
시애틀 아쿠아리움의 대형 수조에서 상어가 없어지기 시작했는데, 문어 탓으로 밝혀졌다.

http://www.youtube.com/watch?v=7j9S0vBHpUw
뉴잉글랜드 아쿠아리움의 럼피시 훈련

http://www.nationalgeographic.com/news/2009/12/091214-octopus-carries-coconuts-coconut-carrying.html
코코넛문어가 코코넛 껍질 반쪽을 휴대용 갑옷으로 두르고 해저면을 살금살금 걸어가고 있다.

http://www.huffingtonpost.com/2011/06/23/giant-pacific-octopus-bab_n_883384.html
시애틀 서쪽의 만에서 태평양거대문어가 죽기 전 마지막 주 알 5만 개의 부화를 살뜰히 살피고 있다.

| 그 외 온라인 자료 |

www.neaq.org
뉴잉글랜드 아쿠아리움 웹 페이지. 관람 정보, 비디오, 뉴스, 특별 프로그램 소식 등을 제공한다.

www.seattleaquarium.org
시애틀 아쿠아리움 웹 페이지. 문어 주간과 격년으로 치러지는 문어 심포지엄을 공지한다.

www.TONMO.com
온라인 문어 뉴스 잡지. 문어, 앵무조개, 오징어, 갑오징어 및 두족류 화석 관련 뉴스를 게시한다.

www.giantcuttlefish.com
철학자 겸 잠수부 피터 고드프리스미스의 흥미로운 블로그. 두족류의 진화, 신체, 정신 그리고 바다를 다루며 문어의 사회생활 공간인 '옥토폴리스Octopolis'에 대한 특별 게시판이 있다.

cephalove.southernfriedscience.com
의무석사/의학박사 복합학위과정 학생 마이크 리지스키의 두족류에 관한 면밀하고 뛰어난 글과 영상을 볼 수 있는 사이트. 지능과 위장 쪽에 특화되어 있다.

http://blogs.scientificamerican.com/octopus-chronicles/
작가이자 『사이언티픽 아메리칸』의 중요한 편집자인 캐서린 하먼 커리지의 문어에 대한 재치 있고 쾌활한 블로그

문어의 영혼

문어의 영혼

경이로운 의식의 세계로 떠나는 희한한 탐험

1판 1쇄   2017년 6월 16일
1판 4쇄   2022년 6월 8일

지은이   사이 몽고메리
옮긴이   최로미
펴낸이   강성민
편집장   이은혜
기획   노만수
마케팅   정민호 이숙재 김도윤 한민아 정진아 이가을 우상욱 정유선
브랜딩   함유지 함근아 김희숙 정승민
독자모니터링   황치영
제작   강신은 김동욱 임현식

펴낸곳   (주)글항아리 | 출판등록 2009년 1월 19일 제406-2009-000002호

주소   10881 경기도 파주시 회동길 210
전자우편   bookpot@hanmail.net
전화번호   031-955-2670(편집부) 031-955-2696(마케팅)
팩스   031-955-2557

ISBN   978-89-6735-431-2   03490

www.geulhangari.com